ハイジャックされた ビットコイン

BTCの隠された歴史

ロジャー・バー 著
スティーブ・パターソン 共著

著者プロフィール

　ロジャー・バーは世界で最初にビットコインのスタートアップに投資した、暗号通貨業界の黎明期からの重要人物。投資先には、Bitcoin.com、Block-chain.com、BitPay、Ripple、Shapeshift、Krakenなど多数がある。テック起業家のロジャーは、2011年にビットコインを発見した時、これが世界を変えることを即座に理解し、それ以来、ビットコインや他のブロックチェーンに全力を注いでいる。

目次

著者について..........3

訳者まえがき..........6

序文..........12

はじめに..........16

第1部：革新的な設計

1 ビジョンの変化..........22

2 ビットコインの基本..........32

3 決済のためのデジタルキャッシュ..........42

4 価値の貯蔵手段 vs 交換手段..........54

5 ブロックサイズ制限..........66

6 悪名高いノード..........82

7 ビッグブロックの真のコスト..........93

8 正しいインセンティブ..........102

9 ライトニングネットワーク..........111

第2部：ハイジャックされたビットコイン

10 コードの鍵..........130

11 4つの時代..........143

12 警告サイン..........155

13 ブロッキング・ザ・ストリーム..........174

14 中央集権化する管理..........191

15 反撃..........205

16 出口をブロック..........217

17 大口決済システムへの改造..........233

18 香港からニューヨークへ..........249

19 いかれ帽子屋..........265

第3部：ビットコインの奪還

20 王座への挑戦者..........286

21 誤った反論..........295

22 自由なイノベーション..........302

23 フォークは続く..........308

24 結論..........318

出典一覧..........326

索引..........350

訳者まえがき
訳: Aki

　私がビットコインについて偶然にも知ることになったのは、本書の重要なトピックでもある「ブロックサイズ論争」が激化する前の２０１３年のことでした。

　今では投資手段として人気のビットコインですが、当初は国境を超えた、第三者を介さない決済手段としての可能性に期待を膨らませたユーザーたちでコミュニティは形成されていました。

　東京では少数の店舗がすでにビットコイン決済を導入しつつあり、毎週開催されていた東京ビットコインミートアップの参加者たちは、気軽にビットコイン決済で購入したビールを片手に、会話に花を咲かせていました。ビットコインは「瞬時にほぼ無料で気軽に送れるデジタルキャッシュ」というイメージでした。ビットコインはその後、誰もが予測しなかった転機を迎えることになるのですが……（詳しくは本書にて）

　本書を執筆したバー氏は、ビットコインの普及活動に忙しく、お店での決済導入を手伝ったりしている姿が印象的でした。瞬く間に「ビットコイ

ンジーザス」として有名になった後も、変わらず熱心にビットコインの普及活動を続け、ファンやイベント参加者一人一人にとても丁寧に接し、真面目で優しい人という印象でした。彼は日本語も達者なんですよ！

　数年後、ビットコインの価値が高騰するにつれマスコミでも取り上げられる機会が急増。さらに取引手数料が高騰し、チェーンが分岐するという話が……

　その後、瞬く間にコミュニティは分割され、本書で詳述される検閲・プロパガンダや攻撃、続いてコミュニティ内で起こった「内戦」も体験することになりました。内部の派閥により、ヴィジョンを共有していた仲間たちとも別れることになり、初期からビットコインに関わってきた多くの人にとっても複雑な感情が蘇る本だと思います。

　暗号通貨は日々驚くべきスピードで進化しており、ブロックサイズ論争は今や過去の出来事として忘れられつつあります。本書は、大規模な検閲やプロパガンダにより、多くの人々に巧妙に隠されてきた真実の数々を明らかにし、非常に貴重な記録としてまとめ上げられた一冊です。ナサニエル・ポッパー著の『デジタルゴールド』は、ビットコイン初期の興奮と希望に満ちた物語を小説風に描いた大好きな作品ですが、本書はその後のビットコインの複雑な進展の過程の真実を描く、少しダークな要素の混じった続編のようなイメージかもしれません。

　バー氏は勇気のある人です。原著が出版された直後、米国政府からの不当な迫害を受けながらも、その信念を曲げずに一貫してメッセージを伝え続けています。

　バー氏および共著パターソン氏の勇気と情熱、本書に登場する多くのパイオニアたちの努力と献身、そして無名ながらも情熱的にこの業界を支

え続けてきたビットコインコミュティの一人一人に、心から敬意を表します。

　限られた時間の中で、原文の意味とニュアンスを正確に伝えることを最優先に、原文に忠実な翻訳を心がけました。複雑なコンセプトを説明している部分については、できるだけ読みやすくなるよう努めました。本書に登場する人物の個性が、日本語訳でもうまく表現できていればいいなと思います。本書が、ビットコインの知られざる歴史に関して知識が深まるきっかけとなり、暗号通貨の未来についての視野を広げる一助となれば幸いです。

序文
ジェフリー・タッカー

　ここで語られる物語は悲劇であり、人々を解放することを目指した通貨の技術が他の目的に利用されてしまった記録である。読むのが痛ましい物語なのだが、これほど詳細かつ洗練された形でこの話が語られるのは初めてのことだ。私たちには世界を解放する機会があった。その機会は失われ、おそらくハイジャックされ、変質させられてしまった。

　ビットコインを初期段階から見守ってきた我々は、その普及が進むさまに、そしてビットコインが提示する、お金の未来への新たな現実的な選択肢に魅了された。ついに、何千年にも渡る政府による通貨の腐敗の後、侵されることのない、健全で安定した、民主的で腐敗しない技術が現れ、自由を求めて戦った歴史上の偉人たちのビジョンを実現するものが登場した。ついに、通貨が国家の支配から解放され、政治目的ではなく経済的目標を達成できるようになり、戦争やインフレ、国家権力の拡大に対抗して、すべての人々の繁栄をもたらすことができるようになる。

　いずれにせよ、それがビジョンだった。残念ながら、それは実現しなか

った。ビットコインの普及率は5年前よりも低い。ビットコインは最終的な勝利の軌道には乗っておらず、むしろ早期参入者のための価格上昇という別の道をたどっている。ビットコインの技術はほとんどの人がその時点で理解していなかった一連の小さな変更によって、裏切られてしまったのだ。

　私自身も理解していなかった。数年間ビットコインを実際に使ってみて、決済の速さ、取引コストの低さ、銀行を持たない人が金融機関を介さずに送受信できる能力に驚嘆していた。私は当時、この奇跡的なイノベーションについて、情熱を持って執筆活動を行っていた。2013年10月、ジョージア州アトランタで知的および技術的な側面に焦点を当てた暗号通貨カンファレンスを開催した。それは全国的なカンファレンスの中でも初期のものだったが、このイベントでもすでに2つのグループが形成されつつあるのを感じた。通貨間競争を信じる人たちと、ただ1つのプロトコルにコミットする人たちだ。

　初めて何かがおかしくなっていると気づいたのは2年後、ネットワークが深刻に混雑しているのを目にした時だった。取引手数料が急騰し、決済が極端に遅くなり、大量のオンランプとオフランプが高額なコンプライアンスコストのために閉鎖された。私には何が起こっているのかが理解できなかった。専門家に聞いてみたところ、暗号通貨の世界で起こっている静かな内戦について説明された。いわゆる「マキシマリスト」がビットコインの幅広い普及に反対していたのだ。彼らは高い手数料を好み、決済が遅くなることを気にしなかった。そして彼らの多くが、政府の取り締まり下で減少し続ける中で生き残った、数少ない暗号通貨取引所に関わっていた。

　同時に、法定通貨の米ドルでの取引の効率と利用可能性を大幅に向

上させる新しい技術の数々が多数登場していた。それにはVenmo（ベンモ）、Zelle（ゼル）、Cash App（キャッシュアップ）、FB Payなどが含まれる。また、スマートフォンのアタッチメントやiPadを使って、どんな規模の事業者でもクレジットカードを処理できるようになった。これらの技術はビットコインとは完全に異なり、許可ベースで金融事業者が仲介するものだった。しかし、ユーザーにとっては使いやすかったため、それらの技術が市場で存在感を増すにつれて、ビットコインのユースケースは市場から押し出されてしまった。そしてまさにそれと同時に、私の愛するテクノロジーが認識不能なバージョンになってしまった。

ビットコインがビットコインキャッシュへ分岐したのは2年後の2017年だった。それは何か恐ろしいことが起きているかのような大きな叫びと悲鳴を伴っていたが、実際に起こっていたのは、ビットコインの創始者サトシ・ナカモトの元のビジョンの単なる復元だった。サトシは過去の貨幣史研究者と同様に、どんな商品でも広くお金として使われるようになるための鍵は、普及とユースケースであると信じていた。実行可能で市場性のあるユースケースがなければ、どんな商品もお金の形態を取ることは想像すらできない。ビットコインキャッシュはそれを復元しようとした試みだった。

この新しい技術の普及を加速するための好機は2013年から2016年だったが、その時期は2つの方向から圧迫された。1つは技術のスケーリング能力を意図的に抑制することと、もう1つは新しい決済システムの登場によりユースケースが押し出されることだった。この本が示すように、2013年末までに、ビットコインは既に乗っ取りの標的にされていた。ビットコインキャッシュが解決策として登場した頃には、ビットコインネットワークは実際の使用から保有に焦点を完全に移し、スケーリング問題

を解決するためにセカンドレイヤー技術の構築に集中していた。2024年の今、業界はニッチな領域で方向を模索して苦しんでおり、「月まで（to the moon）」という価格高騰の夢は記憶の彼方に消えつつある。

これは書かれるべき本だった。これは世界を変える機会を逃した物語であり、転覆と裏切りの悲劇の物語だ。しかし、これはまた、ビットコインのハイジャックを最終章にしないために私たちができる努力の、希望の物語でもある。この偉大なイノベーションが世界を解放するチャンスはまだあるが、そこに至る道は私たちが想像しなかったような回り道となっている。

ロジャー・バーはこの本で自分を自賛することはないが、彼はこの物語の真の英雄であり、技術に関して深い知識を持っているだけでなく、初期の頃から現在に至るまで、ビットコインの解放的なビジョンを貫いている人物だ。私も彼と同様に、大衆向けのピアツーピア通貨というビジョンと、同時に自由企業による通貨のための競争的市場の実現という考えにコミットしている。

この本は非常に重要な歴史的記録であり、その論争的内容は、反対の立場をとる人々にとっても、自身の考えを再検討させるだろう。

いずれにせよこの本は、どれほど痛みを伴うものであれ存在しなければならなかった。これは世界への贈り物だ。

ジェフリー・タッカー

ブラウンストーン研究所　社長

はじめに

　この13年間、私の人生はビットコインやその他の暗号通貨を未来の通貨として確立させる努力に費やされてきた。この技術は、世界を根本的に自由で繁栄した場所にする可能性を秘めており、歴史上最も重要な発明の1つとなるだろう。私はビットコインの利点を広め、業界の多数のスタートアップに資金提供し、自分自身のビジネスを構築し、その価格が650万％以上も上昇するのを見てきた。それにもかかわらず、この本はラブストーリーではない。この本を書かなければならなかったことが残念だ。2011年に私が関わり始めたプロジェクトはハイジャックされ、悪い方向に変えられてしまった。

　ビットコインは、最小限の手数料と高速な取引で日常的な商取引に使用できるデジタルキャッシュとして設計され、何年間もそのように機能していた。しかし今日、ビットコインは日常的な商取引には適さない「デジタルゴールド」とされ、高額な手数料と遅い取引速度で、元の設計とは完全に逆のものになっている。ビットコインは「価値の貯蔵手段」として語られ、決済システムとしての実用性はほとんど考慮されていない。一部の人

々は、ビットコインは拡張性に乏しいため、決済システムとして機能できないとさえ主張している。これらの一般的な考えは、間違っている。ビットコインがもはやデジタルキャッシュとして使用されなくなった理由は、基盤技術とは関係ない。ソフトウェア開発者のグループがプロジェクトを乗っ取り、その設計を変更し、その機能を意図的に制限したからだ。それが無能、妨害、またはその両方によるものだったかは定かではない。ビットコインの乗っ取りは2014年から2017年頃に起こり、最終的にネットワークが2つに分裂し、暗号通貨業界が千々に分裂する結果となった。ビットコインの元の設計はまだ存在しており、非常に有望だが、「BTC」のティッカーシンボル（銘柄コード）では取引されていない。

　世界中を旅して暗号通貨の利点について講演を続けていると、ビットコインの乗っ取りについてほとんど誰も知らないことがわかってきた。オンラインの主要なディスカッションプラットフォームは何年にもわたって厳しく検閲されており、人々が受け取る情報は慎重に操作されている。さらに、ビットコインマキシマリスト、つまりBTC以外のプロジェクトはすべて詐欺だと声高に主張する者たちも、人々が綿密な調査を行い真相を知ることを、主にソーシャルメディアでの嫌がらせによって妨げている。彼らのナラティブに異議を唱える人は誰でもすぐに嘲笑されるが、これが反対意見を封じ込める効果的な戦術となっている。誰も声を上げないので、新規参入者がビットコインの本当の歴史と設計について聞く機会はほとんどない。この本で、その情報を提供する。

　『ハイジャックされたビットコイン』は3部構成になっている。第1部はビットコインの元の設計と、それに加えられた劇的な変更を詳しく見ていく。第2部は乗っ取りの歴史についてで、検閲、プロパガンダ、異議を唱えた事業者への攻撃など、多くの汚い戦術について含まれる。最終部の第

3部では、ビットコインをその敵から救出し、将来への現実的なビジョンを提供する。

　多くの起業家にとって、画期的な技術に早期に関与することは夢であり、私のこれまでの旅はエキサイティングな瞬間と興味深いストーリーで満たされている。しかし、この本は回想録ではない。この本の目的は、知識を共有することだ。ここ数年、私はこの情報をプライベートな会話、公開スピーチ、オンライン動画で共有してきたが、今それをすべて文章にまとめる時が来た。この本の目的は、ビットコインの現状と、そこに至る経緯を理解する手助けをすることだ。速く、安く、信頼性が高く、インフレに強いデジタルキャッシュを世界にもたらしたいと考えている起業家や投資家の皆さん。私たちはまだ達成できる。正しいプロジェクトにみんなで取り組めばいいのだ。

第1部

革新的な設計

1

ビジョンの変化

　2009年にビットコインが世界に登場した時、暗号通貨革命が始まった。この10年間で、ビットコインは全く無名の存在から、新しい産業を生み出す世界的な話題へと変化した。起業家たちはこの技術を活用して、単にオンライン決済を改善するだけでなく、世界の金融システムを再構築するまで、幅広い問題の解決に取り組んでいる。メディアの報道、ウォール街の投機、そしてネット上の熱狂を合わせると、暗号通貨は間違いなく21世紀で最も注目されている技術だろう。しかし、これだけ話題になり、価格も天文学的に上昇しているにもかかわらず、実社会への影響はまだ小さいのが現状だ。将来的には新しい金融システムの基盤になったり、政府が発行する通貨の代替になったりするかもしれない。しかし今のところ、暗号通貨の主な用途は投機目的にとどまっている。

　この状況は、1990年代のインターネットブーム時に私がシリコンバレーに住んでいた頃を思い出させる。当時、インターネット技術は世界中の商取引を革命的に変えると予測されていた。その結果、インフラも、実現可能なビジネスプランもない「インターネット企業」が、プレミアムドメインを所有しているだけで何百万ドルも資金を調達できたのだ。投機熱は常

軌を逸していた。多くの大手スタートアップは、公開されてから数年以内に破産した。しかし、悪名高いドットコムバブルの崩壊にもかかわらず、世界はインターネットによって確かに革命的な変化を遂げた。この技術は、世界経済に不可欠なインフラとなり、現代生活に欠かせないものとなった。ただし、その成熟過程は人々が期待していたよりも長かった。暗号通貨も似たような道をたどっている。狂乱的な投機や、比較的利用が少ないという現状にもかかわらず、暗号通貨は我々の未来において避けられないものになりそうだ。

　現代の暗号通貨の物語は、全暗号通貨の祖父的存在であるビットコインから始めなければならない。2010年にビットコインを発見して以来、私の人生はビットコインを中心に回り続けている。2011年初めに1枚あたり1ドル未満で最初のコインを購入した。その数か月後、価格は1枚あたり30ドルに急上昇し、同年11月には再び2ドルに暴落した。これが、以来業界で一般的になった数多くの極端な価格変動の最初のものだった。急激な価格上昇の後に80％以上の暴落が起こることは、ビットコインの短い歴史の中で何度も繰り返されてきたサイクルだ。一般の人々はほとんど価格にしか関心を持たないため、この価格変動の激しさは、メディアにとって絶好の話題となっている。しかし、私にとってビットコインは単なる投機以上のものだった。ビットコインは、世界中の人々の経済的自由を増大させる可能性を秘めた、偉大なるツールだ。

　初期のビットコインコミュニティは、エキセントリックな人々と型破りなアイデアで溢れていた。私も他の多くの人々同様、政治的・哲学的な理想から、ビットコインに魅了された。私は自由を大いに重視しており、個人が自分の人生を最大限にコントロールできることが不可欠だと考える。政府の権力が強まるほど、個人の権力は弱くなる。経済学と歴史を学んだ

ことで、中央銀行による通貨供給のコントロールが政府に莫大な権力を与えることも知っていた。そのため、中央的な管理機関なしで機能するように設計されたビットコインに、私は自然と惹かれた。ビットコインを使うのに誰かの許可は必要ない。「ビットコイン中央銀行」なるものはなく、コインの供給をコントロールする存在もない。この技術には国境という概念がない。高速で安価、パーミッションレス（許可不要）、そしてインフレに強いデジタルマネーほど、世界の自由を拡大する可能性を秘めたものは他にないだろう。

　未来主義も、私が暗号通貨に熱中するもう1つの主要な哲学的動機だ。レイ・カーツワイルのような思想家たちは、先端技術によって人類が劇的に幸福度を向上させる未来像を描く。十分な経済的・技術的発展を遂げれば、世界の苦しみを大幅に軽減し、さらには人間の寿命を延ばして地球上でより長く生きられるようになるかもしれない。そこに到達するには、研究に継続的に資金を提供できるだけの富と繁栄、そしてイノベーションを続ける自由が必要だ。私の考えでは、ビットコインはすべての人々の生活を改善する、より技術的に洗練された未来に一歩近づくための手段だ。

　これらの信念は、初期のビットコインコミュニティでは珍しいものではなかった。オンラインフォーラムや掲示板が議論の中心地となり、そこではビットコインが単なる決済システムや投機的な投資以上のものだという議論が尽きることなく行われていた。私たちは皆、この技術が世界を劇的に改善できると信じていた。Coinbase(コインベース)の共同創業者兼CEOであるブライアン・アームストロングは、「デジタル通貨が世界を変える方法」という記事で、この思いを次のように見事に表現している。

「デジタル通貨は、経済的自由を高めるためにこれまでに人類が見出した中で、最も効果的な手段かもしれない。もしこれが実現すれば、その影響は計り知れない。多くの国を貧困から救い出し、何十億人もの生活を改善し、世界のイノベーションの速度を加速させることができるだろう……戦争を減らし、最も貧しい10%の人々の暮らしを向上させ、腐敗した政府を打倒し、幸福度を高めることができるのだ」[1]。

私の熱意はすぐに伝道活動へと変わり、聞く耳を持つ人にも持たない人にもビットコインの福音を説いたことから「ビットコイン・ジーザス（ビットコインのイエス・キリスト）」というあだ名がついた。ビットコインはインターネットのために設計された高速で安価、そして信頼性の高い通貨だ、というメッセージを友人や家族、メディア、そして私が利用する企業に伝え続けた。これを使えば、世界中どこへでも、どんな金額でも、わずか1セント以下で瞬時に送金できる。実際、初期の頃は、ほとんどのビットコインのトランザクションは完全に無料で、コインを最近動かした場合にのみ小額の手数料がかかる程度だった。個人のイデオロギーに関係なく、人々はこの技術の価値をすぐに理解した。最も効果的なマーケティング手法の1つは、単にビットコインを使ってもらうことだった。他の決済システムと比べて、ユーザー体験が格段に優れていたからだ。私は人々にスマートフォンにウォレットをダウンロードしてもらい、数ドル分のビットコインを送金した。初めてのビットコイン取引を体験した後、その驚きから「ワオ！」という声が聞こえるまでに、数秒とかからなかった。

2015年までに、ビットコインはものすごい勢いをつけ、もはや止められないように見えた。MicrosoftからExpediaまで、有名企業が決済手段として受け入れ始め、この若い業界は指数関数的に成長していった。成功事例が積み重なり、ベンチャーキャピタルの投資も増加した。メディアの

報道も好意的になった。ビットコインはまさに、月へ向けて直行便に乗っているかのようだった。

打ち上げ失敗

　話を現在へと戻してみよう。ビットコインはよく知られた存在になっているものの、世界を席巻するには至っていない。実際、ニュースの見出しや価格チャートの背後には厳しい現実が存在する。2018年以降、ビットコインの実際の使用は減少しており、多くの企業がビットコインの決済オプションを完全に廃止してしまった。何度かネットワークがパンクし、巨額の取引手数料と不安定な支払いでほとんど使い物にならない状態に陥った。ネットワークが混雑すると、平均手数料が50ドル以上に達し、取引の処理に数日、場合によっては数週間かかることもあるのだ。そしておそらく最悪なのは、これらの問題が原因で業界が「カストディアル（預託型）ウォレット」と呼ばれる、通常の銀行口座と同じように企業によって管理される顧客アカウントの使用に追いやられてしまったことだろう。

　カストディアルウォレットの大規模な使用によって、ビットコインの本来の目的は根底から覆されてしまう。なぜなら、第三者に完全な管理権を与えることで、検閲や追跡、さらにはコインの没収が可能になるからだ。これはVenmoのアカウント残高と何ら変わらない。また、詐欺も容易になる。例えば、2022年に取引所FTXトレーディングが崩壊した際には、10億ドル以上の顧客資金が瞬時に消えた。これはFTXが実質顧客のお金を管理していたために起こったことだ。ビットコインのPayPalへの統合も、ユーザーが資金を完全に管理するのではなく、カストディアルウォレットに取り込まれる典型的な例である。一般の人々がすべてカストディアルウォレットを使用することになれば、ビットコインはその革命的な特性の1

つを失うことになる。高額な手数料、不安定な支払い、カストディアルウォレット、商取引での使用の減少。価格以外の指標では、ビットコインは月に到達したどころか、軌道すら離れていない。では、一体何が起こったのか?

一般的に受け入れられている説明

これらの問題に対する説明として、ビットコインは自身の成功の犠牲になったとの見方が一般的に受け入れられている。ビットコインの人気が高まるにつれて、ネットワークは容量不足に陥った。技術的な限界が原因で手数料が急騰し、決済が不安定になり、事業者はビットコインを使用しなくなり、業界はカストディアルウォレットに移行していった。その結果、ビットコインはデジタル通貨ではなく「デジタルゴールド」や「価値の貯蔵手段」としてのナラティブを持つようになった。日常の商取引に使用されないのであれば、ビットコインが決済システムとして機能するかどうかは関係ないということだ。

これらの考えは、メディアや有名なコメンテーターの間で頻繁に繰り返されているにもかかわらず、実際には完全に間違っている。真実はさらに衝撃的だ。ビットコインは元々、大規模な使用に耐えられるように設計されており、技術的な限界に直面したわけではない。実際には、少数のソフトウェア開発者がプロジェクトを掌握し、システム全体を再設計したのだ。彼らは意図的にビットコインの容量と機能を制限し、高額な手数料とトランザクションの滞りを支持している。これは元の設計とは正反対のものだ。

現在このような話をすると、大げさだと思われがちだが、実際に開発者たち自身がそのように公言している。例えば、影響力のあるビットコイン開

発者であるグレッグ・マクスウェルは「取引手数料が問題になることは失敗ではないと思う。それは成功だ！」[2]とはっきり言っている。別のビットコイン開発者であるマーク・フリーデンバッハは「安全性を確保するためには、遅い承認と高額な手数料が標準になるだろう」[3]と述べている。2017年12月、ネットワークがほぼ機能停止に陥り、取引手数料の平均が50ドルを超えた際、彼らは「シャンパンを開けて」[4]祝福し、ネットワークの混雑を喜んだ。彼らは、恒常的な取引の滞留こそが『安定性のための必要条件』[5]」だと主張した。

　2012年当時、誰かが私にビットコイン開発者たちは将来的に高額な手数料と遅い取引を望むようになるだろうと告げたとしても、信じられなかっただろう。業界を立ち上げた初期の起業家たちも同様だったはずだ。そんな考えは常識外れすぎる。高額な手数料とネットワークの混雑は、安全性や安定性には不要で、実際はその逆だ。高額な手数料と不安定な決済により、人々はやむを得ずカストディアルウォレットを使用することになり、ビットコインの本来の目的は根本的に損なわれる。

　現在の方向性では、ビットコインは一般の人々に力を与えることはないだろう。ここ数年のプロジェクトの停滞は、技術的な失敗ではなく、人為的な失敗によるものだ。具体的には、リーダーシップの欠如と、欠陥のあるガバナンスモデルが原因だ。2010年にビットコインを知った時、私はその素晴らしさを人々に伝え、この朗報を共有する道徳的義務すら感じた。しかし今日では、これまでの変更を踏まえると、悪いニュースを伝える道徳的義務を感じている。つまり、ビットコインはハイジャックされ、私や無数の人々を魅了した当初のプロジェクトの姿をもはや留めていないということだ。

しかし、ビットコインの物語はまだ終わっていない。

リスクの回避

ビットコインの本来のスケーラブルな設計は今も存在しているが、それはBTCというティッカーシンボルで暗号通貨取引所で取引されているものではない。「ビットコインキャッシュ」と呼ばれ、BCHとして取引されている。業界は長年、BTCの開発者たちによって阻まれてきたが、2017年に低手数料、高速取引、カストディアルウォレット不要のデジタルキャッシュとしてのビットコインの本来のビジョンを保つために新しいネットワークが作られた。BCHネットワークの知名度はBTCに及ばないものの、その処理能力は既にBTCの30倍以上に達しており、将来的にはさらに指数関数的にスケールする計画だ。

ビットコインキャッシュ誕生の経緯は物議を醸し、「ビットコイン内戦」と呼ばれるようになった。今日でも、BTCとBCHのコミュニティはしばしば敵対的な関係にある。ビットコインを表面的に追っているだけでは、BTC側の主張しか耳にしないだろう。本書は、もう一方の側の話を伝えるものだ。デジタルキャッシュとしてのビットコインという共通のビジョンを持つ他の先駆者たちの歴史的詳細、彼らの言葉の抜粋、引用を豊富に盛り込んでいる。

異なるネットワークやグループを区別するため、明確な用語を定義しておこう。BTCネットワークは一般に「ビットコインコア」、BCHネットワークは「ビットコインキャッシュ」と呼ばれる。本書でもこれらの呼称を使用する。単に「ビットコイン」と言う場合は、両ネットワークで使用される基盤技術を指す。ビットコインコアとビットコインキャッシュはどちらもビットコイン技術を使用しており、2017年8月に分岐するまでは同一のトランザク

ション履歴を共有していた。ビットコインコアの開発者たちは当初の設計から方向転換することを決めたのに対し、ビットコインキャッシュの開発者は本来の設計を堅持している。

打ち上げ失敗

この技術が本当に革命的なものであれば、既存の金融・政治体制の権力を脅かすことになる。しかし現状のままでは、それらの機関は暗号通貨を同化し、無力化してしまうだろう。ビットコインが世界をより自由な場所にする可能性は、刻一刻と失われつつある。業界は2つの失敗シナリオに接近しつつある。第1のシナリオは、既存の金融および規制システムによる完全な取り込みだ。カストディアルウォレットの大規模な普及によりこれが可能となる。取引は簡単に追跡・管理され、政府は企業に容易にコンプライアンスを強制できるからだ。

もう1つのシナリオは、人々がインフレに強いデジタルキャッシュというビットコインの理念を完全に放棄してしまうことだ。私は多くの優秀な人材や有能な経営者が、ビットコインコアの失敗を目にして、ビットコインはスケールできないと早合点するのを見てきた。本来のビットコイン技術がまだ存在し、うまく機能し、世界規模の普及にも対応できるスケーラビリティを持っていることを人々が理解すれば、この幻滅は避けられる。ビットコインコアはこの設計から転換したに過ぎない。ブロックチェーン技術への信頼を失う前に、起業家や開発者はまず本来のバージョンを体験する必要がある。私は常に新しい暗号通貨を試しているが、長年経った今でも、ビットコインキャッシュは最高のユーザー体験を提供している。

ビットコインは国際金融、政治権力、破壊的技術の交差点に位置している。その物語は全産業の中でも最もドラマチックなものの1つであり、複

数のハリウッド映画の題材となるのに十分だ。本書はその物語の一部に過ぎない。ビットコインの開発の乗っ取りと、その後のビットコインキャッシュへの分裂を、世界で最も商業的にこの技術を使用してきたといえるビジネスマンの視点から描いている。

2

ビットコインの基本

　ビットコインに関する誤った情報が世界中に溢れている。その大きな原因は、ソーシャルメディアの影響力だ。オンラインでは誠実な調査が妨げられ、好奇心旺盛な人が鋭い質問をしたり意見を述べたりすると、その知性や評判を貶めるような、さらにはビジネスまでも攻撃する悪意のあるコメントが次々と寄せられる。ビットコインマキシマリスト（BTCが唯一の正当な暗号通貨だと主張する人々）は、この戦術を使うことで悪名高い。彼らはBCHのような代替プロジェクトが詐欺である理由を列挙し、議論はすでに決着がついていると主張し、異論を唱える者の正気を疑う。多くの人々はこれらの主張を調査する時間もなく、オンラインの荒らしの標的になることも避けたいので、結局はこの一般的なナラティブを受け入れてしまう。

　ナラティブを超えて、ビットコインコアとビットコインキャッシュの真の違いを理解するには、ビットコインが元々どのように設計されたかを理解する必要がある。ビットコインの創始者サトシ・ナカモトは、自身の発明について多くの公的コミュニケーションを行い、その設計を説明しているため、歴史が手掛かりになる。彼の後を継いだギャビン・アンドレセンやマイ

ク・ハーンのような優れた頭脳やエンジニアたちも、その核心的なアイデアを明確に説明している。本書全体で引用している彼らの言葉は、表面的なレベルを超えてビットコインを理解しようとする人にとって不可欠だ。より深く掘り下げる前に、3つの重要な概念を理解しておくと良い。それは「ブロックチェーン」「マイナー」「フルノード」である。

ブロックチェーン

ビットコインは「ブロックチェーン」技術を中心に動いている。ブロックチェーンとは、すべてのビットコイントランザクション（取引）と残高を管理する公開台帳であり、新しいトランザクションが約10分ごとに更新される。これらの新しいトランザクションは「ブロック」にまとめられ、次々と「チェーン」でつながれて「ブロックチェーン」を形成する。ブロックチェーンの特徴は、中央管理者によって維持されないことだ。全ての取引を処理したり台帳のエントリを決定したりする単一の機関は存在せず、代わりに世界中の分散ネットワークのコンピュータによって維持・更新されており、中央集権的な制御点や単一障害点がない。

ブロック自体はビットコインの異なる哲学を理解する上で中心的な要素であり、大きく2つの陣営に分けられる。「ビッグブロック派」と「スモールブロック派」だ。名前が示す通り、ビッグブロック派は大きなブロックを好む。ブロックが大きいほど、ネットワークのトランザクション処理能力は高くなり、各ブロックの処理に、より多くのリソースが必要になる。一方スモールブロック派は、誰もがブロックを処理できるよう、ブロックを十分に小さなサイズに保つことを望む。この違いについては、後でより詳しく取り上げる。

マイナー

　誰でもブロックチェーンにブロックを追加できるわけではない。この仕事は、専らマイナー（採掘者）によって行われる。マイナーはトランザクションをブロックにまとめ、特別な証明を付け加えることで台帳を更新する。この証明とは、非常に難解な数学のパズルの解答であり、その解答を見つけるにはかなりのコンピュータパワーが必要だ。世界中には、このパズルを解くために特化されたマシンが大量に設置された倉庫がある。これらのマシンはすべて電力を必要とする。ビットコインのマイナーになるにはお金がかかるのだ。

　マイナーは2つの仕組みで経済的に報酬を得る。トランザクション手数料とブロック報酬だ。トランザクション手数料は、トランザクションをブロックに含めてもらうためにユーザーが支払うものだ。ブロック報酬は、新しいビットコインが発行される仕組みだ。マイナーがブロックチェーンに新しいブロックを追加するたびに、少量の新しいビットコインが与えられる。この報酬は約4年ごとに半減する。初期の頃、マイナーは1ブロックあたり50ビットコインを受け取っていたが、執筆時点ではブロック報酬は6.25ビットコインまで減少している。最終的に報酬は無視できるほど小さくなり、マイナーの収入源はトランザクション手数料のみとなる。

　ビッグブロック派は、ビットコインの世界においてマイナーがネットワークを攻撃から守り、台帳を維持し、すべてのトランザクションを処理するという重要な役割を果たしていると考えている。マイナーは頻繁に、より強力な機器へのアップグレードのために数百万ドル、さらには数千万ドルを投資する。2018年には、Bitmain（ビットメイン）社がテキサス州に世界最大のマイニング施設を建設する計画を発表し、総投資額は5億ドル

を超えると見積られた。[1]ビットコインマイニングには多額の投資とメンテナンスコストがかかる。そのため、ほとんどのビッグブロック派は、マイナーがビットコインの開発において最大の発言権を持つべきだと考えている。マイニングしているコインの成功次第で、彼らの資本投資は全て失われる可能性もあれば、逆に大きなリターンを生み出す可能性もある。そのため、マイナーにはビットコインの価値と有用性を保つ強いインセンティブがあるのだ。

　一方、スモールブロック派はマイナーに対してより懐疑的、あるいは敵対的な見方をする傾向がある。マイナーはネットワークにブロックを追加できる唯一の存在であるため、大きな力を持っており、マイニングが過度に中央集権化すれば体系的な脅威となる可能性がある。少数の大手プレイヤーが市場を支配すれば、ビットコイン自体が中央集権化しすぎる可能性がある。大規模なマイニング施設は、システムに政治的リスクをもたらす。政府が大手マイナーを攻撃、規制、または管理しようとすれば、ビットコインを混乱させたり制御したりできるかもしれない。マイナーの役割に関するこの対立が、ビットコインキャッシュへの分裂につながる中心的な不一致点となったのである。

フルノード

　幸いなことに、ビットコインを使用するためにマイナーや高負荷なソフトウェアを運用する必要はない。一般のユーザーは、もっと簡単な方法でネットワークにアクセスできる。創始者サトシ・ナカモトは、ユーザーが最小限の労力で送受金、そして自分のトランザクションの検証を行うことができる簡易支払検証（SPV）という方法を説明している。ビットコインの歴史の大半において、ほとんどのウォレットはSPVやその他の類似技術を

使用してブロックチェーンにアクセスしてきた。この傾向は、カストディアル
ウォレットの普及によりBTCでは逆転しつつあるが、BCHでは依然として
標準的である。

　ビットコインネットワークにアクセスするためのもう1つの方法がある
が、それにはより手間がかかる。一部のユーザーは、ブロックチェーン全
体をダウンロードし、これまでに行われた全てのトランザクションを検証
する「フルノード」ソフトウェアを運用している。BTCのブロックチェーン
全体には約8億件のトランザクションが含まれており、現在のサイズは約
450GBだ。ユーザーがフルノードソフトウェアを初めて運用する場合、ネ
ットワークと同期するまでに数時間かかることもある。さらに、フルノード
がネットワークから切断された場合、再びビットコインを使用するために
は最新のブロックをすべてダウンロードして検証しなければならない。だ
からこそ、SPVは非常に重要な発明であった。ほとんど時間や労力を要さ
ずに使用でき、それでもなお優れたセキュリティを提供する。SPVでは自
分のトランザクションを検証することができ、一方フルノードはブロックチ
ェーン上の全てのトランザクションを検証することができる。

　ビッグブロック派とスモールブロック派の哲学の最大の違いは、フルノ
ードの役割に関するものだと言える。ビッグブロック派は、ネットワーク上
の活動の大部分が、マイナーと、SPVや類似技術を使用する軽量ウォレ
ットとの間で行われるべきだと考えている。フルノードは、暗号通貨取引
所や決済プロセッサーを運営する場合のように、多くの人々のトランザク
ションを短時間で検証する必要がある特殊なケースでのみ有用だと考え
ている。フルノード運営者にはネットワーク上で金銭的な報酬がなく、ほ
とんどの人は他人のトランザクションを検証する必要がないため、一般
ユーザーがこのような高負荷なソフトウェアを運用するインセンティブは

ない。サトシは「この設計は、ユーザーが単にユーザーとしてシステムを利用できることを支持している」[2]と述べており、明確にビッグブロック派である。

対照的に、スモールブロック派はフルノードがネットワークに不可欠だと考えている。彼らは、ユーザーが自身のノードを運用すべきだと考えており、そのためにスモールブロックが必須だと主張する。なぜなら、ノードの運用コストはブロックのサイズに比例して増加するからだ。実際、スモールブロック派がビットコインはスケールできないと主張する主な理由は、ビッグブロックがノード運用者にとってより高コストだからである。彼らは、一般ユーザーはフルノードを運用する必要がないと結論づける代わりに、ビットコインはスケールできないと結論づけた。私の観点からすれば、これはビットコインに関する最大の混乱の1つであり、これについては詳しく分析していくつもりだ。

5つの基本イント

サトシ・ナカモトのビットコインに対する本来のビジョンについては、多くの議論が行われてきた。私を含む初期の支持者たちは、サトシが現実世界で機能することを証明した素晴らしいシステムを設計したと考え、その成功ゆえに、基本的な変更を加える必要があるとは思わなかった。しかし、本来のビジョンを批判する者たちは、サトシがいくつかの重要な点に関して誤っていると考え、プロトコルを変更しようとした。ビットコインコアの開発者たちは元の設計の批判者でありながら、プロジェクトの運営を最終的に担うことになった。

ビットコインマキシマリストたちは、元のビジョンに忠実であることを、創設時のアイデアからのいかなる逸脱も許さない盲目的な信仰と見なす

ことが多い。しかし、この批判は的を射ていない。サトシの設計に忠実であろうとする考えは、頑なな信念によるものではない。ビットコインは多くの要素が絡み合った複雑なシステムであり、ソフトウェアやコンピュータネットワークに加えて、全体としての「経済」システムである。そのため、ビットコインを理解するには経済的な分析も必要だ。ソフトウェアの要素と経済的な要素を併せて考えると、ビットコインは精巧に調整されており、軽々しく手を加えるべきではないことが明らかになる。

　コア開発者たちは、ブロックサイズを拡大してトランザクション処理能力を向上させるのではなく、複数のレイヤーを使用することでビットコインをスケールするべきだと決めた。彼らによれば、最初のレイヤーは「オンチェーン」のトランザクションで構成され、それを基盤にして追加のレイヤーが構築されるべきということだ。これらの追加レイヤーは「オフチェーン」となり、トランザクションがブロックチェーンに記録されないため、ベースレイヤーのスケーリングの必要性を回避できる。大いに注目された「ライトニングネットワーク」はこうしたセカンドレイヤーの1つだが、いくつかの根本的な問題があり、それについては第9章で詳しく議論する。重大な問題の1つは、ライトニングネットワークを使用するためにはオンチェーン取引が必要であることだ。ライトニングネットワークに接続するためだけでも、ベースレイヤーで少なくとも一度はトランザクションを行う必要があり、これにはBTCの使用率が高い時期には、100ドル以上かかる場合もある。これはライトニングネットワークの致命的な欠陥だが、有効な解決策は提案されていない。

　ビットコインコアは、これらの追加レイヤーの成功に全てを賭けている。彼らはベースレイヤーのトランザクションを遅くて高価なものにするために、元のシステムを正反対の方向に変えた。しかし、シンプルで信頼で

きる支払い手段となる満足のいく代替案をまだ生み出せていない。現在のライトニングネットワークは信頼性も安全性もないため、最も人気のあるライトニングウォレットは現在カストディアル型になっている。したがって、BTCが未来の自由を促進する通貨になるという希望は、まだ創造されていない技術に全面的に依存していることになる。

2021年7月に、とあるカンファレンスでイーロン・マスクもまた、BTCのトランザクション処理能力が問題になる可能性を指摘し、ベースレイヤーのサイズを拡大することで暗号通貨をスケールさせるという考えを支持した。

「より高い最大取引レートと低い取引コストのものを検討し、シングルレイヤーネットワークをどこまで拡張できるか見極めることには価値がある……おそらく人々が考えている以上のことが可能だろう」[3]。

マスク氏はBTC支持者として有名だが、彼のエンジニアとしての直感はBCHの哲学と一致している。ベースレイヤーをスケールするのが正しい考え方であり、それは常に元の設計の一部であった。

これから説明する章で明らかになるように、サトシは完璧ではなかったが、彼のアイデアは説得力があり、よく考え抜かれており、真剣に検討する価値がある。サトシの設計は複雑な追加レイヤーを必要としないが、それでも追加レイヤーと互換性がある。特定の個人や開発者グループ、ティッカーシンボルを盲目的に信じるのではなく、アイデアの本来の価値を、偏見なく評価すべきだ。サトシがどのようにビットコインを設計したかを学び、コア開発者たちの意見を聞き、自分自身で判断を下してほしい。

元の設計とビットコインコアの新しい設計の違いは、下記の5つの重要

な考えに集約される。

1. ビットコインはインターネット上での決済のためのデジタルキャッシュとして設計された。

2. ビットコインは極めて低い取引手数料で取引できるように設計された。

3. ビットコインはブロックサイズを大きくすることよってスケールする設計だった。

4. ビットコインは、一般ユーザーが自分でノードを運用することを前提としていなかった。

5. ビットコインの経済設計は、ソフトウェア設計と同じくらい重要である。

これらの点は全て、サトシや他の初期のパイオニアたちが共有していたビットコインの元のビジョンの核心部分だ。しかし、今日の一般的なナラティブは、ほぼ全ての点で異なっている。テレビから人気のポッドキャストまで、コメンテーター達の意見に耳を傾けると、次のように思い込んでしまうかもしれない。

1. ビットコインは交換手段として機能しなくても、価値の貯蔵手段として設計された。

2. ビットコインの取引手数料は高額であるべきだ。

3. ビットコインは、単にブロックサイズを大きくするだけではスケールしない。

4.　ビットコインの安全性は、一般ユーザーが自分でノードを運
用することで保たれている。

5.　ビットコインの経済設計は壊れており、ソフトウェアエンジニ
アによって修正される必要があった。

　これらは全て誤りである。たとえビットコインコアが行った変更にあな
たが賛成だとしても、歴史的記録を見ると、その変更が元の設計から根
本的に逸脱していることは明らかだ。以降の章では、これらの主張を1つ
ずつ詳しく検証していく。

3

決済のためのデジタルキャッシュ

インターネットは、世界がこれまでに見た中で最も強力な情報配信ツールである。Google、YouTube、Wikipedia、そしてソーシャルメディアを利用して、ほぼ何でも学べる時代になった。しかし、これらのプラットフォームは容易に情報操作の対象となったり、特定の利益のために悪用されたりする可能性がある。例えば、Twitterで暗号通貨に言及すると、途端に大量の不特定多数のアカウントが現れ、自分のお気に入りのコインを推し、他のコインを批判し始める。よく見ると、これらのアカウントの多くは偽のプロフィール画像を使い、フォロワーもおらず、ひたすら特定の暗号通貨プロジェクトについてツイートしているだけだ。個別には無力に見えるかもしれないが、これが何百、何千ものアカウントで行われると、世論を左右することができる。私は実際にこの現象を目の当たりにしてきた。暗号通貨業界は、このようなソーシャルメディアキャンペーンやオンラインでの誤情報により、取り返しのつかない影響を受けている。特にビットコインにおいて、これらの手法は非常に醜い歴史を残している。

このような戦術は不道徳だが、その効果は疑いようがない。ビットコインの本来の目的についてさえ、今や意見が分かれ混乱が生じているの

は、ビットコインコア陣営のナラティブがいかに効果的であるかを物語っている。本来、日常的な取引のための決済システムとして認識されるべきビットコインが、今では主に「価値の貯蔵手段」として語られ、キャッシュとして使われる必要はないとさえ言われている。この主張は学者の間でも広まっている。人気書『ビットコイン・スタンダード』の紹介文には次のように書かれている。

「ビットコインの真の競争優位性は、価値の貯蔵手段および大口取引の最終決済のためのネットワークとしての機能にあるのかもしれない。つまり、最終決済インフラを備えたデジタル形態の金（ゴールド）というわけだ」[1]。

私はかつて、「デジタルゴールド」という比喩が気に入っていた。しかし、その意味合いが大きく変わってしまった今では、もはやその表現は好きになれない。かつて「デジタルゴールド」は、中央銀行によるインフレの心配がなく、かつデジタルであるため世界中どこへでも瞬時にほぼ無料で送金できる通貨、という意味で使われていた。ところが今では、取引コストが高く日常的な決済には向かないという金の欠点をビットコインに当てはめる意味で使われている。つまり、金の貨幣的な長所ではなく、むしろその短所に関連づけられるようになった。

ビットコインコアの支持者の中には、さらに極端な主張をする者もいる。ビットコインが決済システムとしてよりも価値の貯蔵手段として優れているだけでなく、ビットコインは「意図的に」交換手段としてではなく、価値の貯蔵手段として設計されていると言うのだ。Kraken（クラーケン）のビジネス開発担当ディレクターであるダン・ヘルド氏は次のように述べている。

　「『ビットコインは最初から決済のために作られた』というナラティブを推進する人々は、ホワイトペーパーやフォーラムの投稿から自分たちの視点を支持するために都合の良い文だけを選び出している……ビットコインは、まずは価値の貯蔵手段としての目的で作られたのだ」[2]。

　この大胆かつ図々しい主張は、ソーシャルメディアでの「いいね」や暗号通貨のコメンテーターからの賞賛を得るかもしれないが、事実に照らし合わせると、まったく説得力がない。歴史的な記録を見れば、ビットコインが日常的な決済のために設計されたことは明らかである。

サトシの言葉

　ビットコインが決済システムとして設計されたという証拠は何か？それは、創始者であるサトシ・ナカモトが残したすべての文書に見出せる。ビットコインを世界に紹介した重要なホワイトペーパーをはじめ、サトシによる数百に及ぶオンラインフォーラムへの投稿と50通以上の公開メールが存在する。これらの文書は、ビットコインという技術に対するサトシの明確なビジョンを示している。まずは、ビットコインを初めて紹介し説明した、2008年に発表されたホワイトペーパーから見ていこう。オンラインで読めるので、ぜひ全文を読んでみることをお勧めする。このホワイトペーパーは非常によく書かれており、技術的な専門知識がなくても重要な概念の多くを理解できる。最初の数セクションを分析していこう。まずはタイトルから始める。

　「ビットコイン：ピアツーピアの電子キャッシュシステム」

　もし価値の貯蔵手段として意図していたのなら、サトシはこれを「電子的な価値の貯蔵手段」と呼ぶこともできたはずだが、あえて「電子キャッシュシステム」と呼んでいる。概要の冒頭には次のように書かれている。

　「完全なピアツーピアの電子キャッシュの実現により、金融機関の介在無しに、利用者同士の直接的なオンライン決済が可能となるだろう」[3]。

　ビットコインを世界に紹介する文書の冒頭で、明確に「オンライン決済」と記されている。続く序論では、次のように始まる。

　「現在のインターネット上の商取引は殆ど例外なく、電子取引を処理する信任できる第三者の金融機関に依存している。大多数の取引はこの仕組みで問題なく執り行われるが、信頼に基づくモデルであるが故の脆弱性が依然として問題となっている……」

　序論の最初の2文で、サトシは「インターネット上の商取引」、「電子取引」、「取引」に言及している。そして、続けてこう述べている。

　「金融機関には争議仲裁という避けられない責任があるため、完全に不可逆的な取引の提供はできない。仲裁コストに伴う取引コストの増加により、取引規模が限定される結果、小額取引が不可能となる。また、不可逆的サービスに対する不可逆的支払ができない事によるコストは更に多大となる。取引の可逆性により、信頼の必要性が拡大する……これらのコストや支払いの不確実性は、物理的な通貨を使用すれば避けることが可能だが、電子取引では信用の置ける第三者を介さずに支払いを可能とするようなメカニズムは存在しない」。

　つまり、既存のオンライン決済方法は、システム上、信頼を必要とするために高い取引コストがかかる。クレジットカードやPayPalなどはすべ

て、高額な紛争解決の仕組みを持つ企業に依存している。これらのコストにより、インターネット上での「小額取引」が事実上不可能となっている。一方、現金による支払いは第三者への信頼を必要としないが、オンラインでは使えない。そこで登場するのがビットコインだ。

「必要なのは信用ではなく、暗号学的証明に基づいた電子取引システムであり、これにより信用の置ける第三者を介さずに、利用者間の直接取引が可能となる。計算上可逆にすることが現実的でない取引は、売り手を詐欺から守り、また、買い手を保護するためのエスクロー（第三者預託）機能は容易に実装可能である」。

つまり、ビットコインは現金に似ている。取引当事者が仲介者なしで直接やりとりできるからだ。ホワイトペーパーの冒頭の数段落で、ビットコインが「商取引」「取引」「支払い」「販売者」「購入者」「売り手」に関するものであることが明確に示されている。一方で、「価値の貯蔵手段」という言葉は、ホワイトペーパー全体を通して一度も登場しない。

サトシのメールやフォーラム投稿においても、ビットコインが価値の貯蔵手段であるという概念は、ほんの数回しか示唆されていない。暗号通貨企業OB1の共同創設者であるサム・パターソンは、サトシの著作においてビットコインが決済システムとして言及されている箇所と、価値の貯蔵手段として言及されている箇所をすべてまとめた記事を書いている。彼はこう結論づけた。

「サトシのすべての著作を見直した結果、ビットコインが最初に価値の貯蔵手段として意図的に作られたという主張は完全に誤りであると自信を持って言える。ビットコインは決済のために作られたのだ……サトシは決済について、価値の貯蔵手段の4倍以上頻繁に言及している……

この証拠だけでも、『ビットコインは最初に価値の貯蔵手段として設計された』という主張を無視するには十分に思える。サトシの言葉を正直に見て、サトシがビットコインを決済のために作らなかったと本当に信じる者がいるとは思えない」[4]。

ビットコインが決済を目的としていることは、ホワイトペーパーだけでなく、サトシのオンラインフォーラムへの投稿からも明らかだ。サトシはこう述べている。

「ビットコインは、既存の決済方法よりも小規模な取引に対して実用的であり、それは、いわゆるマイクロペイメントの上限にあたる取引にまで対応できる」[5]。

マイクロペイメント

「マイクロペイメント」とはどれほど小さな決済を指すのだろうか。普遍的な定義はないが、この文脈では1ドル未満の取引を指す。サトシが後継者として選んだ開発者ギャビン・アンドレセンも同様の見解を示している。

「ビットコインネットワークは1セント未満の支払いには適していないと今でも思っている。しかし、1米ドルから1セントの範囲の小額支払いには問題なく機能するだろう」[6]。

ビットコインはかつて、数セントから数ドルの範囲の取引に実用的だと考えられていた。しかし、取引手数料が上昇して以来、今ではそのような小額取引が不可能となることが多く、手数料が送金額を上回ることもある。マイナーに手数料を支払うための十分な資金がビットコインアドレスに残っていない場合、そのアドレスは事実上使用できなくなる。サトシは

マイクロペイメントについてさらに詳しく述べている。

「現時点ではビットコインは小規模なマイクロペイメントには実用的ではないと思うが、ストレージや帯域幅のコストが下がり続けるにつれて、最終的には実用化できるだろう。もしビットコインが大規模に普及すれば、その時点で既に実現している可能性もある。もう1つの方法として、クライアント専用モードを実装し、ネットワークノードの数が少数のプロフェッショナルなサーバーファームに集約されれば、マイクロペイメントがより実用的になるだろう。どんな規模のマイクロペイメントでも、最終的には実用的になると考えている。5年か10年後には、帯域幅とストレージは取るに足らないものになると思う」[7]。

この引用は2つの理由で興味深い。第1に、サトシはビットコインが最終的には「どんな規模のマイクロペイメントにも対応できる」ことを想定していること、そして第2に、ネットワークインフラが「プロフェッショナルなサーバーファームに集約される」ことを予測していることで、これはビッグブロックに関する議論において特に重要である。

「[ビットコインが]普及し始めたら、自動販売機にコインを投入するように、ウェブサイトに数セントを簡単に支払えるようになるアプリケーションが多数出てくるだろう」[8]。

サトシはビットコインが「ウェブサイトに数セントを簡単に支払う」ために使われることを望んでいた。これとは対照的に、コア開発者のピーター・トッドはこう述べている。

「中央機関の管理から完全に自由に、世界中どこへでも20ドルという低額の手数料で送金ができるのであれば、私は十分満足だ。同様に、チ

ョコレートバーを買うときには、より中央集権的な方法を喜んで使うさ」[9]。

　サトシとトッドのビジョンは互いに相容れない。2人の許容する手数料には1,000倍以上の開きがある。20ドルという高額な手数料は、大口決済以外のビットコインのすべてのユースケースを破壊してしまう。これはデジタルゴールドという極端な考え方の一例だ。ビットコインを金と直接比較しているサトシの引用が1つ存在する。これは、ビットコインのマイニングによる電力消費が無駄ではないかという質問に対する回答だ。

　「それは金と金の採掘と同じ状況だ。金の採掘の限界コストは金の価格に近づく傾向がある。金の採掘は無駄だが、その無駄は、金を交換手段として利用できることの効用に比べればはるかに少ない。ビットコインの場合も同じだと思う。ビットコインによって可能となる取引の効用は、消費される電力コストをはるかに上回るだろう。したがって、ビットコインを持たないことこそが純粋な無駄となる」[10]。

　金は、交換手段としての効用が採掘コストを上回るというアナロジーとして使われている。今となっては皮肉だ。

　スナック自動販売機での購入についてもあるフォーラム投稿で議論されており、ビットコインによる即時の小額決済が可能であることが強調された。即時決済は完璧に安全とは言えないため、サトシは決済処理業者がわずかな不正リスクを引き受けてこれを処理することを想定していた。

　「決済処理業者が、10秒以内に十分なチェックを行い、取引を迅速に処理するサービスを提供することが可能になると考えている」[11]。

　サトシは正しかった。ビットコインの決済処理業者はほんの数秒で十

分なチェックを行うことができるようになっている。

すべては商取引

フォーラムには、ビットコインを商取引に使用することに関する同様の議論が多く見られる。サトシも他の参加者も、オンライン事業者向けのインターフェース[12]、実店舗事業者向けのツール[13]、POS（店頭取引）[14]、顧客がクレジットカードの使用に不安を感じるユースケース[15]、日常の細かな出費のためにモバイルデバイスに少額のビットコインを保持すること[16]などについて語っていた。サトシがビットコインを数セントという小額の決済にも使用できるように設計したことは疑う余地がない。実際、ソフトウェアの最初のバージョン0.1.0には、未完成のピアツーピアマーケットプレイスのコードや仮想ポーカーの基本的なフレームワークさえ含まれていた。

ビットコイン業界全体もまた、ビットコインがインターネット上の高速で安価、そして確実性の高い決済システムであるという前提に基づいて構築していた。世界最大のビットコイン決済プロセッサーであるBitPay（ビットペイ）のような成功企業は、法外な手数料によって、そのビジネスモデル全体が脅かされることとなった。2017年のインタビューで、CEOのスティーブン・ペアは次のように述べている。

「BitPayにとって、ビットコインのブロックチェーンは機能しなくなった……そして我々にはいくつかの選択肢がある。1つはビットコインのフォーク（分岐プロジェクト）を使い始めることだ。2つ目の選択肢もビットコインのフォークを使い始めることだ。そして3つ目の選択肢もビットコインのフォークを使い始めることだ。我々は本当に選択の余地がない状況にあり、これを実行しなければならない」[17]。

この理由から、BitPayはビットコインキャッシュを分岐後に統合した最初の企業の1つとなった。CoinbaseのCEOであるブライアン・アームストロングも、世界のデジタルキャッシュとしてのビットコインという同じビジョンを持っていた。そして、2017年のインタビューで、BTCがスケールできなかったことが「彼の心を痛めた」理由を説明した。

「私がビットコインとデジタル通貨に本当に情熱を持った理由は、世界がオープンな金融システムを持つことを望んでいるからだ……すべての決済が高速で、安価で、即時で、グローバルなシステム……しかしビットコインは結局そのようにスケールしなかった」[18]。

彼は続けて、ビットコインキャッシュやイーサリアムのような他のプロジェクトがこの目標を達成する可能性が高いと説明している。

「私は、[ビットコインネットワークを]、現在のVISAの数分の1から数百分の1のコストで、VISAと同等の規模で運営できると信じている。世界中のすべての支払いを、1セント以下で行うことができるだろう……しかし、ビットコインキャッシュやイーサリアムのような他のネットワークもすべて、これに取り組んでいると思う。したがって、このビジョンは実現するだろうが、元々のビットコインがそこに到達しなかったことは、もどかしかった」。

アームストロングの見解は、初期のビットコイン起業家や初期のビットコイナーの間で広く共有されていた。当時のオンラインコミュニティでは、ビットコインとWestern Union（ウェスタンユニオン）を比較し、決済システムとしてのビットコインの優位性を強調することが頻繁に行われていたのを覚えている。最も人気のあった初期のインフォグラフィックの1つ（下図参照）は、Western Unionの広告とそれに相当するビットコインの広

告を並べて表示していた。Western Unionの広告には「今日、温かい気持ちを送りましょう。たった5ドルで、最大50ドルまでアメリカ国内のどこでも受け取れます。送金をよりスムーズに(Moving money for better)」と書かれていた。一方、ビットコインの広告には「24時間365日(24/7)、温かい気持ちを送りましょう。たった0.01ドルで、いくらでも、どこでも受け取れます。送金をはるかにスムーズに(Moving money far better)」と書かれていた。

　Bitcoin.orgのウェブサイトも、日常的な商取引におけるビットコインの利点を宣伝していた。2010年のアーカイブ版には、「ビットコイン取引は実質的に無料である一方、クレジットカードやオンライン決済システムは通常、1〜5%の取引手数料に加えて、時に数百ドルに及ぶ各種手数料が発生する」[19]と記載があった。2015年の時点でも、このウェブサイトは「ゼロまたは低額の処理手数料」と「即時のピアツーピア取引」[20]を謳っていた。

図1：Western Unionとビットコインを比較した初期のインフォグラフィック

　ビットコインが日常的な決済のために作られたことはないと装うのは、歴史を書き換えようとする厚かましい試みである。2014年以前に関与していた誠実な人なら誰でも、元々の計画が低コストのデジタルキャッシュシステムであったことを証言するだろう。ビットコインが高価で限定的な価値の貯蔵手段であるべきだと考えていた人々は、当時はごく少数派に過ぎなかった。

4

価値の貯蔵手段 VS 交換手段

「ビットコインの真の優位性は、広く利用可能なまたは低コストの取引を提供する能力ではなく、信頼できる長期的な価値の貯蔵手段であることにある」[1]。
——サイファディーン・アモウズ、『ビットコイン・スタンダード』

ビットコインがデジタルキャッシュとして機能しなくても価値を貯蔵できるという考えを、多くの人々が疑問を持たずに受け入れていることは驚きだ。むしろ、その逆が真実である可能性が高い。ビットコインが長期にわたって優れた通貨であることを証明できれば、市場はそれを価値の貯蔵手段として受け入れるかもしれない。しかし、そのためには長年の有用性と安定性の実証が必要だ。激しい価格変動が常態化していることを考えると、今ある暗号通貨のどれかを「信頼できる長期的な価値の貯蔵手段」と呼ぶのは時期尚早だ。この10年間でBTCの価格が大きく上昇したからといって、それが価値の貯蔵手段であることを意味するわけではない。

触れるな

サイファディーン・アモウズは「デジタルゴールドマキシマリズム」の中でも極端な立場をとっている。彼は、一般の人々がブロックチェーンに触れることさえない未来を描いており、オンチェーン取引は大口の送金にのみ使用されるとしている。『ビットコイン・スタンダード』で彼は次のように書いている。

「ビットコインは、オンライン取引のための新たな準備通貨として見ることができる。ここでは、銀行のオンライン版がビットコインに裏付けられたトークンをユーザーに発行し、自身のビットコインの蓄えをコールドストレージに保管する……」[2]

さらに、オンラインの議論で彼は次のように述べている。

「ビットコインのオンチェーン決済は事業者のためのものではない。それは中央銀行のためのものだ。世界中の決済ネットワークをすべてビットコインの上に構築し、最終決済のみをチェーン上で行うことができる。BTCは金本位制下の中央銀行の金のようなものだ」[3]。

この見解は、人気ビットコインコメンテーターのトゥール・デメスターも共有している。

「完全に成熟すると、ビットコインブロックチェーンの使用は、石油タンカーをチャーターするのと同じくらい珍しく、特殊なものになるだろう」[4]。

これらの考えは今や、最初からの主流なビジョンであったかのように議論されている。しかし、元の設計と比較すると、これらは突飛で不必要

なものだ。私はこのバージョンのビットコインに賛同したことはまるでない
し、初期に関わりのあった無数の他の起業家たちも同様だ。実際、ビット
コインの美しさの中心的な部分は、まさにブロックチェーンが誰でもアク
セス可能であり、銀行家だけのものではないということだ。ビットコインに
ついて自信を持って語る他の多くの著名人と同様に、アモウズとデメスタ
ーは、追加レイヤーがBTCの使いにくさの問題を簡単に解消すると単に
想定しているにすぎない。しかし、実際にセカンドレイヤー技術を見てみ
ると、特にベースレイヤーがスケールしない場合、その実現可能性は不
確実なままだ。これらの問題は一般的にBTC支持者には認識されておら
ず、代わりにエンジニアが将来的にすべてを修正すると信じている。エン
ジニアのこれまでの乏しい実績にもかかわらずだ。

さらに、「ビットコインに裏付けられたトークン」の未来は、中央銀行家
でない我々を苦しめる恣意的なインフレが続くことを保証するものでしか
ない。歴史が示すように、通貨は必ず時間とともにその裏付けを失うもの
であり、人々が実際のビットコインではなく、ビットコインの約束を取引す
ることを強いられれば、その約束が実際のビットコインの供給を遥かに
超えてインフレするのは時間の問題だ。セカンドレイヤーの使用はこのイ
ンフレをさらに助長するだけだ。

ナラティブの転換

ビットコインコミュニティ内で、数年にわたってナラティブはデジタルキ
ャッシュから価値の貯蔵手段へとシフトし始めた。2016年に入ってもな
お、ビットコイナーの大多数はなおもこの技術をオンライン通貨、または
彼らが好んで呼んだように「魔法のインターネットマネー」として推進して
いた。そのため、新しい企業がビットコインでの支払いを受け入れると発

表するたびに祝賀ムードになったものだ。ビットコイン決済を受け入れる事業者が増えるごとに、ビットコインはより多くの信頼性と有用性を獲得していった。しかし、2017年後半に手数料が急騰した後、最も影響力のあるBTC支持者たちは、問題を認めることなく、巧妙にナラティブを変え始めた。なぜなら、ビットコインがただの価値の貯蔵手段であるなら、高い手数料は結局問題にならないからだ。近年では、商取引でビットコインを使わないように奨励されることさえあり、BTCは買って無期限に保有するためのものだとされている。「買って、持ち続けて、決して使うな」という主張は、人為的な希少性を作り出し価格を釣り上げるための絶妙な戦略、というのが私の皮肉な見方だ。有限供給の資産を買って保有するだけで金持ちになれると十分な数の人々が信じ込めば、極端な価格上昇は避けられない結果となる。

　私の判断では、暗号通貨が真の価値の貯蔵手段となる唯一の望みは、実世界での有用性を持つことだ。暗号通貨は従来のシステムよりも有用でなければならず、高い取引手数料はいかなるコインの有用性も即座に損なう。もしBTCが唯一の暗号通貨であれば、おそらく価値の貯蔵手段としてまだ機能するかもしれない。しかし、市場にはBTCよりも優れた選択肢があるため、最も遅く、最もコストが高く、最もスケールしにくい暗号通貨が、信頼できる長期的な価値の貯蔵手段として選ばれる可能性は低いように思われる。例えば、ビットコインキャッシュはビットコインコアのほとんどすべての特性を備えているが、実際にデジタルキャッシュとして使うことができる。長期的には、BTCと本質的に同じ機能を持つ他の暗号通貨がはるかに低いコストで利用可能であるにもかかわらず、BTCユーザーは不必要に高額な手数料を支払い続けているという事実に市場は気づくだろう。

価値の貯蔵の経済学

「価値の貯蔵手段のみ」という考え方の問題点を理解するためには、経済学を掘り下げる必要がある。私は幸運にも若い頃にオーストリア学派の経済学に出会った。ルートヴィヒ・フォン・ミーゼスやマレー・ロスバードといった偉大な思想家たちのおかげで、経済的な視点から世界を理解できるようになった。そして、彼らの貨幣に関する理論を事前に読んでいたからこそ、ビットコインが人気を博すと確信したのだ。ビットコインが極めて優れた貨幣の特性を持っていることが見て取れたため、すぐにでも購入すべきだと考えた。

ビットコインの価値の貯蔵手段としての可能性は、興味深い経済学的なパズルだ。その点で言えば、そもそも、価値自体が何世紀もの間、経済学者を悩ませてきた興味深いパズルだ。そもそも、なぜ何かに価値がつくのか？オーストリア学派の経済学から得られた洞察の1つで、現在では主流の経済学にも取り入れられているのは、価値は主観的であるということだ。価値は物の中にあるのではなく、人間の心の中にある。物はそれ自体で価値を持っているわけではなく、人間が欲求を満たすためにそれらを使えると信じるからこそ価値が生まれるのだ。

「価値の貯蔵手段」は文字通り価値を物理的に「貯蔵」できるわけではない。価値を後で取り出すために箱に入れるようなものではないのだ。むしろ、価値の貯蔵手段とは、長期にわたって人々から一貫して価値があると認識されてきた対象を指す。その長年の実績から、人々はそれが将来も価値を維持すると考える。結果として、時を経ても購買力を保ち続けるのだ。多くのものが価値の貯蔵手段として使われている。例えば、牛は古くからその役割を果たしてきた。搾乳、食用、農耕など多くの用途があ

るため、人々は牛に価値を見出す。そのため、牛を売りたいと思ったときには、買い手が見つかりやすい。不動産も長い歴史を持つ人気の価値の貯蔵手段だ。人には、土地を所有することが利益をもたらすと信じる十分な理由がある。居住、食糧生産、開発、賃貸など、その用途は多岐にわたる。千年後も、人間にとって牛と不動産は価値があるだろう。しかし、最も一般的な価値の貯蔵手段は貨幣だ。

　貨幣は牛や不動産よりも複雑な経済現象だ。これを理解するには、「直接交換」と「間接交換」という概念の違いを把握する必要がある。農家が服を、仕立屋が鶏を欲しがっているなら、彼らは最もシンプルな経済取引である「直接交換」、つまり「物々交換」を行うことができる。これは、農家が鶏を仕立屋の服と直接交換するというものだ。しかし、物々交換は不便で非効率的になりがちだ。両者が交換相手の持っているものを特に欲している必要があるからだ。農家が服ではなく靴を欲しがっている場合、交換は成立しない。

　これに対して「間接交換」は、交換される物が最終的に欲しい物ではない場合に行われる。つまり、農家は鶏をガソリンと交換するかもしれない。ガソリンが欲しいからではなく、それを仕立て屋と交換して、欲しい服を手に入れられるからだ。この状況では、ガソリンは農家と彼が最終的に欲しいアイテムとの間の中間ステップであり「交換手段」と呼ばれる。

　交換手段は素晴らしい。互いを知らず、同じ言語を話さず、同じ嗜好を共有しなくても、人々の巨大なネットワークが取引し協力することを可能にする。経済において最も一般的な交換手段は貨幣であり、それは基本的にどんな製品でも他の製品と交換することを可能にする。農家は、十分な量の鶏を最初に貨幣と交換すれば、ランボルギーニに変えることがで

きるのだ。

　貨幣によって、計画を立て、貯蓄し、投資することがはるかに容易になる。農家は夏に鶏を売って得た貨幣を冬に使う計画を立てることができる。あるいは、その貨幣を利益を生む事業に投資することもできる。貨幣がなければ、投資を行うことは、はるかに困難になる。農家は鶏を直接投資として受け入れる事業を見つける必要がある。代わりに貨幣を使えば、鶏を売ってユーロに換え、そのユーロを他の事業に投資できる。まさに、貨幣は我々全員をより豊かにする、優れた発明なのだ。

　貨幣はまた、価値の貯蔵手段としても優れている。オーストリア学派経済学がその理由を最も的確に説明している。ルートヴィヒ・フォン・ミーゼスによれば、「時間と空間を通じて価値を伝達する貨幣の機能も、その交換手段としての機能に直接遡ることができる」[5]とのことだ。

　マレー・ロスバードも同じ結論に達している。「多くの教科書では、貨幣には複数の機能があるとしている。交換手段、計算単位、または『価値の尺度』、『価値の貯蔵手段』など。しかし、これらすべての機能は、1つの中心的な機能、すなわち交換手段としての役割から派生した付随的な特性に過ぎないことは明らかだ」[6]。

　つまり、貨幣が一般的に使用される交換手段であるからこそ、価値を貯蔵するのだ。したがって、ビットコインを貨幣とするなら、ビットコインが交換手段として機能しなくても価値を貯蔵できると主張するのは、本末転倒である。

　「価値の貯蔵」を将来の価値の予測と捉えると理解しやすい。将来どの財が価値を持つかを予測しようとしているのだ。不動産のように有用な

ものであれば、価値が認められる可能性が高い。紙幣のように、すでに交換手段として広く使われているものも、将来も価値を保ち続ける可能性が高いと考えられる。中央銀行がマネーサプライを膨張させ、紙幣が価値を失うケースもあるため、絶対的な保証はないが、それでも重要な判断材料となる。

　ある物の将来的な交換手段としての可能性が低いと認識されれば、それが価値の貯蔵手段として選ばれる可能性も同様に低下する。貝殻が一般的に交換手段として使用されている島に住んでいると想像してみよう。ある日、ラジオで貝殻を持つことが危険で癌を引き起こす可能性があるという画期的な新しい研究結果を耳にする。そうなると、その貝殻を交換手段として受け入れる人はずっと少なくなり、価値の貯蔵手段としても良い選択肢でなくなる。たとえその研究が誤りで、貝殻が癌を引き起こさなくても、そうかもしれないという世間の疑惑だけで、機能しているお金が無価値となるには十分だ。2017年と2021年のビットコインコアのネットワーク障害と、その後の企業による採用拒否、つまり決済手段としてのビットコインの受け入れをやめる企業が相次いだことで、BTCが交換手段として機能するかどうかに疑問が生じた。これにより、BTCが将来的に本当の価値の貯蔵手段として機能する可能性は低くなっている。

貨幣と価値

　すべての貨幣は価値を貯蔵するが、すべての価値の貯蔵手段が必ずしも貨幣であるとは限らない。牛や不動産は、貨幣以外の用途があるため、しばしば貨幣ではなくても価値の貯蔵手段とみなされる。これは重要な問いを提起する。ビットコインは、交換手段として使用されるために価値を貯蔵する貨幣のようなものなのか、それとも貨幣としての用途以外の

理由で価値を貯蔵する牛や不動産のようなものなのか?2010年、サトシはフォーラムでこのテーマについて議論した。ビットコインがどのように価値を得るのか、そしてなぜ価値を得るのかについて議論されていた時のことだ。彼はこう述べている。

「思考実験として、金のように希少だが、次のような特性を持つ金属を想像してほしい。

● 　地味な灰色

● 　電気伝導性が低い

● 　特に強くはないが、延性も加工性もない

● 　実用的にも装飾的にも用途がない

　　そして、唯一の特別な下記の魔法のような特性を持つ。

● 　通信チャネルを通じて転送可能

　もし何らかの理由でこれに価値が生じれば、長距離で富を移転したい人なら誰でも、それを購入し、送信し、受け取った人がそれを売却できるだろう。あなたが示唆したように、交換手段としての潜在的有用性を人々が予見することで、その期待が現実となって最初の価値が生まれるかもしれない(私も絶対に欲しいと思う)。 コレクターが興味を持ったり、何らかの偶然の理由で価値が生じる可能性もある。私の考えでは、貨幣の伝統的な条件は、世界に希少性のある競合物が多数存在するという前提のもとで定められている。そのため、生来の利点として内在的価値を持つ物が、それを持たない物より必然的に優位に立つと考えられていた。しかし、仮に世界に貨幣として使用できるものが、希少ではあるが内在的価

値を持たないものだけだったとしても、人々はその中から何かを貨幣として採用するだろうと私は考える」[7]。

　この引用にはいくつかの重要な点がある。まず、この文脈でサトシは「内在的価値」という言葉を、貨幣としての用途以外の使用価値を意味するために使っている。例えば、金や銀は優れた交換手段であり、産業にも使用できる。タバコや塩など、他の歴史的な交換手段は、直接消費することもできる。ビットコインには、確かに非貨幣的な価値も存在するが（これについては後述する）、サトシの思考実験は、たとえビットコインに貨幣以外の用途が全くなかったとしても、それが希少であり、取引コストが非常に低く通信チャネルを通じて送信できるという事実だけで、「交換手段としての潜在的有用性」のために価値を持つ可能性があることを示している。言い換えれば、サトシは、ビットコインが優れた交換手段になり得ることを人々が認識することによって、自らの価値を確立することができると考えていた。これがビットコインを非常にユニークな発明にしている。ビットコインは、既存の貨幣よりも優れた特性を持つように設計された通貨を用いた、目的特化型の決済システムなのである。

その他の用途

　一見すると、ビットコインは誰かに送ること以外に何もできないように見える。しかし、実際には他の用途も存在する。ビットコインのブロックチェーンは、分散型コンピュータネットワークによって維持されるオンラインの公開台帳であり、ビットコインのトランザクションによりこの台帳が更新される。この機能は、貨幣としての用途以外の目的に利用できる。たとえば、他のデータ保存の方法と比べるとかなり高価であるが、ブロックチェーンは貴重なデータを保存するのに利用できる。この機能を使って、ブ

ロックチェーン上に検閲不可能なプラットフォームを作成する新しいソーシャルメディア企業も登場している。他にも、資産登録、新たな投票システム、オンラインセキュリティ向上のための本人確認などのアプリケーションが考えられる。ビットコインの一般的な決済システムとしての実用性と比べると、これらの機能は些細に見えるかもしれないが、確かに存在している。

　貨幣的でない特徴を挙げてビットコインが「価値の貯蔵手段」として適していると考えるのは、米ドル紙幣がたきつけやトイレットペーパーとして使えるから「価値の貯蔵手段」であると考えるようなものだ。確かにそのような用途はあるが、安全で国際的、かつ摩擦のない交換手段としての価値と比べると、微々たるものである。サトシは、ビットコインの伝送性、つまり容易に送金できる特性が、ビットコインの価値を生み出す中心的な機能であることを理解していた。しかし、その機能はビットコインコアの開発者によって意図的に破壊されてしまい、他の暗号通貨と比較してもBTCには今ではほとんど独自の価値提案が残っていない。他の暗号通貨の中には手数料が低く、非貨幣的な機能も優れているものが多い。

　価値が主観的であることを考慮すれば、市場がBTCを価値の貯蔵手段として選ぶ可能性も「理論上は」ある。しかし、市場は古くて臭い靴下を価値の貯蔵手段として選ぶ可能性も理論上はある。可能性はあるが、現実味に乏しい。価値の貯蔵手段となる可能性が最も高い暗号通貨は、すべての利点を最大限に活用し、欠点を最小限に抑える必要があると考えるのが合理的である。取引が扱いにくく高コストであることは、いかなる価値の貯蔵手段や交換手段にとっても望ましくない。有名なインターネット起業家で、MegaUpload（メガアップロード）の創設者であるキム・ドットコムも、2020年1月の対話の中で同様の見解を示している。

「非常に成功した暗号通貨になるためには、高速で低コストなトランザクションを提供する必要がある。それを避ける方法はない。価値の貯蔵手段であるのは良いことだが、この分野で本当に成功したいのであれば、電子マネーでなければならない」。

キムはまた、大多数の人々がまだ暗号通貨を使った経験がないことを指摘しており、彼らを取り込むためには、手数料を低く抑え、取引の信頼性を高める必要があると述べている。

「[ほとんどの人々は]現在進行中の争いや暗号通貨コミュニティ内の毒性について何も知らない。彼らは、最も安い手数料、最も速い取引、そして最も信頼性の高い通貨を選ぶだろう。しかし現時点では残念ながら、それはビットコイン[コア]ではない」[8]。

BTCのすべての特性を持ちつつ、世界中で即時かつほぼ無料の取引が可能で、21世紀の交換手段として設計された暗号通貨を想像してみてほしい。そのような暗号通貨の実用性は、これらの機能を持たないものよりも桁違いに大きくなるだろう。これがビットコインの元の計画であり、その計画は現在もビットコインキャッシュや他の暗号通貨に受け継がれている。

5

ブロックサイズ制限

「2011年の時点で、2017年になってもブロックサイズが引き上げられていないだろうと言われていたら、『そんなことはあり得ない』と返しただろう」[1]。
——スティーブン・ペア、BitPay CEO

「ブロックサイズ制限」というたった1つの技術的パラメータを使って、ビットコインコアの開発者たちはビットコインを全く異なるプロジェクトに変えることに成功した。ブロックサイズ制限とは、ネットワーク上で許可されるブロックの最大サイズのことだ。トランザクションはブロックにまとめられるとすでに説明したが、トランザクションが多いほどブロックは大きくなるということだ。これにより、ブロックサイズ制限は事実上ビットコインの最大処理能力の制限となる。ビットコインコアは、ブロックサイズを極小に抑えることで、ネットワークの処理能力を人為的に本来の可能性をはるかに下回るレベルまで抑制した。

ブロックサイズ制限は本来、重要視されるパラメータではなかった。上限に達することは想定外で、平均的なブロックサイズをはるかに上回る

水準に設定されるはずだった。極端な状況を除いて、ブロックが完全に埋まることなど想定されていなかったのだ。

追加容量の必要性

　ブロックが満杯になると、1つのブロックに収容できる以上のトランザクションが処理を待っている状態になり、即座に手数料の急騰と取引の滞りが起こる。現在のBTCのブロックは1つにつき2,000〜3,000のトランザクションを含めることができ、10分ごとに新しいブロックが生成される。10分間の間に1万8,000人が各自1つのトランザクションを行おうとすれば、ネットワークはそれらすべてを処理するのに少なくとも6ブロックを要する。その間に他の誰も利用しなければ、キュー内のすべてのトランザクションを処理するのに1時間かかるということだ。15万人が一度にビットコインを使用しようとすれば、すべてを処理するのに少なくとも50ブロックが必要になり、8時間以上の待ち時間を意味する。

　ネットワーク混雑時の問題は、処理の遅延だけではない。ブロックが満杯になると、手数料が上昇し始める。高い手数料を払っても、トランザクションがすぐに処理される保証はなく、他のトランザクションのキューの前方に割り込むことができるだけである。ネットワークは1ブロックあたり3,000件しかトランザクションを処理できないため、キューができる。手数料を上げれば、マイナーが次のブロックにトランザクションを含める可能性は高くなるが、たくさんの人がより高額の手数料を払えば、トランザクションはキューの後方に押し戻される。これにより手数料は急激に上昇し、ユーザー体験は著しく悪化する。ブロックが満杯になると、手数料は10セントから1ドルへ、さらには5ドル、10ドル、20ドル、50ドルへと跳ね上がる。利用者が多ければ、それ以上に高騰する可能性もある。2017年

と2021年の手数料高騰時には、一部の複雑なトランザクションで1,000ドル以上の手数料がかかり、私も何度もそのような高額の手数料を支払った経験がある。ブロックチェーン上で900ドルから1,100ドルの範囲の手数料を伴ったトランザクションを検索すると、約3万5,000件もの結果が返ってくる[2]。

ビットコインは、インターネットを介して人々を即座につなぐ能力から、しばしばメールに例えられる。もしメールが15万人の利用に対応できず、送受信に8時間もかかるとしたら、それは間違いなく明らかな設計上の欠陥と見なされるだろう。ネットワーク障害の最中には、ビットコインのトランザクションは数日、ピーク時には1週間も滞留することがあった。これこそが、ブロックサイズ制限がトランザクションの需要を大きく上回る水準に維持されるべき理由である。本来、この制限はシステムの機能に影響を与えない、実際の使用量からかけ離れた余裕のある技術的な上限として存在すべきだった。ビットコインは使用量に応じてスケールするとされ、この制限は引き上げられるか、あるいは完全に撤廃されるべきだった。

ブロックを自然に成長させることで、ビットコインは低手数料のトランザクションとブロックチェーンへの普遍的アクセスを兼ね備えたデジタルキャッシュシステムとして存続できたはずだ。しかしコア開発者たちは、ビットコインを大口取引に特化した最終決済システムに変えたいと考え、ブロックサイズ制限の引き上げを拒否した。手数料が異常な水準にまで高騰し、ネットワークが信頼性を失った唯一の理由は、ブロックが需要に対して小さすぎたからだ。

無数の初期の開発者、企業、熱心な支持者たちは、ブロックサイズ制

限を引き上げる必要があることを認識していた。彼らは、ブロックが満杯になれば悲惨なユーザー体験につながることを予見し、ビットコインの人気が高まるにつれてブロックがより満杯になっていくのを目の当たりにしていた。しかし、業界からの度重なる議論と嘆願にもかかわらず、コア開発者たちは一貫して制限の引き上げを拒否し続けた。彼らは2010年以降、実質的に最大トランザクション処理能力の引き上げを行っていない。スマートフォンで撮影した写真1枚でさえ、BTCの1ブロック分よりも大きく、画像の品質によってはその差がさらに顕著になる。これが結果的に暗号通貨業界の分裂を招き、ビットコインキャッシュの誕生につながった理由である。

ブロックサイズ制限の背景

　サトシ・ナカモトがビットコインを去る頃には、多くの熱心で才能ある開発者がプロジェクトに携わっていたが、その中でも特に際立っていたのがギャビン・アンドレセンとマイク・ハーンの2人である。アンドレセンはサトシによって後継者として選ばれ、プロジェクトのリード開発者となった。当然ながら、彼もビッグブロック派だった。長年にわたり、アンドレセンはビットコインのスケーリング、開発者文化、経済学、その他のトピックについて、自身のブログ[3]で影響力のある記事を執筆した[4]。彼は穏やかな物言いで、時にそれが欠点とも言えるほどだった。一方、ハーンはより激しい気質の開発者で、スモールブロック派がプロジェクトを混乱させていると考え、彼らに対しより積極的に反論していた。彼の以前の職歴は特に関連性があった。ハーンはGoogleを退社してビットコインの仕事に就いたが、Google在籍中は世界で最も人気のあるウェブサイトの1つであるGoogleマップのキャパシティプランナーとして3年間働いていた。そのため、ネットワークの容量問題に精通していた。サトシやアンドレセンと同様

に、ハーンもビッグブロック派で、ビットコインには本質的なスケーリングの問題はないと考えていた。彼らのブログ投稿、メール、フォーラムでの会話、公開インタビューを通じて、アンドレセンとハーンは他の誰よりもビットコインの元来のビジョンを的確に捉えていた。彼らの言葉は必読であり、本書全体を通じて引用している。

ビットコインの当初のコードには、生成できるブロックのサイズに明確な制限はなかったが、それが2010年に変わった。ビットコインがまだ初期段階にあった頃、潜在的なサービス拒否(DoS)攻撃を防ぐため、サトシがブロックサイズ制限を追加したのだ。ギャビン・アンドレセンは自身のブログで、この最初の制限の理由を次のように説明している。

「……この制限は『有害なブロック』によるネットワークのDoS攻撃を防ぐために追加された。攻撃コストが安価であれば、DoS攻撃の懸念が生じる……しかし今日では、この制限を防ごうとしていた攻撃を実行するコストは大幅に上がっている……

[2010年]7月15日、約1万1,000のビットコインが1枚あたり平均3セントで取引されていた。当時のブロック報酬は50BTCだったので、マイナーはブロック1つ分のコインを約1.50ドルで売ることができた。

つまり、ネットワークを混乱させる『有害なブロック』を作成するのに1〜2ドルしかからなかったということだ。多くの人が『面白半分』で1〜2ドル使うことをいとわない。彼らは問題を引き起こすのを楽しみ、そのために多くの時間や適度な額のお金を費やす意思がある」[5]。

最初の制限は1　MBに設定され、理論上は1秒間に7トランザクションの制限を可能にした。実際には、1秒間に3〜4トランザクション、つまり1

ブロックあたり2,000〜3,000のオンチェーントランザクションが実質的な限界であり、これは当時のネットワークの実際の使用量をはるかに上回っていた。当初の計画は、単純に制限を引き上げるか、完全に撤廃するというものだった。アンドレセンはフォーラムで次のように述べている。

「最初から計画は巨大なブロックをサポートすることだった。1MBのハード制限は常に一時的なDoS攻撃防止策にすぎなかった」[6]。

別の初期のビットコインのパイオニアであるレイ・ディリンジャーも同じことを述べている。

「私はサトシが最初に書いたビットコインコードのブロックチェーンの部分を見直した人間だ。サトシの元のコードには1MB制限はなかった。制限は元々ハル・フィニーのアイデアだった。サトシも私も1MBではスケールしないと反対したのだが、ハルは潜在的なDoS攻撃を懸念していて、議論の末、サトシも同意した……しかし、私たち3人全員が、1MBは一時的なものでなければならないと合意した。なぜなら、それでは決してスケールしないからだ」[7]。

サトシ、ハル、レイが全員一致で合意していたことは特に興味深い。なぜなら、ハル・フィニーはしばしばスモールブロックの支持者とみなされているからだ。しかし、彼でさえ1MB制限は一時的なものでなければならないと同意していたのだ。それにもかかわらず、今日に至るまで、ビットコインコアの開発者たちは、ソフトウェア、ハードウェア、ネットワーク技術の大幅な進歩にもかかわらず、2010年に設定された当初のレベルを超えてブロックサイズ制限を実質的に引き上げることを拒否し続けている。業界の最大手企業のほぼ全てが、何度も制限の引き上げを試みたが、コア開発者たちは、公に引き上げに同意した後でさえ、それを拒否した。代わりに、

彼らはブロックサイズの指標を「ブロックウェイト(重量)」に変更し、新しい制限は4MBだと主張しているが、これはほとんど数字のまやかしであり、実際には処理能力が4倍になったわけではない。

逆転した設計

コア開発者たちがブロックサイズの上限を引き上げることを拒否した単純な理由は、彼らがビットコインの設計を変更したかったからだ。ブロックが早く埋まれば埋まるほど、取引手数料が早く上昇し、彼らはそれを望ましいと考えていた。コア開発者のホルヘ・ティモンは次のように述べている。「上限に達することは悪いことではなく、むしろビットコインの手数料市場のような若く未成熟な市場にとっては良いことだと私は考えている」[8]一方、グレッグ・マックスウェルは率直に次のように述べた。「ブロックが埋まることに何も問題はない……ブロックが埋まるのはシステムの自然な状態だ」[9]。

これらの考えがいかに過激であるかを理解するには、ビットコイン初期に一般的だった考え方と対比してみるとよい。当時は、取引処理能力の比較対象としてVisaのネットワークがよく引き合いに出されていた。2009年、サトシはビットコインの拡張性について次のように答えている。

「既存のVisaクレジットカードのネットワークは、世界中で1日約1,500万件のインターネット上の取引を処理している。ビットコインは既存のハードウェアで、その何分の一かのコストで、Visaよりもはるかに大規模にスケールアップできる。実際には、スケール上限に達することは決してない」[10]。

これが長年の共通認識だった。今日では「Satoshi's Vision(サトシの

ビジョン)」と呼ばれるものだが、当時はほぼ全員のビジョンだった。例えば、2013年にビットコインについて調べていたら、きっとビットコインについてのWikiページにたどり着いていただろう。スケーラビリティのセクションには、次のように書かれていた。

「ビットコインのコアネットワークは、ノードがデスクトップではなく主にハイエンドサーバー上で動作していると仮定すれば、今日見られるよりもはるかに高いトランザクションレートにスケールアップできる。ビットコインは、ブロックチェーンの一部のみを処理する軽量クライアントをサポートするように設計されている……

大多数のユーザーが軽量クライアントをより強力なバックボーンノードに同期する構成では、数百万人規模のユーザーベースと、1秒あたり数万件の取引処理能力までスケールアップすることが可能となる……

今日、ビットコインネットワークは人工的な制限により、持続的に7tps(7トランザクション/秒)に制限されている。これらの制限は、ネットワークとコミュニティが準備できる前に、人々がブロックチェーンのサイズを膨らませてしまうのを防ぐために設けられた。これらの制限が解除されれば、最大取引レートは大幅に上昇するだろう……非常に高いトランザクションレートでは、各ブロックが0.5GBを超えるサイズになる可能性がある」[11]。

これは広く知られていた事実だった。ビットコインのシステムが大きなブロックでスケールアップするように設計されていることを誰もが理解しており、それは全く議論の余地のないことだった。アンドレセンは、ビットコインのスケーラビリティがこのプロジェクトに彼を引き付けた魅力の一部だったと述べている。

「ビットコインについて初めて聞いたとき、まだ規模が小さかったので、ビットコインに関してすべてを読むことができた。メーリングリストの全ての投稿を含めて、私は実際に全てを読んだ。Visaに匹敵するほどスケールアップできるシステムという約束が、私がビットコインに惹かれた理由の1つであった」[12]。

2013年時点で、Visaは平均して約2,000件/秒の取引を処理していた。ビットコインでこの処理速度を実現するには、ブロックサイズを約500MBにする必要があるが、これは十分に管理可能な規模だ。現代の携帯電話は、ギガバイト単位のHD動画を容易に録画・アップロードできる。これは100万件以上のトランザクションを含むビットコインブロックの数倍のサイズに相当する。その規模までスケールアップするには、単に最大ブロックサイズを増やすだけでは不十分だが、それが実現できない根本的な理由はない。実際、ビットコインキャッシュは既に32MBのブロックの生成に何度も成功しており、ビットコインキャッシュの派生であるビットコインSVに至っては、2GBのブロックのマイニングを実現している。これらのネットワークは問題なく機能し続けている。サトシはブロックサイズに関する質問に対して、次のような簡潔な最終回答を残している。

「できるだけ長く[ブロックチェーンの]ファイルを小さく保つのは良いことだろう。最終的な解決策は、どれだけ大きくなっても気にならないことだ」[13]。

高額な手数料と遅いトランザクション

なぜビットコインコアの開発者たちは手数料を高額にしたいのか。初期のビットコインの熱心な支持者や一般の人々にとっては、それは明らかに悪策に聞こえる。しかし実際には、高額な手数料はスモールブロック

派の哲学から必然的に生じる結果なのだ。その理由を理解するには、ビットコインのシステムをより詳しく分析する必要がある。第2章で説明したように、マイナーの報酬には2種類ある。取引手数料とブロック報酬だ。ブロック報酬は時間とともに減少するため、最終的には取引手数料だけが収入源となる。そして、ビットコインコアの開発者たちはスモールブロックを望んでいるため、彼らのシステムでマイナーが利益を得る唯一の方法は、極めて高額な取引手数料となる。ビットコインはマイナーへの報酬なしでは機能しない。1ブロックあたり3,000件のトランザクションしか処理できないのであれば、セキュリティ維持のために1トランザクションあたり数百ドルから数千ドルの手数料が必要となる。コア開発者のホルヘ・ティモンはこの問題について率直に語っている。

「長期的には、ブロック報酬がなくなった後も[プルーフ・オブ・ワーク]を維持するために、ビットコインには競争力のある手数料市場が必要だ。今それが実現していることを非常に嬉しく思う……」[14]

別のコア開発者、ピーター・ウィレは次のように述べている。

「個人的な意見としては、私たちはコミュニティとして、確かに手数料市場を発展させるべきだ。それも早ければ早いほどいい」[15]。

彼らは高額な手数料のトランザクションが蓄積していく状況を婉曲的に「手数料市場」と呼び、ユーザーがブロック内のわずかなスペースを巡って競り合うことを奨励している。この奇妙で不必要なセキュリティモデルが、コア開発者たちが高額な手数料やトランザクションの滞りを歓迎し、推奨する理由である。グレッグ・マックスウェルは次のように主張した。

「手数料圧力はシステム設計の意図的な部分であり、現在の理解で

は、システムの長期的な生存に不可欠だ。だから、そう、それは良いことだ」[16]。

そして2017年12月に手数料が25ドルまで上昇した際、マックスウェルは次のように有名なコメントを残している。

「個人的には、市場の動向が実際にインフレなしでセキュリティコストを賄えるような活動水準に達していること、そしてブロック報酬が減少する中で、コンセンサス進展を安定させるのに必要な手数料を支払ってくれる未処理トランザクションの滞りを祝ってシャンパンを開けていたところだ」[17]。

もちろん、サトシ・ナカモトはビットコインをこのように設計していない。マイナーは、大容量のブロックで低手数料のトランザクションを大量に処理することでコストを回収することが想定されていた。フォーラムで、サトシはマイナーの長期的な収益モデルについて質問を受け、次のように説明している。

「数十年後、報酬が少なくなりすぎたとき、取引手数料が[マイナー]の主な収入になるだろう。20年後には、トランザクション量が非常に多くなっているか、全くトランザクションがなくなっているかのどちらかだと確信している」[18]。

注目すべきは、サトシが「20年後には、トランザクション量が非常に多くなっているか、それとも少量のトランザクションが非常に高額な手数料で行われているか」とは言っていないことだ。そのような発言は常識的に考えて疑わしい。彼は、トランザクション量が多いか、全くないかのどちらかを予測したのである。

新しいビットコイン

　ビットコインコア開発者たちは、ブロックサイズに人工的な制限を設けることで、システムのダイナミクスを完全に変える方法を見出した。ユーザー体験は「ほぼ瞬時で無料のトランザクション」から「高額で信頼性に欠けるトランザクション」へと一変し、基盤となる経済モデルも劇的に変容した。BTCは、より優れた選択肢が存在するにもかかわらず、将来のユーザーがオンチェーントランザクション1件につき数百ドル、あるいは数千ドルを喜んで支払うだろうという想定に賭けているのだ。そうでなければ、マイナーは利益を生み出せないため、大半の設備を停止せざるを得なくなるだろう。

　このような状況を踏まえると、BTCは事実上乗っ取られ、本来の設計思想から逸脱し、新たな投機的なものへと変えられてしまったと言っても過言ではない。イーサリアムの共同創始者、ヴィタリック・ブテリンが公に次のように述べた理由もここにある。

　「BCHはビットコインの名を冠するに相応しい存在だと考えている。ビットコインが手数料を適正に保つためのブロックサイズ引き上げに失敗したことは、『当初の計画』からの大きな(コンセンサスを得ていない)変更であり、道義的にはハードフォークに匹敵する変更である」[19]。

　ビットコインコアがブロックサイズの制限を引き上げなかったことは、単なる理論上の問題にとどまらなかった。ビットコインを基盤としたビジネスや、決済手段として導入していた企業に現実的な影響をもたらしたのだ。2017年の手数料高騰後、ビットコイン業界は初めて普及の後退を

経験した。人気ゲームプラットフォームのSteamが、ビットコイン決済の使用を停止した際、その理由を公表している。[20]

「本日より、Steamはビットコインを支払い方法としてサポートしないことに決定した。これは手数料の高騰とビットコインの価値の変動が原因である……ビットコインネットワークが顧客に請求するトランザクション手数料は今年急激に跳ね上がり、先週は1トランザクションあたり20ドル近くまで上昇した(ビットコインを導入した当初は約0.20ドルだったのに比べて)……

Steamでの決済時、顧客はゲームの代金としてX額のビットコインと、ビットコインネットワークが課す取引手数料をカバーするためのY額のビットコインを送金する。ビットコインの価値は一定期間のみ保証されるため、その時間内にトランザクションが完了しなければ、トランザクションをカバーするのに必要なビットコイン量が変動する可能性がある。最近では、その変動幅が著しく拡大している。

通常は、ユーザーに返金するか、不足分の追加送金を求めるが、いずれの場合もユーザーは再度ネットワーク手数料を負担することになる。今年、このような状況に陥る顧客が増加している。現在の高額な手数料を考えると、返金や追加送金の要求は現実的ではない(追加送金の処理中にビットコインの価値が変動すれば、再び不足が生じるリスクもある)。

このような状況下で、ビットコインを決済オプションとして維持することが困難になった。将来的に、ビットコインが我々とSteamコミュニティにとって適切かどうか再評価する可能性はある……

-- Steamチーム」

Steamの判断は非難に値しない。ブロックが満杯の状態でビットコインを使用すると、ユーザー体験は悲惨なものとなりうる。返金を求める顧客は確実に損失を被ることになる。30ドルのゲームの返金に10ドルの手数料がかかれば、ユーザーは20ドルを失い、何の見返りも得られない。個人的な見解だが、ビットコインを機能不全に陥らせるなら、ブロックを満杯にすることが最も効果的な方法だろう。もし高額な手数料と処理の遅延が技術的なグリッチによって引き起こされたものだったなら、ビットコインにとってはむしろ好都合だったかもしれない。新技術特有の出来事として片付けられたかもしれないからだ。しかしその代わり、高額な手数料は問題なく、ビットコインは日常的な取引には不向きで、ブロックチェーンはスケールできないという認識が意図的に広められた。

BTC支持者はこれらの批判に対していくつかの定型的な反論を用意している。高額な手数料がビットコインの意図的な再設計の一環であることを知らない人々に対しては、「手数料は実際には問題ではない。ほら、今この瞬間は低いじゃないか！」とよく主張する。しかし、これは説得力に欠ける議論だ。確かに、ある時点ではBTCの手数料が低いこともあるが、それはネットワークの利用が少ないからにすぎない。利用者が増加すれば、急速に詰まりが発生し、手数料は再び高騰するだろう。これは道路の渋滞に似ている。深夜3時に道路が空いているからといって、ロサンゼルスの交通渋滞問題が解決したわけではない。BTCのブロックに余裕があれば手数料は低くなるが、ブロックが満杯になり取引が増加すれば、手数料は必然的に極端なレベルまで上昇する。

セカンドレイヤーについてはどうか？

スモールブロック哲学を救うもう1つの試みは、セカンドレイヤー（第二層）に訴えかけることだ。大半のトランザクションがオフチェーンで行われれば、セカンドレイヤーでは手数料を低く抑えられる可能性があるからだ。ビットコインに複数のレイヤーを構築することは理にかなっているが、適切に機能させるには、ベースレイヤーが拡張可能である必要がある。ベースレイヤーが7トランザクション/秒しか処理できないのであれば、追加のレイヤーを構築するには堅牢性が全く足りない。セカンドレイヤーもベースレイヤーとやり取りする必要があるため、高額な手数料は依然として根本的な問題となる。例えば、ライトニングネットワークを使用する際も、時々オンチェーントランザクションが必要となり、その手数料は誰かが負担しなければならない。現在、多くの人気のあるウォレットはユーザーのためにこれらのコストを補助しているが、50ドル以上の手数料が標準になれば、そのモデルは単純に持続不可能だ。

イーロン・マスクは、暗号通貨でベースレイヤーをスケールさせることの価値を理解しているようだ。ネットワーク設計に関するTwitterのスレッドで、彼はエンジニアとしての見解を次のように共有した。

「BTCとETHはマルチレイヤートランザクションシステムを追求しているが、ベースレイヤーのトランザクションレートは遅く、トランザクションコストが高い……ベースレイヤーのトランザクションレートを最大化し、トランザクションコストを最小化する価値がある……ブロックのサイズと頻度は、広く利用可能な帯域幅に合わせて着実に増加するべきだ」[21]。

もしマスクが当時その場にいたら、サトシ、アンドレセン、ハーン、そして私のような初期のビットコイン起業家のほとんどに同意していただろう。

安価なオンチェーントランザクションに代わるものは単純に存在しない。

　ビットコインを2つに分裂させることになった技術的パラメータは、ブロックサイズ制限だった。ブロックが満杯になる前、BTCは暗号通貨業界で約95%の市場シェアを誇っていた。ブロックが満杯になり始めると、市場シェアは急速に低下した。2018年1月のネットワーク障害のピーク時には32%にまで落ち込み、多くのユーザー、企業、開発者がBTCから完全に離れた。2023年3月現在、BTCの市場シェアは約40%であり、更なるネットワーク障害が発生すれば再び低下する可能性が高い。ビットコインコア開発者が単にブロックサイズの制限を合理的なレベルに引き上げていれば、多くの競合する暗号通貨プロジェクトは単純に存在せず、業界は1つのコインを中心に統一されたままで、BTCはインターネットの主要なデジタルキャッシュシステムであり続けただろうと私は確信している。その代わりに、ビットコインコア開発者は高額な手数料と信頼性の低いトランザクションを伴う最終決済システムへと方向転換し、デジタルキャッシュの空白を生み出した。この空白はいまだ埋められていない。

6

悪名高いノード

　ビットコインは本来、大きなブロックによってスケールするよう設計された。では、なぜ大きなブロックが問題だと考える人がいるのだろうか？　ビットコインコア開発者の内心の動機を知ることは不可能だが、この章では彼らがブロックを小さく保つ理由として述べている点に焦点を当てる。大きなブロックへの反対意見はすべて、1つの中心的な考えに基づいている。それは、ブロックサイズが大きくなると、フルノードの運用コストが増加するというものだ。ノードの運用コストが高くなると、ノードを運用する人は少なくなり、ネットワークはより中央集権化する。したがって、ブロックを小さく保つことで、より多くの人々がノードを運用でき、ネットワークの分散化が維持される。コア開発者のウラジミール・ファン・デル・ラーンは2015年に次のように明確に述べている。

　「スケーリングの利点は理解しているし、ブロックサイズの増加が『機能する』ことに疑いはない。予期せぬ問題が発生するかもしれないが、それらは解決されると確信している。しかし、それによってビットコインが、他のシステムとは異なる独自の特徴を失ってしまうかもしれない。つまり、接続性やコンピューティングハードウェアに特別な投資をすることなく、人々

が自分自身の『銀行』を運営できる可能性だ」[1]。

この考え方には複数の問題がある。最も根本的には、ユーザーが「自分自身の銀行」を運営するために自前のフルノードを稼働させる必要があるという考えが間違っていることだ。ビットコインは、一般の人がフルノードを稼働させる必要がないように設計されている。一般の人は、より軽量なソフトウェアを使用すればよい。フルノードはブロックチェーン全体のコピーをダウンロードし、ネットワーク上の全てのトランザクションを検証するものだが、これはほとんどのユーザーにとって不要だ。サトシはビットコインを、簡易支払検証（SPV）を前提に設計しており、SPVを使用すれば、ユーザーは少量のデータで自分のトランザクションを検証できる。SPVを使用すると、他人のトランザクションを検証することはできず、過去に行われた全てのトランザクションを検証することもできないが、ほとんどの人にはそれらの検証を行う理由がない。サトシは、全てのユーザーが世界中のトランザクションをダウンロードして検証しなければならないようなキャッシュシステムを設計するほど愚かではなかった。そのようなシステムは絶対にスケールしない。

第2に、ブロックのサイズが大きくなるにつれて検証コストが増加することは問題ではない。サトシは次のように非常に明確に書いている。

「全てのユーザーがネットワークノードとなる現在のシステムは、大規模な構成を意図したものではない。それは、全てのUsenetユーザーが自分自身のNNTPサーバーを[運用する]ようなものだ。設計は、ユーザーが単にユーザーであることを支持している。ノードの運用負担が大きくなればなるほど、ノードの数は減少する。残されたわずかなノードは大規模なサーバーファームとなるだろう。残りはトランザクションのみを行い、生成

を行わないクライアントノードとなる」[2]。

さらに、次のようにも述べている。

「新しいコインを作ろうとする人だけがネットワークノードを稼働させる必要があるだろう。最初は、ほとんどのユーザーがネットワークノードを稼働させるだろうが、ネットワークが一定のポイントを超えて成長すると、ノード運用は特殊なハードウェアを備えたサーバーファームを持つ専門家にますます任せられるようになるだろう」[3]。

サトシはこの点について非常に明確で、誤解の余地はない。彼の考えは完全に合理的だった。どの業界でも、企業は自社が最も得意とすることに特化する傾向がある。ビットコインのネットワーク維持も例外ではない。サトシは、ネットワークの中心に「大規模なサーバーファーム」があり、一般のユーザーがそれらに接続するというビジョンを描いていた。この考えに反対するのは自由だが、これがビットコインの当初の設計なのだ。これは電子メールに似ている。技術的には、誰でも自分の電子メールサーバーを設置し、グローバルな電子メールネットワークに接続することは可能だ。しかし、なぜそうする必要があるだろうか？　セットアップや維持が難しく、大多数の人々にとってその必要性もないため、ほとんどの場合我々はそれを専門家に任せているのだ。

多数派の意見

ギャビン、マイク、そしてサトシだけがこのように考えていたわけではない。初期のフォーラムは、システム上、大多数の人々が自分のノードを運用する必要がないと理解していた開発者やユーザーの投稿で溢れている。人気のあるArmoryウォレットを開発したアラン・ライナーは2015年

に次のように述べている。

「『グローバルな取引ネットワーク』という目標と『誰もが200ドルの Dell(デル)のラップトップで完全なノードを運用できなければならない』という目標は両立しない。グローバルな取引システムを、誰もが完全に/常時監査できるわけではないことを受け入れる必要がある」[4]。

ビットコインコアの支持者でさえ、ノードに関する彼らの見解が当初のものとはかなり異なることを認めている。ビットコインで最も人気のある討論プラットフォームの管理者で、ハンドルネーム「Theymos」で知られる人物は、後にビッグブロック派の検閲で中心的な役割を果たしたのだが、その彼でも次のように認めている。

「サトシは間違いなく固定の最大ブロックサイズを増加させる意図があった……サトシは、大多数の人々が軽量ノードのようなものを使用し、企業と本当の熱心な支持者だけがフルノードになると予想していたと思う。マイク・ハーンの見解はサトシの見解に近い」[5]。

さらに、コストが増加したとしてもノードを運用する人々の総数が少なくなるかどうかも定かではない。趣味でノードを運用する人は減るだろうが、ビットコインが世界の新しい金融ネットワークになれば、数千の企業が自社のノードを運用する経済的インセンティブを持つようになるだろう。サトシはホワイトペーパーでこう述べている。

「頻繁に支払いを受け取る企業は、より独立したセキュリティと迅速な検証のために、自社のノードを運用したいと考えるだろう」[6]。

フルノード信仰

スモールブロック派がなぜフルノードをそれほど重要視するのか、その理由をさらに掘り下げてみよう。ビットコインWikiのフルノードに関するページには、彼らの哲学がよく説明されている。以下の長い引用は、それを的確に要約している。

「フルノードはネットワークのバックボーンを形成している。もし全員が軽量ノードを使用すれば、ビットコインは存続できないだろう……軽量ノードは、マイニングパワーの過半数が示すことに何でも従う。したがって、もしほとんどのマイナーが集まってブロック報酬を増やすことに同意した場合、軽量ノードは盲目的にそれに従うだろう。もしこれが起これば、ネットワークは分裂し、軽量ノードとフルノードは別々のネットワークで別々の通貨を使用することになるだろう……

すべての企業や多くのユーザーがフルノードを使用している場合、このネットワークの分裂は重大な問題ではない。なぜなら、軽量クライアントのユーザーはすぐに、通常取引しているほとんどの人々とビットコインの送受信ができないことに気づき、悪意あるマイナーが打ち負かされるまでビットコインの使用を止めるからだ……

しかし、この状況でネットワーク上のほとんど全員が軽量ノードを使用している場合、全員がお互いに取引を続けることができるため、ビットコインは悪意あるマイナーによって『ハイジャックされる』可能性が非常に高くなる。実際には、フルノードが普及している限り、マイナーは上記のようなシナリオを試みることはないだろう。なぜなら、彼らは多額の金銭を失うことになるからだ。

しかし、全員が軽量ノードを使用すれば、インセンティブは完全に変わる。その場合、マイナーは確実にビットコインのルールを自分たちに有利に変更するインセンティブを持つ。軽量ノードを使用することが合理的に安全なのは、ビットコイン経済の大部分がフルノードを使用しているからだ。したがって、ビットコインの存続には、ビットコイン経済の大部分が軽量ノードではなくフルノードによって支えられることが重要だ」[7]。

これらの考えは正統派となった。今日ビットコインを理解しようとしている人の中には、この記事がビットコインの創始者自身が同意しなかったであろうスモールブロック派の視点に強く偏っていることに気づかないかもしれない。Wiki記事で主張されている中心的な点は下記の2つだ。

1. マイナーはルールを自分たちに有利に変更することでビットコインを「ハイジャックする」インセンティブがある。例えば、ブロック報酬を増やすことなどだ。

2. マイナーは、フルノードがマイニングパワーの過半数に「盲目的に従う」わけではないため、恣意的にルールを変更することができない。

これらの主張はどちらも誤りである。まず、マイナーにはビットコインのルールを恣意的に変更するインセンティブはない。一見すると、マイナーが無から新しいコインを生み出すことで利益を得られるように見えるかもしれない。しかし、これはビットコインがそもそもなぜ価値を持つのかという理由を見過ごしている。価値は内在的なものではなく、ビットコインネットワーク全体に対して人々が持つ複雑な信念の網から生まれる。もしマイナーが自分たちのために10億の新しいビットコインを生産することを決めたら、彼らはシステムに対する根本的な信頼を破壊することになり、それはビットコインの価値を損なうことになる。彼らは10億ものビットコイ

ンを手に入れるかもしれないが、その1つ1つが無価値になってしまう。マイク・ハーンはこのダイナミクスを理解していた。

「理性的なマイナーが、自分たちの富の信頼性を下げるようなことを望むはずがない。システムの有用性を大きく低下させるようなことをすると、たとえ中期的にも自滅的だ。なぜなら、人々がシステムに失望してコインを手放し、価格が下落することになるからだ。食べ物や飲み物などの基本的なものを直接購入できないことが、多くの人々にとってビットコインの有用性を低下させると言っても妥当だろう」[8]。

ハーンは、マイナーがシステムにとって脅威ではないことを理解していた。むしろ、マイナーはビットコインを壊すインセンティブが最も低い。なぜなら、彼らの唯一の収入源はトランザクション手数料とブロック報酬であり、これらはどちらもビットコインで支払われ、それを市場で売却しなければならないからだ。

Wiki記事の2つ目の主張は、フルノードがネットワークのルール変更を何らかの形で防ぐことができるというものだが、これも事実ではない。フルノードはチェーンにブロックを追加できないことを思い出してほしい。フルノードは、ブロックとトランザクションが有効かどうかを検証できるだけだ。ビットコインを重大な形で破壊するプロトコルの新しいバグが発見され、短期間でソフトウェアをアップグレードしなければならない状況を想像してみよう。マイナーは即座にアップグレードするだろう。なぜなら、彼らの利益はネットワークの稼働にかかっているからだ。しかし、もしフルノードを運用している他の全員がアップグレードしなかったらどうなるだろうか？マイナーはアップグレードを完全に阻止されるだろうか？全くそうではない。マイナーはそのままチェーンにブロックを追加し続け、フルノード

は単にメインネットワークから分岐して、自分たちの新しいネットワークに移行することになる。もしその新しいネットワークにマイナーがいなければ、彼らは自分たちのチェーンに新しいブロックを追加することさえできず、トランザクションを処理することもできない。むしろ、これは軽量ウォレットを使用した方が良い理由になる。なぜなら、軽量ウォレットはメインネットワークから分岐するリスクがないからだ。

　フルノードには、マイナーがルールを変更することを直接制限する力はない。しかし、ルールが変更されたことを人々に通知する間接的な力はあると言える。Wiki記事によれば、「悪意あるマイナー」がルールを変更することを防いでいるのは、フルノードに見つかると知っており、世界がその悪行を知ればシステム全体の価値が破壊されるからだ。つまり、フルノードの監視の目がマイナーを牽制している。これは表面的には正しい。確かに、マイナーは自分たちのコインの価値を破壊することになるため、ビットコインのルールを恣意的に変更しないインセンティブがある。しかし、ルールが変更されたことを人々に通知するために、大規模なフルノードのネットワークは必要ない。誠実なマイナー1人、あるいは誠実なノード1つで十分だ。誰でも、特定のブロックやトランザクションが古いルールに照らして無効であることを世界に証明できる。たとえマイナーの100%が共謀していたとしても、1つのフルノードでもルールが変更されたことを示すことができる。つまり、どんなマイナー、企業、暗号通貨取引所、研究者、または決済プロセッサーでも、ルールが変更されたことを証明できる。したがって、基本的に全員がルールの変更に気づくことは保証されている。

　しかし、フルノードが文字通り何の力も持たないと言うのは、単純化しすぎになる。すべてのノードが同じではないからだ。一部のフルノード運用者は、経済的に重要な存在である。趣味で自宅の地下室でノードを運

用している人がネットワークから分岐しても、大した問題ではない。しかし、大企業や暗号通貨取引所が分岐してしまった場合、それは重大な問題であり、コインの価値に悪影響を与える可能性がある。したがって、マイナーには、自分たちが提案するルール変更が経済的に重要なフルノード運用者から支持を得られるよう努める強いインセンティブがあるのだ。

誠実なマイナーと不誠実なマイナー

マイナーがビットコインの完全性に一切リスクをもたらさないと考えるのも、単純化しすぎである。マイナーの行動が損害を引き起こす可能性のある明確なシナリオが1つ存在する。ホワイトペーパーで説明されているように、ビットコインはマイニングパワー（「ハッシュレート」とも呼ばれる）の過半数が誠実であること、つまりシステムを意図的に破壊しようとしていないことを必要とする。誠実なマイナーは、コインの有用性を最大化し、ネットワークの規模を拡大することで利益を追求する。一方、不誠実または悪意のあるマイナーは、異なる種類の脅威をもたらす。ビットコインは不誠実なマイナーの中でも機能するように特別に設計されているが、それは彼らが少数派である場合に限る。ハッシュレートの過半数が不誠実になれば、ビットコインは確かに問題に直面するだろう。例えば、敵対的な政府がハッシュレートの過半数を掌握した場合、ビットコインは混乱させられる可能性がある。しかし、そのようなシナリオでも、フルノードは何の保護も提供しない。フルノードはチェーンにブロックを追加することも、マイナーの行動を制御することもできないため、単にメインネットワークから切り離されてしまうだけだ。フルノードがどれほど頑張っても、不誠実なマイナーが過半数を占めるネットワークを救う力はない。

ビットコインがハッシュレートの過半数が誠実であることを必要とする

事実は、ビットコイン独自の設計上の欠陥ではない。すべてのプルーフ・オブ・ワーク型ブロックチェーンは同じ脆弱性を抱えている。不誠実なマイナーに対する本当の防御は経済的なものだ。それはマイニングのコストである。マイニングが高価になればなるほど、ハッシュレートの過半数を獲得しようとする悪意のある者の負担するコストは高くなる。したがって、ビットコインが成功すればするほど、全体的なセキュリティレベルは高くなる。政府は一般的に、悪意のあるハッシュレートの過半数を獲得する本当の脅威をもたらす唯一の存在だ。なぜなら政府は利益と損失の制約の下で運営する必要がないからだ。十分な資金を持つ政府がこの方法でビットコインを破壊しようとした場合、フルノードの数に関係なく、ネットワークは本当の課題に直面するだろう。

　歴史的事実は明確だ。ビットコインは一般ユーザーが自分自身のノードを運用するために設計されたものではない。サトシはこのことを複数回明確に述べている。

　「この設計は、完全なブロックチェーンを必要としない軽量クライアントのための基盤を提供している……これは簡易支払検証（SPV）と呼ばれる。軽量クライアントではトランザクションの送受信が可能だが、ブロックを生成することはできない。支払いを検証するためにノードを信頼する必要はなく、自身で検証することができる」[9]。

　大規模なスケーリングは常に大きなブロックで可能であり、インフラは専門の「サーバーファーム」によって維持されるはずであった。それにもかかわらず、ビットコインコアの開発者たちはサトシの設計を好ましく思わず、一般ユーザーが全ブロックチェーンをダウンロードし、そこで行われるすべてのトランザクションを検証するようにすることでより良くできると

考えた。たとえユーザーにそれを行う金銭的な動機がなくともである。これが現在BTCネットワークでの支配的な考え方であり、トランザクションの処理能力が制限され、手数料が高い理由である。

7

ビッグブロックの真のコスト

「自宅のコンピュータでフルノードを運用したい」と考える人はどれほどいるのだろうか?サトシはそれを重視していなかった。彼のビジョンは、一般ユーザーがSPV(簡易支払検証)ノードを運用し、フルノードがデータセンターでホストされるというものだった」[1]
——ギャビン・アンドレセン、2015年

ビッグブロックのコストに対する過度の懸念は、計算してみると非合理的だとわかる。概算でも、コストを大幅に増加することなく1MBブロックをはるかに超えたスケーリングが可能であることがわかる。サトシは一般ユーザーが自分でノードを運用することを想定していなかったが、実際、関連するコストの急激な低下を考慮すれば、仮に大規模にスケールしても、家庭用ユーザーにとってもコストはそれほど高くならないだろう。

基本的なフルノード機能には、データストレージと帯域幅という2つの主要なコストがかかる。どちらも、テクノロジー全般のコストと同様に数十年にわたって急激に低下している。私はこれらのトレンドを最前線で見て

きた。私の会社MemoryDealers（メモリーディーラーズ）はコンピュータ
ハードウェアを販売するために設立されたものだ。

『ビットコイン・スタンダード』で、アモウズはオンチェーンでのスケーリ
ングが実現不可能な理由を、数字を使って説明しようとしている。

「ビットコインでVisaと同等の1,000億件のトランザクションを処理す
るには、ブロックサイズを800MBに上げる必要がある。つまり、ノードは
10分毎に800MBを追加する必要がある。1年間で各ノードは42TBのデ
ータを……ブロックチェーンに追加しなくてはならない」[2]。

これは正しい。ビットコインが1MBブロックあたり約4トランザクション/
秒を処理するなら、800MBブロックは約3,200トランザクション/秒、つま
り年間1,000億トランザクションに相当する。コンピュータに詳しい人な
ら、10分ごとに800MBというのはVisaレベルの処理能力を可能にするこ
とを考えると、驚くほど少ない数字であることがわかるだろう。しかし、アモ
ウズは逆の結論に至っている。

「このような数字は、市販のコンピュータの現在または予見可能な将
来の処理能力の範囲を完全に超えている」[3]。

私はアモウズがどこからこの情報を得たのか知らないが、彼は明らか
にテクノロジーのコストに精通していない。仮に大量の処理能力を必要と
するレベルでも、ストレージや帯域幅のコストは、基本的なフルノードを
運用する上で大きな負担にはならない。

ストレージコスト

最も基本的な計算から始めて、さらにコストを削減する方法を示そ

う。2023年9月、Newegg.comで8TBハードドライブをざっと検索すると、最初に表示されたのはSeagate　Barracudaドライブで、119.99ドルだった[4]。つまり1TBあたり15ドルだ。ビットコインが年間42TBを使用するなら、それは630ドル、つまり月52.50ドルになる。ドライブを接続するための家庭用の6ベイNASのコストを含めると、現在約670ドル[5]。合計すると、1,000億件のトランザクションを保存するのに年間わずか1,300ドル、つまり月に100ドル強のコストで済む。

これらのコストはすでに低いが、ビットコインの巧妙な設計により、実際のストレージコストはさらに低くなる。簡単に言えば、フルノードは全てのトランザクション履歴を保存する必要はない。実際に技術的に必要なのは、「未使用トランザクションアウトプット（UTXO）」セットと呼ばれる、残高がゼロではないアドレスの最新リストのみである。UTXOセットは、対応する履歴を含まない、現在有効な残高のリストと考えることができる。これにより、UTXOセットのサイズは全トランザクションの履歴記録のほんの一部になる。古く関連性のない情報を破棄する「プルーニング（剪定）」で記録を削減できる。ビットコインマイナーはしばしばすでにプルーニングされたブロックチェーンで動作している。しかし、フルノードが何らかの理由で履歴記録を保持したい場合、必要な月数や年数分だけを簡単に保持できる。2009年までさかのぼるすべての記録を保存する代わりに、直近1年分だけを保存することも可能だ。つまり、年間42TBではなく、合計で42TBだけを保存し、ストレージの年間コストを実質的に1回限りの費用に抑えることができる。

たとえVisaレベルの取引量を処理し、ブロックチェーンの全履歴を保持するフルノードであっても、家庭用のハードウェアでもストレージコストはわずかだろう。これらの計算には、将来のテクノロジーコストの必然的

な低下は考慮されていない。コンピュータストレージは過去70年間、一貫して大幅な価格低下を続けているのだ。

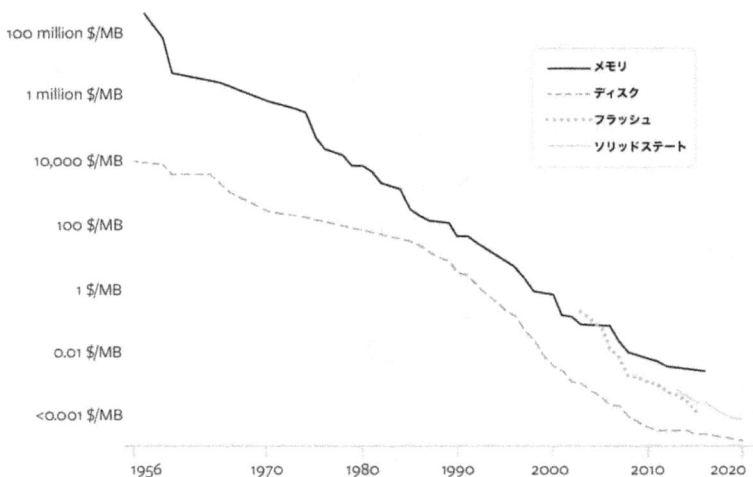

図2：コンピュータメモリとストレージのメガバイトあたりの価格推移（米ドル）

Memory :	メモリ
Disk :	ディスク
Flash :	フラッシュ
Solid State :	ソリッドステート

　サトシが2009年初頭にビットコインをリリースした時、コンピュータストレージのコストは1GBあたり約0.10ドルだった。それ以来、価格は85％以上下落し、現在は1GBあたり0.015ドル未満だ[6]。800MBブロックが「市販のコンピュータの処理能力の範囲を完全に超える」くらいのデータを生成するというアモウズの主張とは反対に、実際のストレージコストは消費者にとって手頃で、大多数の企業にとっては取るに足らない額で済むだろう。[7]

帯域幅コスト

ストレージコストは現実的な懸念事項ではない。ということは、スモールブロックの哲学に何らかの利点があるとすれば、ビッグブロックでは帯域幅コストが極めて高くなるということだろう。『ビットコイン・スタンダード』にはこう書かれている。

「1年間に42TBものデータを追加できるノードには、非常に高価なコンピュータが必要となり、これらの取引を毎日処理するのに必要なネットワーク帯域幅は、分散型ネットワークが維持するには明らかに複雑すぎて高額な、莫大なコストとなるだろう」[8]。

ここでもまた、アモウズは技術のコストについて自信満々に言っているが、どうやらこのトピックについて基本的な調査をしていないようだ。サトシ自身が2008年に、コードをリリースする前からこの懸念に対して次のように述べている。

「帯域幅は、あなたが考えるほど制約になるとは限らない。典型的なトランザクションは約400バイトだ……各トランザクションは2回ブロードキャストされる必要があるので、1トランザクションあたり1KBとしよう。Visaは2008年度に370億件の取引を処理した。つまり1日平均1億件の取引だ。この取引数では100GBの帯域幅が必要となる。これはDVD12枚分、またはHD品質の映画2本分、あるいは現在の価格で約18ドル分の帯域幅に相当する。

ネットワークがそれほど大きくなるには数年かかるだろう。そしてその頃には、インターネット経由でHD映画を2本送信することは、大したことないように感じるだろう」[9]。

　この引用には、注目すべき点がいくつかある。まず、サトシは1日18ドル、年間6,500ドル以上に相当するという見積もりを示したが、これはスケールした際でも帯域幅コストがいかに「低く」なり得るかを実証するためであり、彼が一般ユーザーに自前のノードを運用させることを想定していなかったことを再び示している。1日18ドルは過剰な金額ではないが、これらのコストを回収する手段がない一般ユーザーにとっては、躊躇するような額である。しかし、マイナーにとっては問題にならない。仮に、想定された1億件の取引それぞれに0.01ドルの手数料がかかるとすると、マイナー間で1日100万ドル、つまり1時間あたり約41,500ドルが分配されることになり、帯域幅のコストを回収するには十分すぎる金額だ。

　第2に、サトシがこの電子メールを書いた2008年当時、米国の平均的な帯域幅コストは1秒あたり1Mbitのデータで9ドルだった。10年後、それは驚異的に92%も減少して0.76ドルとなった[10]。帯域幅のコストは世界中で異なるが、どこでも下降傾向にあり、この傾向は続くと見られる。AT&Tは米国の顧客に対して、1Gbitのサービスを月額80ドル、2G-bitのサービスを月額110ドルで提供している[11]。すでに光ファイバーインターネットを利用している人々は、帯域幅のコストが全く増加しない可能性さえある。

　これらの数字が今日いかに小さいかを理解するために、Netflixが使用するデータを考えてみよう。NetflixからHD動画をストリーミングすると1時間あたり約3GBのデータを使用し、4K動画をストリーミングすると1時間あたり約7GBのデータを使用する[12]。サトシの見積もりである1日100GBは、1時間あたり約4GBとなる。これはNetflixから4K動画をストリーミングする際の1時間あたりの帯域幅使用量よりも約43%少ない。確かに、世界中の誰もが現在自宅で4K動画をストリーミングできるわけ

ではないが、重要なのは、コストがどこでも指数関数的に減少しており、先進国ではフルノード運用者が帯域幅コストの増加を全く感じないレベルに達しているということだ。確かに、一部のノードは増加したコストに対応できなくなるだろう。しかし、ビットコインネットワークの容量を、最も脆弱なインターネット接続しか持たない人々によって制限すべきではない。VISAレベルの取引処理量に対応できるビットコインフルノードを運用するために必要なのがギガビットレベルのインターネット接続だけであれば、参入障壁はそれほど高くはない。

　帯域幅技術は数十年にわたって急速に改善されており、その勢いが衰える兆しは見られない。サトシがインターネット経由でHD映画を送信することがやがて普通になると予測したのは、2012年のGoogle Fiberの登場の4年前のことだった。Google Fiberは、ギガビットインターネットを一般家庭にもたらした最初の商用サービスで、当時の平均的な家庭用接続の約100倍の速度を約束した[13]。将来の帯域幅技術も同様に有望である。2021年、日本の研究者たちがインターネット速度の新世界記録である毎秒319Tbit[14]という驚異的な速度を達成した。これは現在の米国の平均インターネット速度である毎秒99.3Mbit[15]の約320万倍に相当する。この技術が市場に到達するまでには多くの年月を要するだろうが、指数関数的な成長が今後も続き、多くのブレークスルーがまだ待っているという証明だ。帯域幅はビットコインのスケーリングにおいて深刻な懸念事項ではなく、世界的な普及が達成される頃には、コストは現在よりもさらに取るに足らないものとなるだろう。これらの理由から、ギャビン・アンドレセンはビットコインのスケーリングに重大な障壁はないと結論づけるに至った。2014年、彼はこう書いている。

　「私の概算では、平均以上の家庭用インターネット接続と平均以上の

家庭用コンピュータがあれば、今日でも簡単に1秒あたり5,000件の取引に対応できる。

これは1日4億件の取引に相当する。なかなかいい数字だ。米国の全ての人が1日1回ビットコイン取引を行っても、滞りなく対処できるだろう。

帯域幅の成長が12年間続いた後には、家庭用ネットワーク接続で1日560億件の取引が可能になる。これは世界中の全ての人が毎日5〜6回のビットコイン取引を行うのに十分な数だ。これで足りないとは想像しがたい……したがって、仮に20年後に世界中の全ての人が現金からビットコインに完全に切り替えたとしても、全ての取引を全ての完全検証ノードに問題なくブロードキャストできるだろう」[16]。

BTCネットワークは10分ごとに約1MB†のサイズのブロックを生成しているが、これは滑稽なほど小さい。一般的な携帯電話で撮影した写真よりも小さいのだ。我々は常に、1MBをはるかに超えるサイズの動画をモバイルネットワーク経由でストリーミングしているが、データコストは下がり続けている。ビットコインは意図的に、一般ユーザーが自前のノードを運用する必要がないように設計されているが、大規模なスケーリングにおいても、コストは法外なものにはならないだろう。

†技術的には、これらの数値は「ブロックサイズ」から「ブロックウェイト」に指標が変更された後、わずかに増加している。しかし、1ブロックあたりの総取引数は同程度である。詳細は第19章で説明する。

8

正しいインセンティブ

「ほとんどの人はデジタル署名やピアツーピアのネットワーク技術に
注目するが、ビットコインの素晴らしさの多くはインセンティブの設計にあ
ることを見逃していると思う」[1]。
——ギャビン・アンドレセン、2011年

　ビットコインは単なるソフトウェアプロジェクトやコンピュータネットワー
クではない。世界中の何百万人もの人々が参加する、巨大で複雑なシ
ステムなのである。ビットコインを理解するためには、ソフトウェア以上の
ものを検討する必要がある。ビットコインの重要な特徴の中には、コード
で書かれていないものもある。それらはインセンティブ構造に組み込まれ
ているのだ。ユーザー、マイナー、事業者は全て、ビットコインを使用する
ことで、自分自身とネットワーク全体に利益をもたらすように動機づけら
れている。この経済的な調整は見えにくいかもしれないが、他の技術的
な詳細と同じくらい重要なのだ。

フルノードを運用する理由とは？

　ビッグブロック派とスモールブロック派は、ネットワーク上のフルノードの役割について意見が分かれており、これはインセンティブに関する考え方の違いを反映している。スモールブロックの哲学では、明確なインセンティブがないにもかかわらず、フルノードが重要な役割を果たすことになっている。一般のユーザーは、ビットコインを使用するためだけに、負担となるにもかかわらず、自身のノードを運用し、ブロックチェーン全体をダウンロードして検証することが推奨されている。ノードを初めて運用する際、ネットワークの残りの部分と同期するのに数時間、場合によっては数日かかることもあり、数百GBのディスク容量も必要となる。このため、フルノードは通常スマートフォンで運用されず、BTCの利用がかなり不便になっている。ユーザーはフルノードを運用することで得られる報酬はなく、単に他人のトランザクションを検証する能力を得るだけなのだ。

　これはソフトウェアエンジニアにとっては素晴らしいアイデアに聞こえるかもしれない。しかし、世界中の人々がフルノードを運用することを期待するのは現実的ではない。ほとんどの人々にはフルノードを運用する理由がない。負担が大きすぎる割に、得られる利点が少なすぎるからだ。ビットコインが、ネットワークのセキュリティのために一般の人々が自分のノードを運用することを強制するように設計されていたとしたら、それは重大な設計上の欠陥と言えるだろう。

　これをサトシのSPV（簡易支払検証）と比較してみよう。SPVでは、ウォレットを瞬時にダウンロードして同期できる。BCHウォレットは、一般的なアプリのように簡単にスマートフォンで使用できる。BTC支持者は、SPV

に理論上のセキュリティ問題があると主張することが多いが、SPVの使用によってユーザーが資金を失ったという実例はない。SPVには長い成功の実績があり、最も人気のあるBTCウォレットアプリは実際にはSPVや類似の技術を使用しているか、あるいはカストディアルウォレットなのである。サトシは、重要なインフラの保守は、一般のユーザーではなく、その仕事に対して報酬を得る人、つまりマイナーによって行われる必要があることを理解していた。

　もう1つの経済的な誤解の例は、ビットコインコアが最小ノードをネットワークから追い出されないように守ろうとしている、ということだった。開発者たちにはブロックサイズの制限を引き上げる機会が何度もあったが、彼らはどんなに小さなノードであってもネットワークから追い出されるリスクを避けたいと考えた。実際、Raspberry　Pi（ラズベリーパイ）という約30ドルで購入できるほど小さなコンピュータにフルノードをインストールするBTC支持者の一派も存在する。このような状況では、BTCがスケールしないのも驚くべきことではない。ネットワーク上のすべてのトランザクションが、非常に安価な機器でも処理できる状態なのだ。スケーリングの観点から見ると、コア開発者たちは最悪の選択をしたと言える。彼らはネットワークの容量を最も小さなプレーヤーの容量に合わせ、成長に伴って最小のノードがネットワークから追い出されるのは完全に健全なことであることを理解していなかった。サトシが言ったように、ノードは「大規模なサーバーファーム」へと専門化していく。それが自然な経済成長の姿なのである。

中央計画者の思い上がり

フリードリヒ・ハイエクは、オーストリア学派を代表する経済学者の1人である。1974年、彼はその学術研究によってノーベル経済学賞を受賞した。彼の最も有名な著書の1つに『致命的な思い上がり』があり、これは中央計画経済の問題点を見事に考察したものだ。彼は以下の有名な言葉を残している。

「経済学の奇妙な任務は、人間が自分に設計できると思い込んでいることについて、実際にはいかに無知であるかを示すことである」[2]。

自由市場の仕組みを学べば学ぶほど、中央計画によってより良いシステムを設計できると考えることがいかに傲慢に思えてくるかが分かる。市場は希少資源を調整する上で驚くべき効率性を発揮するが、それは価格や生産量を決定する中央権力なしに行われるのだ。ハイエクの言葉はこう続く。

「秩序を意図的な配置の産物としてのみ理解できる素朴な心には、複雑な状況において、秩序や未知のものへの適応が、意思決定の分散化によってより効果的に達成され、権限の分散が全体の秩序の可能性を拡大するということが不条理に思えるかもしれない。しかし、その分散化によって実際には、より多くの情報が考慮されるようになる」[3]。

つまり、自由市場は買い手、売り手、生産者、消費者、栽培者、製造業者、そしてその他すべての経済参加者の間で情報が急速に流れることを可能にする。彼らは皆、どのような種類の製品を、どのくらいの量で、どのような材料で、どのくらいのコストで、どの場所で、どのような製造プロセスで生産すべきかを把握しようとしているのだ。中央計画機関がそのすべ

てを把握するには情報が多すぎるのだ。だからこそ、誰かが「靴の『正し
い』価格は1足45ドルだ」と言うのは愚かに思えるのだ。靴は何でできて
いるのか、品質はどうか、どこで販売されているのか、など、あまりにも多く
の要因に左右される。中央計画機関が全ての人のために靴の価格を決
めるのではなく、個々の起業家が市場の中で自ら価格を設定するように
した方が良い。そうすることで、より多くの情報が処理され、全体的な調
整がより効果的に行われるのである。

　これらの教訓はビットコインに直接当てはまる。自由経済が中央計画
経済よりも上手く機能するのと同じように、自由なビットコインは中央計
画的なビットコインよりも上手く機能する。ビットコインコアは、「正しい」
ブロックサイズ、「正しい」トランザクション手数料の水準、あるいはネット
ワーク上の「正しい」ノード数を知っていると想定したり、ビットコインに
関する多くの問題で中央計画の役割を果たしてきた。だからこそ、ギャビ
ン・アンドレセンは次のように述べた。

　「中央計画こそが、ブロックサイズの上限を完全に撤廃し、『どの程度
が大きすぎるのか』の判断をネットワークに委ねたい理由だ」[4]。

　経済学的に言えば、BTCのブロックサイズ制限は中央計画的な供給
不足だ。より大きなブロックへの需要が存在するにも関わらず、マイナー
はソフトウェアに書かれた恣意的な制限のために、大きなブロックを生成
することを制限されている。BTCユーザーは、自分のトランザクションが
処理されるように、人為的な「手数料市場」で競争を強いられることにな
る。これは、中央計画者が住宅の新規建設を抑制する際に住宅市場で
起こる現象と同じである。供給不足を引き起こし、価格が急騰する。需要
と供給の基本的な経済原則は、住宅市場と暗号通貨市場の両方に当て

はまる。制限がなければ、マイナーは需要に見合う最適なサイズのブロックを生成するはずだ。

コア開発者たちの中央計画的傾向は、不要な手数料市場の創出に限らなかった。彼らはブロックサイズ制限を使って、他の開発者がどのプロジェクトに取り組むかにまで影響を与えようとした。コア開発者のウラジミール・ファン・デル・ラーンはこう説明している。

「手数料の圧力が高まり、トランザクションをブロックに入れるために競争する本当の手数料市場が生まれることで、分散型のオフチェーンソリューションを開発する緊急性が生まれる。ブロックサイズを増やすことで、この問題を先送りにし、人々（そして大手ビットコイン企業）を安心させてしまうことを危惧している。そうすれば、再びブロックチェーンの増加が必要になる時期が来て、彼らは再びギャビンを頼りにするだろう。そうなれば、賢明で持続可能な解決策は生まれず、このような永続的で厄介な議論に陥ってしまうのだ」。[5]

開発者たちはブロックサイズに必須の上限を設けることが賢明だと考えただけでなく、高額な手数料を利用して人々を自分たちが好むプロジェクトに取り組むよう動機づけられると考えたのだ。彼らは、ネットワークが機能不全に陥ることを容認していた。なぜなら、それが「分散型のオフチェーンソリューションを開発する緊急性」を生み出すからだ。なんとも致命的な思い上がりではないか。当然のことながら、実際にはBTCから多くの開発者が離れ、より有望な他のプロジェクトに流れていったのだった。

個人ではなく、インセンティブを信頼する

　ビットコインの経済設計でよく誤解されている最後の部分は「信頼」の役割だ。「デジタルゴールド」という概念が文字通りに受け取られすぎているのと同様に、「トラストレス（信頼不要）」という概念も字義通りに解釈されすぎている。サトシがビットコインは「信頼できる第三者」を必要としないと述べたとき、それは一切の人間に対する信頼が不要であるという意味ではなかった。ビットコインの性質は経済的であり、それゆえに社会的でもあり、人間に対する一定の信頼は依然として必要である。例えば、BTCの熱心な支持者が自分でノードを運用し、ブロックチェーン上のすべてのトランザクションを検証する時、彼は、自分は誰も信頼せずに運用していると思っているかもしれないが、これは誤りである。実際には、彼は面識のない多くの人々を信頼している。自分のオペレーティングシステムの開発者が正しく仕事をしたことを信頼し、CPUメーカーが正しく仕事をしたことを信頼し、コンピュータの製造に関わるすべての企業が、ハードウェアにバグを仕込まなかったことを信頼している。さらに、ISPが安全な方法でインターネットに接続していることを信頼している。彼は本質的に、世界中の何千人もの人々を信頼しているのだが、個人個人を信頼しているわけではない。代わりに、彼らすべてを調整して高品質のハードウェアとソフトウェアを生産する「経済的インセンティブのシステム」を信頼しているのである。生産過程に関わる人々が互いに反目し合っていたり、あるいは彼個人に敵意を抱いていたりしたとしても、システムが適切に機能し、優れた行動には十分な報酬を、悪い行動には罰則が与えられることで、結果的に信頼できる製品が生み出されると彼は信じているのである。

　ビットコインも同じように機能する。このシステムは中央権力なしで運営されるように設計されているため、特定の個人や企業を信頼する必要はない。しかし、安定したネットワークを実現するためのインセンティブが十分に強いことを信頼する必要がある。この信頼は、個々人が自らコードを解析することで得られるものではない。それはビットコイン全体を1つのまとまりとして見たときに得られるものであり、多くの人間や企業が自己の利益のために行動することを含んでいる。ビットコインコアがシステムのインセンティブを変更したとき、彼らはその設計全体を根本的に変えてしまった。

　サトシのシステムは完璧だったわけではなく、重要な問題を見落としていた。それはビットコインのソフトウェア開発のガバナンスと資金調達だ。マイナーには強いインセンティブがある。ユーザーには正しいインセンティブがある。しかし、開発者のインセンティブは不明確で、利益相反を引き起こす可能性がある。ビットコインコアの場合、その意思決定プロセスの構造に欠陥があり、最終的にプロジェクト全体が本来の軌道から逸脱してしまった。

　ここまで、ビットコインの元の設計を理解するための、以下の基本的な5つの考え方を検討してきた。

　　1.　ビットコインはインターネット上での決済のためのデジタルキャッシュとして設計された。

　　2.　ビットコインは極めて低い取引手数料で取引できるように設計された。

　　3.　ビットコインはブロックサイズを大きくすることよってスケー

ルする設計だった。

4. ビットコインは、一般ユーザーが自分でノードを運用することを前提としていなかった。

5. ビットコインの経済設計は、ソフトウェア設計と同じくらい重要である。

ビットコインコアが当初の設計を変更したかどうかは明らかである。問題は、あなたが彼らの変更を好むかどうかだ。私の意見では、彼らの新しい設計は改善ではない。価格以外のほぼすべての点で、2013年のビットコインよりも劣っているように思える。

9

ライトニングネットワーク

　声高に主張するビットコインマキシマリストでさえ、長期的には、ビットコインを日常の商取引で通貨として使えるようにする方法が必要だと認めている。しかし、彼らはその機能をベースレイヤーで提供することを望んでいない。代わりに、通常の支払いはライトニングネットワークのようなセカンドレイヤー（第2層）で行うことを望んでいる。スモールブロック派は、ライトニングネットワークがビットコインのスケーリング問題を解決するため、ブロックサイズ制限を引き上げる必要はないと主張してきた。彼らは、ライトニングが存在する何年も前からこの主張をしていた。しかし、大きなハイプにもかかわらず、ライトニングネットワークの現実は厳しい。ライトニングネットワークにはいくつかの重大な設計上の欠陥が存在し、セキュリティの欠如、扱いにくさ、そして一般への普及の見込みのなさにつながっている。ライトニングの問題の解決を試みるたびに、新たな複雑さの層が生まれ、それに伴って新しい問題が複数発生してきた。これはソフトウェア開発の観点から見ると、非常に悪い兆候である。

　ここでは、ライトニングネットワークの設計の基本的な概要を説明する。この技術は「ペイメントチャネル」を中心に構築されており、これは本

質的に2者間で常に更新される残高である。例えば、アリスがボブとペイメントチャネルを開設し、10ドルを入金したとする。初期残高はアリスが10ドル、ボブが0ドルとなる。アリスがボブに3ドルのトランザクションを送信すると、新しい残高はアリスが7ドル、ボブが3ドルとなる。ボブがアリスに1ドル送り返すと、新しい残高はアリスが8ドル、ボブが2ドルとなる。これらのトランザクションはブロックチェーンに記録されない。両者のノードが個別に、オフチェーンで残高を追跡する。いつでも、どちらかの当事者がチャネルを閉じることができ、その時点で最終残高が両者にオンチェーントランザクションで配分される。

ペイメントチャネルは、サトシ自身を含め、初期から取り組まれてきた優れた技術である。しかし、それらはスケーリングの解決策として開発されていたわけではない。代わりに、M2M(マシンツーマシン)決済のような特殊な状況で使用されるような極小のマイクロペイメントや高速の双方向取引用に設計されていた。ペイメントチャネルは、当事者間で少額の金額を送受信してもオンチェーン取引手数料が発生しないため、マイクロペイメントに最適だ。

ライトニングネットワークは、ペイメントチャネルをリンクして、日常的なビットコインの支払いをルーティングするためのセカンドレイヤーを構築しようとする試みである。つまり、アリスがチャーリーに送金したいが、彼と直接のペイメントチャネルを持っていない場合、チャーリーとチャネルを開設しているボブ経由で支払いをルーティングできる。このサービスに対して、ボブはわずかなトランザクション手数料を得る。理想的には、ライトニング上の支払いは即時で、手数料が極めて低く、取引のほとんどがオフチェーンで行われるため、ブロックサイズの制限を増やさずにビットコインをスケールできるはずだ。しかし、ライトニングにはシステムを崩壊

させかねない重大な設計上の欠陥がいくつかあり、実際にはうまく機能していない。

オンチェーントランザクション

ライトニングネットワークの最も根本的な問題は、使用の際にオンチェーントランザクションが必要なことだ。ペイメントチャネルの開設と閉鎖にはオンチェーントランザクションが必要であり、同時に複数のチャネルを開設することが推奨されている。これらのチャネルは永続的ではなく、継続的なメンテナンスが必要で、年に1回の更新が想定されている。オンチェーントランザクションが必要であることは、次の2つの重大な問題を引き起こす。

1.　ユーザーはチャネルの開設や閉鎖のたびにオンチェーントランザクション手数料を支払わなければならない。銀行間でベースレイヤーが最終決済システムとして使用される場合、ライトニングネットワークに接続するだけで数百から数千ドルの手数料がかかる可能性がある。

2.　ライトニングネットワークへのオンボーディング（新規参加）にはオンチェーントランザクションが必要なため、1MBのブロックで大規模な人数をオンボーディングすることは数学的に不可能である。

問題1は単純明快だが、一般のユーザーにとっては気づきにくいことが多い。主流のライトニングウォレットは、カストディアル型、つまりユーザーの資金を企業が管理する形であるか、ウォレットがオンチェーン取引コストを補助するのが一般的である。どちらの状況も望ましくない。カストディアルウォレットは、ビットコインを使う意味そのものを失わせる。また、企業がオンチェーン取引手数料を補助できるのは、手数料が低い間だけ

である。手数料が継続的に50ドルや100ドルを超えている時は、企業が補助を続けることは不可能だ。つまりライトニングネットワークを使用しても、レイヤー1の高い手数料を回避することはできないのだ。

問題2も単純明快で、ライトニングのホワイトペーパーが書かれた時から認識されていた点だ。ブロックのスペースが極めて限られているため、すべてのビットコイントランザクションがペイメントチャネルの開設にのみ使用されたとしても、1ブロックあたり数千人以上をオンボーディングするのに十分なスペースがない。著名なビットコイン支持者で開発者のポール・ストークは、詳細な数字の分析記事を書いた。彼の結論では、ブロックスペースの90%がチャネル開設に充てられたとしても、1年間にオンボーディングできるのは約6,600万人に過ぎない。つまり、世界中の人々をライトニングネットワークにオンボーディングするには、約120年かかることになる。彼は次のように結論づけている。

「言い換えれば、毎年我々がオンボーディングできるのは世界人口のわずか0.82%に過ぎない。

さらに厄介なのは、チャネルの寿命がわずか1年だとすると、2025年1月1日までに、2024年1月1日に参加した人々を再びオンボーディングする必要がある。そうなると、最大でも、地球の人口のわずか0.82%しか（どの時点でも）真のビットコインユーザーになれないということだ。

金融ネットワーク効果は非常に強力だ。皆が使用しているお金を使う必要がある。したがって、0.82%の上限は実行可能ではない」[1]。

ストークの提案する解決策は、より多くのユーザーをオンボーディングできるビッグブロックの「サイドチェーン」（第13章で説明）の導入だ。私

の解決策は、単純にビッグブロックのビットコインを使用することだ。これならグローバル規模で実行可能であり、ライトニングネットワークを必要としない。より大きなブロックが必要な理由は、ジョセフ・プーンがライトニングのホワイトペーパーで次のように書いている通りだ。

「ビットコインを使用するすべての取引がマイクロペイメントチャネルのネットワーク内で行われるとすると、70億人が年間2つのチャネルを作成し、チャネル内で無制限のトランザクションを行うには、133MBのブロックが必要になる（1トランザクションあたり500バイト、年間52,560ブロックと仮定）」[2]。

ライトニングのホワイトペーパーの著者本人が、ライトニングネットワークがグローバル規模で使用される場合でも、133MBのブロックが必要になると説明しているのだ！現在のスモールブロック派とは異なり、彼は続けて133MBのブロックが依然として実現可能なサイズであると述べている。

「現世代のデスクトップコンピュータでも、古いブロックをプルーニングした状態で、2TBのストレージでフルノードを運用できるだろう」

ライトニングネットワークを使用するには、複数のオンチェーン取引が必要である。したがって、1MB、2MB、さらには10MBのブロックサイズ制限では、真のスケーリングの解決策にはなり得ない。一般のユーザーは、ペイメントチャネルを開設するのに50ドルや100ドルを支払おうとはしないだろうし、仮に支払う意思があったとしても、BTCのブロックサイズ制限は大規模な使用には単純に小さすぎるのだ。

オンラインノード

ライトニングネットワークでは、ユーザーが自身のノードを運用する必要がある。この事実は、人気ビットコインパーソナリティであるトーン・ベイズを当惑させたことで有名だ。彼は、ブロックサイズ増加の代替案としてライトニングを執拗に推進していたにもかかわらず、この基本的な特徴を理解していなかったようだ。ジミー・ソングとのYouTube上の対談で、彼は視聴者からの質問をピックアップすることから始めた。

ベイズ 「ジミー、いい質問が来ているぞ。『自分のライトニングノードを設置することで、どんな利点があるのか？』と誰かが聞いている」

ソング 「えーと、ライトニングを通じて人々に支払いができるようになる……」

ベイズ 「ちょっと待ってくれ、そこを明確にしたい。ライトニングを通じて人々に支払うためには、ライトニングノードが必要なの？」

ソング 「そうだよ」。

ベイズ 「本当に？」

ソング 「そうだよ。なぜなら、支払いができるのはチャネルを持っている場合だけで、ノードがなければチャネルを持つことはできないから」。

ベイズ 「でも、自分のノードが必要なのか、それとも他人のノードでいいのか？」

ソング 「自分のノードが必要だよ……」

ベイズ 「ええっ。つまり全ての人が自分のライトニングノードを
持つ必要があるかもしれないということ?」

ソング 「そういうことだね……」[3]。

自身のノードを運用する必要があるという要件は、一般のユーザーに
とっては十分に困難だ。ノードが継続的な監視とメンテナンスを必要と
するためだ。しかし、さらに重要な要件があり、それが致命的な問題とな
っている。各ノードは常にオンライン状態でなければならず、そうでなけれ
ば資金を失うリスクがあるのだ。

ライトニングの設計上、ペイメントチャネルが開いている間、両当事者
はそのチャネルが過去にあった全ての状態の履歴を保持している。アリ
スが10ドル、ボブが0ドルだった時、そしてアリスが7ドル、ボブが3ドルだ
った時など、各状態の個別の記録がある。チャネルが閉じられる時、チャ
ネルを閉じる側の当事者が「最終的な」残高をブロードキャストする。し
かし、最新の残高をブロードキャストする代わりに、チャネルの以前の状
態をブロードキャストすることが可能で、これによりアリスがボブから盗む
ことが理論上可能になる。たとえば、最後の取引がアリス1ドル、ボブ9ド
ルという残高で終わったとしよう。アリスがチャネルを閉じる際、最新の残
高をブロードキャストする代わりに、アリスが10ドル、ボブが0ドルだった
頃の古い残高をブロードキャストすることができる。ボブがそれに気づか
なければ、アリスは合計9ドルを盗むことになる。

ライトニングネットワークは、古いチャネルの状態の公開をリスク行為
とすることでこの問題の解決を試みている。ボブが2週間以内にアリスの

不正に気づいた場合、より新しい状態をブロードキャストし、アリスが古い状態を公開したことを証明できる。このような場合、チャネル内の全ての資金はボブのものとなる。これは不正行為を防ぐインセンティブを提供するはずだが、効果的ではない。アリスのチャネルの残高がすでに少ないかゼロの場合、アリスは盗みを試みても失うものはほとんどない。また、不正を検知し対応するためには、ノードがインターネットに接続されている必要がある。ボブのノードがオフラインになった場合、アリスに盗まれていることに気づくことができず、資金を失う可能性がある。これが、一部のライトニング支持者がノードにバッテリーのバックアップを提案している理由だ。

ライトニング開発者たちは、「ウォッチタワー」を作ることでこの問題の解決を試みている。ウォッチタワーは、あるノードがオフラインになっても、誰も不正を働かないように監視する第三者だ。この新しいシステムはさらなる複雑さをもたらす。ウォッチタワーが信頼できて有能でなければ、ユーザーは資金を失う可能性がある。信頼の問題は単にさらに一歩先送りされただけだ。つまり、ウォッチタワー自体にもウォッチタワーが必要になる。

セキュリティリスクに加えて、オフラインのノードは支払いを受け取ることも、他の人々のための支払いをルーティングすることもできない。ライトニングでは、支払いを行う際に送信者と受信者の両方が同時にオンラインである必要がある。さらに、送信者が一方的に任意の額のビットコインを送ることはできない。代わりに、受信者が特定の金額のインボイス(請求書)を生成し、送信者がそれに応じて支払いを行う仕組みになっているため、受信者もオンライン状態である必要がある。

オンラインである必要性は、ユーザーのビットコイン鍵がいわゆる「ホットウォレット」、つまりインターネットに接続されたウォレットに保管されることを意味するため、セキュリティ上のリスクでもある。ビットコインの標準的なセキュリティ対策では以前から、コインの大部分をオフラインの「コールドストレージ」に保管し、インターネットに接続されたウォレットには少額のみを保管することが推奨されている。ハッカーは、ホットウォレットを狙う方がはるかに成功率が高いからだ。しかし、ライトニングネットワーク全体はホットウォレットで構成されている。そして、ライトニングネットワークからコインをオフラインのコールドストレージに移す唯一の方法は、オンチェーントランザクションを行うことだ。

流動性とルーティングの問題

ライトニングネットワークにおける支払いのルーティングも深刻な問題である。各支払いにおいて、送信者から受信者への明確な経路を見つける必要がある。アリスがドナルドに支払いをしたいが、彼とのチャネルが直接開かれていない場合、他のチャネルを通じて彼に到達する経路を見つけなければならない。例えば、アリスはまずボブに送金し、ボブがチャーリーに送り、チャーリーがドナルドに送るという経路を取る必要があるかもしれない。チャーリーがドナルドとチャネルを持っているからだ。ドナルドがネットワークと十分につながっていない場合、つまり他の十分につながっている当事者とのペイメントチャネルを十分に開いていない場合、ソフトウェアは彼への経路を見つけることができず、支払いは失敗する。

しかし、単に経路を見つけるだけでは不十分だ。支払いを通すためには、経路上の各チャネルにも十分な流動性がある必要がある。アリスがボブとチャーリーを通じてドナルドに100ドルを送りたいが、ボブとチャ

ーリーの間のチャネルに50ドルの流動性しかない場合、支払いは通らない。実際、これが原因で支払いが頻繁に失敗し、特に大口の取引では顕著である。

　ペイメントチャネルをよりよく理解するには、紐に沿ってビーズを動かすところを想像するとわかりやすい。チャネルは2人を結ぶ紐のようなものであり、そのビーズが流動性を表している。例えば、アリスがボブとチャネルを開き、紐に50個のビーズを設置するとする。アリスがコーヒーを買うために5個のビーズを自分側からボブ側に移動させる。その後、ガムを買うためにボブが1個のビーズをアリス側に戻す。ペイメントチャネルを閉じる際、どちらも相手から盗もうとしていないと仮定すると、アリスとボブは最終的なビーズの位置に基づいて正しい分配を受け取ることになる。

　支払いを処理するのに十分なビーズがない場合、ネットワークは流動性の問題に直面する。アリスとボブのチャネルに50個のビーズしかない場合、単純に移動させるビーズが足りないため、50個を超える支払いをルーティングすることは不可能だ。さらに問題を複雑にしているのは、ライトニングネットワークで支払いを行うには、アリスからドナルドへの経路を見つける必要があり、その際に各ホップ（経由点）が十分な流動性を持っていなければならないことだ。しかも、これらの残高は常に変動している。ボブのチャネルを通じて支払いがルーティングされるたびに、利用可能な流動性が変化する。したがって、ペイメントチャネルが常に開閉されているだけでなく、それぞれの残高も絶えず変化し続けているのだ。世界中の何十億もの人々がこのシステムを使い、各々が複数のペイメントチャネルを開き、それらの残高が絶えず変化している状況を想像してほしい。単純なはずのルーティングの作業が極めて複雑なものとなり、ネットワークの広範な中央集権化なしには解決不可能かもしれない。IT起業

家からスウェーデンの政治家に転身したリック・ファルクヴィンゲは、ライトニングに関する一連の動画で次のように結論付けている。

「メッシュルーティングは、特にネットワーク内に敵対者がいる場合、コンピュータサイエンスにおいて未解決の問題だ……私はライトニングネットワークに将来はないと考えている……普及は見込めない。これはいじられるだけのおもちゃのままで、最終的には捨てられるだろう」[4]。

人気の暗号通貨取引所Sideshift（サイドシフト）の創設者であるアンドレアス・ブレッケンも同様の結論に達した。彼がライトニングネットワークをビジネスで使用した経験について尋ねたところ、次のような答えが返ってきた。

「ライトニングネットワークでは、ルーティングが深刻な問題だ。支払いは頻繁にルーティングに失敗するので、私がこの問題を緩和しようと試みた方法は、大手取引所に接続することだった。でも、それでも問題は完全には解決されない。支払いの成功確率を推定するソフトウェアを使用しなければならず、その確率が十分に高くない場合は、単純に支払いを送信しないことにしている。

率直に言って、多くのビットコインユーザーはライトニングが機能すると思い込まされているが、自分のビジネスに組み込んでみた今、うまくいくとは思えない。

使いやすさの観点から見ると、ライトニングにとって最良の結果は、大手取引所に接続された完全なカストディアルウォレットだろう。しかし、それだとある意味ビットコインの本来の目的が失われてしまう」。

ブレッケンの指摘は正しい。ライトニングネットワークが一般大衆の間

で成功する可能性があるとすれば、「ハブ・アンド・スポーク」ネットワークへの大規模な中央集権化と、カストディアルウォレットの広範な使用が必要となるだろう。

ハブ・アンド・スポークモデル

ライトニングネットワークの問題の深刻さを軽減するための1つの有効な方法は、中央集権化である。カストディアルウォレットを使えば、自分でノードを運用し常時オンラインである必要がなくなる。全員が同じ巨大ハブに接続すれば、そのハブが何百万人ものユーザーにサービスを提供できる接続性と流動性を持っているため、ルーティングが容易になる。全員がPayPalとチャネルを開設したとすれば、経路を見つけられる可能性は高くなる。大企業がビットコイン経済に単に参加するだけではなく、ユーザーは基本的な支払い機能を確保するために大企業に依存せざるを得なくなり、ユーザーはカストディアルウォレットを使った場合と同様に、容易に検閲されたり、ネットワークから切り離されたりする可能性がある。

ライトニングネットワークの中央集権化は避けられないことで、それは何年も前から予測されていた。実際、学術研究の対象にもなっている。ライトニングネットワークの構造は「ハブ・アンド・スポークモデル」と呼ばれ、車輪のスポークのように、小さなノードが大きなノードに接続し、それらが少数のスーパーノードに接続する形態を取る。

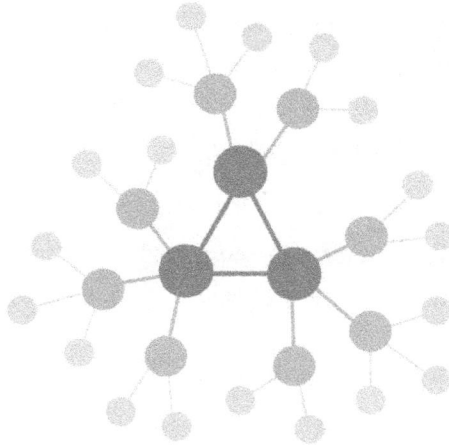

図3: ハブ・アンド・スポークネットワークの図

　非常に重要な点は、これがノードが直接互いに接続する分散型のピア
ツーピアネットワークではないことだ。オンチェーン決済では、アリスはド
ナルドに直接接続できる。ライトニングでは、アリスはまずボブとチャーリ
ーを経由しなければならない。最大のノードは、ネットワーク全体のスム
ーズな運営に不可欠となり、これらの巨大なノードは検閲する権限を持
つことになる。それらは規制が簡単な企業によって運営されることになる
だろう。そして、故障や規制、単なるメンテナンスなどの理由でそれらがオ
フラインになると、ネットワークの接続性は深刻なダメージを受ける。一
般ユーザーは、中央ハブへのリンクがダウンすると、ネットワークから完
全に遮断される可能性がある。アリスはドナルドへの経路を見つけるの
に、PayPalのような存在を経由せざるを得なくなるかもしれない。

　学術研究者のグループは、2020年の論文「ライトニングネットワーク：

ビットコイン経済の中央集権化への第2の道」[5]でこれらのリスクについて言及した。彼らはこう書いている。

「BLN（ビットコインライトニングネットワーク）はますます中央集権化が進んでおり、コア・ペリフェリー構造にますます近づいてきている。BLNの耐久性をさらに調査すると、ハブを取り除いた際はネットワークが多くの構成要素に崩壊することが分かる。これは、このネットワークがいわゆるスプリット攻撃の標的になる可能性があることを示唆している」。

研究者たちは、中央集権化の傾向がライトニングのネットワーク設計に内在していることを示す、数学的な分析や実証的な議論をいくつか提示し、次のように結論付けた。

「ノードの約10％がBLNのビットコインの80％を保有しており（期間全体にわたる平均で）、重み付きの量を考慮しても、中央集権化の傾向は観察可能だ……これらの結果は、BLNのアーキテクチャが『より分散性が低くなる』傾向を裏付けているようだ。分散性の低下は、BLNが攻撃や障害に対してますます脆弱になるという望ましくない結果をもたらす」。

流動性の問題も、常時インターネットに接続されたウォレットを使用する必要性と相まって、中央集権化を加速させている要因だ。特に常時オンラインであることによりリスクが増大するため、ほとんどの人は何千ドルもの資金をペイメントチャネルに入れたままにしたがらないだろう。これは、大口の決済が行われる際に、十分な流動性とハッカーを撃退する技術的スキルを持つ大規模な企業のペイメントハブを経由せざるを得なくなることを意味する。

ライトニングネットワークの中央集権化が避けられないという状況は、コア開発者たちが中央集権化を避けようとして、サトシの元の設計を大幅に変更するという狂信的な取り組みを行ったことを考えるとなんとも皮肉である。ライトニングはオンチェーントランザクションよりも遥かに複雑で扱いにくく、信頼性も低いだけでなく、使用するために必要なオンチェーン決済に数百ドルあるいは数千ドルもかかるため、全てのユーザーにとって桁違いに高価になるだろう。そして、もしユーザーが中央のペイメントハブから締め出された場合、ネットワークの残りの部分との接続性を維持するために追加のオンチェーントランザクションを強いられることになる。これらのトランザクションが数千ドルもかかるとしたら、ハブから締め出された場合、ほとんどの人々はビットコインを全く使わなくなるだろう。

サトシの設計では、ネットワークは高額な51%攻撃によって混乱させられる可能性がある。ライトニングネットワークでは、混乱を引き起こすためのコストは激減するだろう。政府や悪意のある者は、単に最大のペイメントチャネルを標的にすればよい。一度に少数の重要なハブをダウンさせることができれば、ネットワークは事実上使用不能になる。ハッシュレートは必要ない。

偽りの約束

BTCの実現可能性は現在、セカンドレイヤーの開発にかかっている。セカンドレイヤーが安価で信頼性の高い決済を提供できなければ、BTCにはスケーリングの道がない。少なくとも、壮大な失敗を認めてブロックサイズ制限を引き上げるか、カストディアルウォレットによる完全な中央集権化をしない限り不可能である。現在の技術の状況では、ライトニング

ネットワークはオンチェーンの高額な手数料問題に対する本格的な解決策とはならず、一般の人々がBTCを商取引で使用できるようにすることもできない。ペイメントチャネルは洗練された技術だが、スケーリングのための解決策ではない。サトシが考えたように、マイクロペイメントには役立つかもしれないが、日常的な取引には適していない。将来的にはBTCを救うための新しい技術が開発されるかもしれないが、現時点ではBCHで動作している元の設計が、迅速かつ安価なピアツーピアのオンライン決済システムとして最も優れている。このシステムのシンプルさと洗練は他に類を見ないものであり、手数料は低く抑えられ、自分のノードを運用する必要もなく、ペイメントハブも不要だ。そしてBCHの上にセカンドレイヤーを構築することを妨げるものは何もない。実際のところ、ブロックサイズが大きいため、BCHではセカンドレイヤーのさらに優れた機能性が実現可能だ。

ライトニングの約束が果たされたら、世界はより良い場所になるだろう。しかし現時点では、それが実現するという根拠は全くない。全ての兆候が、ライトニングが失敗に終わった実験であり、コア開発者たちの恥辱であり、オンチェーン取引の代替としてこの技術を推進してきたビットコインマキシマリストたちが完全に間違っており、何百万人もの人々を誤導してきたことを示している。

これまでの経緯を振り返ると、ビットコインを現在のような混乱状態に陥れるには、まさに実際に起こった出来事が最も効果的だったのではないかと思える。数年の間に、BTCはインターネット上で最良の決済システムから、遅くて高額で信頼性の低いものへと変わってしまった。サトシの見事な設計は、未来の技術の約束のために捨て去られたが、その技術は期待に応えていない。ビットコインの失敗には、無邪気な解釈と悪意の

ある解釈の両方が存在する。ビットコインの物語は、単なるプロジェクト管理の不手際と見ることもできるが、この技術の破壊的な力を考えると、ビットコインが敵対者によって意図的に妨害された可能性の方が高そうだ。

ハイジャックされた
ビットコイン

10

コードの鍵

ビットコインは、しばしば人間の影響を受けない存在として語られ、物理法則と同じく不変なものと言われている。ネットワークは非常に大規模かつ分散化されており、どれだけ強大な組織であっても支配することは不可能だとされている。『ビットコイン・スタンダード』には次のように書かれている。

「ビットコインの価値は、世界中のいかなる物理的要素にも左右されないため、政治的または犯罪的な力によって、完全に妨害されたり、破壊されたり、押収されたりすることはない。この発明が21世紀の政治的リアリティにおいて重要である理由は、近代国家の出現以来初めて、個人が政府の財政的圧力から逃れる事のできる、具体的なテクニカルソリューションを持つようになったことにある」[1]。

これは美しい概念であり、私もビットコインがこのように機能してほしいと心から願っている。しかし、残念ながら歴史はそうではないことを示している。ビットコインは非常に人間に依存したプロジェクトであり、個人や組織による腐敗を避けることはできない。社会的および政治的要因は極

めて重要であり、その影響は初めから続いている。

事実を確認

カストディアルウォレット（預託型ウォレット）の普及により、ビットコインの押収はますます容易になっており、日常的に行われている。ブロックチェーンは公開されているため、政府は疑わしい特定のコインを、台帳全体を通じて追跡することができる。これらのコインが中央集権型の暗号通貨取引所に届くと、取引所は該当するアカウントを凍結し、当局に通報する。その後、コインは数クリックで押収される可能性がある。たとえコインが中央集権型の取引所に移動しなくても、それらは恐らく中央集権型取引所から移動してきたものであり、顧客確認法（KYC）の遵守により、政府はそれらのコインに接触した少なくとも1人の身元を把握できることになる。そこから、ブロックチェーンを監視してその個人の経済活動を追跡し、その人が取引した相手の身元も推測することが可能だ。このようなことは、ビットコインが大規模な犯罪事件に関与している場合すでに行われているが、一般のユーザーに対しても起こり得ないわけではない。

ビットコインが政治的な力による物理的な脅威に対する「具体的なテクニカルソリューション」であるという考えは、甘すぎると言わざるを得ない。もし政府が、あなたが何かを隠していると疑った場合、他のケースと同様に捜査を行うだろう。あなたに対して、財務記録や秘密鍵、電子機器の提出を要求することができる。拒否すれば、家に侵入し、あなたを拘束し、財産を押収することも可能だ。ビットコインは物理的な世界からの解放や、政府による暴力的な脅迫を防ぐものではない。技術に精通したユーザーであれば、資産の押収や消失を避けられるかもしれないが、一般

のユーザーにとっては難しいだろう。

　ビットコインが提供する経済的自由は、ノンカストディアルウォレットを使用することで最大限に引き出すことができる。完璧ではないものの、一般ユーザーが低コストでブロックチェーンにアクセスし、中央集権型のウォレットや取引所を使わずに済むことで、コインの追跡や押収が大幅に減少する。これは、物理的な紙幣や硬貨を使うことに似ている。物理的な紙幣や硬貨の取引は、銀行やPayPalのような決済プロセッサーを通じた電子取引よりもはるかに管理が難しい。世界中の政府が物理的な紙幣や硬貨から離れ、彼らが制御するデジタル通貨へ移行したいと考える理由の一つだ。ピアツーピア型のデジタルキャッシュが革命的な概念であるのはそのためだ。それは、電子マネーの利便性を提供しつつ、より多くの力を人々に与えることができるからだ。

ビットコインのガバナンス

　「デジタルゴールド」や「価値の貯蔵手段」という概念と同様に、ビットコインの「分散化」という有名な概念も、現実にはマーケティングのスローガンに過ぎない。実際、ビットコインの重要な歴史の1つは、大多数のネットワークの反対を押し切りながらも、少数のグループがプロジェクトをハイジャックしたことだ。あるグループが、常に他のどのグループよりも強い権力と影響力を持ち続けてきた。ソフトウェア開発者のグループだ。ビットコインを含むほとんどの暗号通貨プロジェクトでは、開発者が主導権を握っている。そして注目すべきは、ソフトウェア開発者たちは自分たちで資金を調達しているわけではないということだ。彼らは何らかの形で報酬を得る必要がある。したがって、暗号通貨プロジェクトの本当の権力構造は、ソフトウェア開発者たちがどのように意思決定を行い、報酬を得る

かによって決まるのだ。BTCの歴史は、開発者のインセンティブがネットワーク全体の利益と一致しなくなったときに何が起こるかを警告する物語でもある。

ビットコインは「オープンソース」プロジェクトとして広く知られており、すべてのコードが公開され、誰でも自由に閲覧、使用、修正できることが特徴だ。この特徴は、ソフトウェアを管理する中央集権的な権威が存在しないと主張する人々によって、しばしば意図的に歪めて伝えられている。ビットコインの開発に関する議論では、プロセスがオープンで実力主義的であるかのように語られることが多く、良いコードを書けば、それが自動的にソフトウェアに組み込まれるというイメージがある。実際、Bitcoin.orgのウェブサイトにも「ビットコインは自由なソフトウェアであり、どの開発者もプロジェクトに貢献できる」[2]と記載されている。しかし、これは事実ではない。ソフトウェアにどのコードが追加されるかの決定には明確な上下関係が存在し、コードの変更を承認または拒否する権限を持つ特定の個人がいる。例えばサトシに賛同してブロックサイズ制限を引き上げるか撤廃すべきだなど、これらの個人と異なる哲学を持っている場合、どれだけ良いコードを書いても採用されないだろう。

コードを提出するには、まず主要な開発者を説得しなければならない。もし彼らがあなたのアイデアを気に入らない、あるいはあなた自身を気に入らない場合、単に無視されるだけだ。ビットコインの開発は、他の社会現象と同じようなものだ。「誰でもプロジェクトに貢献できる」と言うよりも、「一握りのビットコインコア開発者の哲学と彼らのビジョンに賛同し、彼らの開発プロセスや上下関係を受け入れ、彼らに社会的に認められた人だけが、コードを提出して評価してもらえる」と言った方が正確だろう。しかし、それでは「分散化」とは言えないだろう。この現実について、アメリ

カン大学のヒラリー・アレン教授がうまくまとめている。彼女は2022年後半の議会公聴会で、アメリカの上院議員たちに次のように述べた。

「『暗号資産は分散化されているから特別だ』という話をよく耳にするが、実際には分散化されておらず、あらゆるレベルで、物事をコントロールしている人々が存在する。

ビットコインは分散化されていると言われているが、実際には10人以下のビットコインコアソフトウェア開発者によってコントロールされている。彼らがソフトウェアに変更を加え、その後、そのソフトウェアはマイニングプールによって運用されるが、これらのマイニングプールもほんのわずかしか存在しない。つまり、これらすべての領域で、実際には少数の人々が裏でコントロールしているのだ」[3]。

彼女の意見は、ビットコインのソフトウェア開発に関する一般的な見解を否定する結論にもかかわらず、間違ってはいない。ソフトウェアが中央集権的に管理されていないと主張する熱心な支持者たちは、技術的には誰でもビットコインのソースコードをダウンロードして、自分のコンピュータで開いて修正できると指摘する。これは確かに事実だが、誤解を招くものだ。自分のコンピュータでコードを変更しても、他の人々が使用しているコードには影響しない。たとえば、ブロックサイズの制限など間違った部分を修正すれば、すぐにネットワークから分岐されてしまう。業界のほぼすべてが使用している「公式」のソフトウェアは、コードへの鍵を持つ少数の人々によって管理されている。彼らが最終的に、何が追加され、削除され、変更されるかを決定しているのだ。

鍵の継承

ビットコインコアのソフトウェア開発にガバナンス構造があるという事実自体は、必ずしも悪いことではない。何らかの形で意思決定が行われる必要があるからだ。誰もが気まぐれにコードを変更できるようでは、どんなソフトウェアプロジェクトも成功しない。しかし、何千億ドルもの価値がこのネットワークに関わっている現在、具体的に誰がどのようにコードを更新できるのだろうか?

ビットコインコアの開発権限は、一定の流れを経て引き継がれてきた。2009年1月、ガバナンスはシンプルだった。サトシ・ナカモトが責任者であり、すべてのコード変更は彼自身の承認が必要だった。その権限に異議を唱える者はいなかった。2015年のインタビューで、ギャビン・アンドレセンは初期のガバナンスプロセスについて次のように振り返っている。

「過去を振り返ると、非常にシンプルだった。最初は、すべてサトシの決定に従っていて、そこから始まったのだ。私たちにはひとつのソースコードがあり、ビットコインが『どうあるべきか』、『どう進化すべきか』、『何をすべきか』というすべての決定を下す一人の仮名の人物がいた。それが私たちの出発点だった」[4]。

2010年の終わりには、サトシはプロジェクトを引き継ぐ人が必要だと判断した。そして、ビットコインに対する同じビジョンを共有していたアンドレセンを選んだ。2010年12月19日、アンドレセンはフォーラムにこう書いた。

「サトシの後押しを受けて、気が進まないが、これからビットコインのプ

ロジェクト管理をより積極的に行うつもりだ。皆さん、どうか温かく見守ってほしい。スタートアップ企業でのプロジェクト管理の経験は豊富だが、オープンソースプロジェクトに関わるのはこれが初めてだ」[5]。

アンドレセンはサトシの象徴的な「後継者」となり、2014年まで主要管理者を務めた。サトシとは異なり、彼だけがコード変更の権限を持つわけではなかった。というのも、彼は早い段階で他の数人にもこの権限を与えることに決めたからだ。その理由について彼は次のように説明している。

「サトシが身を引き、プロジェクトを私に託したとき、私が最初にやったことの一つは、その権限を分散化することだった。もし私が事故で倒れたとしても、プロジェクトが続けられるように。現時点で5人のメンバーがGitHubのビットコインのソースツリーに対するコミット権限を持っているのは、その為だ」[6]。

アンドレセンの決断は合理的で善意によるものだったが、残念ながら予期しない結果を招き、今振り返ると、戦略的なミスだった。彼は少数の他の人々に「コミットアクセス権」を与えた。これは公式のオンラインリポジトリ上でコードを変更する権限のことだ。しかし、彼らの全員がサトシのビッグブロックと低手数料のトランザクションというビジョンに賛同していたわけではない。中には、自分たちがより優れたシステムを設計できると考える者もいたようだ。開発者間の哲学的な違いが原因で、開発が極端に遅れ、派閥が生まれることになった。最終的に、ある派閥が自分たちの会社を立ち上げ、その後、敵対的な陣営に変わってしまった。

2014年、アンドレセンはビットコインコアの日常的なメンテナンスから離れ、より高度な研究に移行することを発表し、ウラジミール・ファン・デル・ラーンを後継者に選んだ。ファン・デル・ラーンはビットコインのコード

に積極的に貢献していたが、最終的には3人のプロジェクトリーダーの中で最も無気力な存在となり、重要な意思決定が未解決のまま放置されることが増えた。2015年には、マイク・ハーンがビットコインコアのリーダーシップの欠如に対するフラストレーションを次のように共有している。

「ビットコインコアは、当初は典型的なオープンソースプロジェクトとして始まった。サトシが指揮を執り、その後ギャビンに引き継がれ、ギャビンが指揮を執り、次にギャビンがウラジミールに引き継ぎ、ウラジミールが指揮を執るという形で進んできた。これはどんな技術プロジェクトでも普通のことだ。リーダーが1人いて、周囲の意見を聞いて決定を下すというのが一般的だ。残念ながら、ウラジミールは意思決定をあまり好まないようだ。彼自身もこの評価には異論はないと思う。意見の対立があると、彼は一歩引いて、すべてが円満に合意されることを期待して待つが、それがうまくいかないと単に事態を無視してしまうことが多い。

その結果、ビットコインコアはここ数年でコンセンサスに基づくルールに変わってしまったが、実際には、誰でも拒否権を持つような状態に近い。なぜなら、誰かが異議を唱えたり、知的な響きの反対意見を出したりすると、コンセンサスが得られず、結果として何も変更できないからだ。これは大きな問題となっている。特に、コミットアクセス権限を持つ一部の人々は、こうした議論を好み、ビットコインの複雑な理論や設計変更の提案を考え出すことに熱中している。その結果、開発者が日々直面する実務的なニーズが見過ごされることが多くなっている」[7]。

これらの問題は解決されることがなく、最終的にハーンは2016年にプロジェクトを完全に去った。彼が去る際に発表した「ビットコイン実験の結末」と題された優れたエッセイは、ビットコインの理論と歴史を学ぶた

めの必読の文書となっている。その中で、彼はガバナンス構造がどのように失敗し、その結果、BTCが元々の設計の観点から見ると失敗した理由を説明している。

「企業であれば、組織の目標を共有しない人物への対処は簡単だ。解雇すればいいのだ。しかし、ビットコインコアはオープンソースプロジェクトであり、企業ではない。コードにコミット権限を持つ5人の開発者が選ばれ、ギャビン・アンドレセンがリーダーになりたくないと決めた時点で、メンバーを除名するためのプロセスは存在しなかった。また、彼らがプロジェクトの目標に実際に賛同しているかを確認する面接や審査プロセスもなかった。

ビットコインが人気を集め、使用量が1MBの制限に近づき始めると、ブロックサイズ制限を引き上げるトピックが開発者の間で時折議論されるようになった。しかし、この話題はすぐに感情的なものとなり、『制限を引き上げるのはリスクが高すぎる』、『分散化に反する』などの非難が飛び交うようになった。多くの小さいグループにありがちだが、人々は対立を避けることを好み、問題を先送りにした。さらに事態を複雑にしたのは、ビットコインコア開発者のグレッグ・マクスウェルが会社を設立し、その後、他の数人の開発者を雇ったことだ。予想通り、彼らの見解は新しい上司の考えに沿うように変わり始めた……」[8]。

私はハーンの分析に同感だ。アンドレセンが異なる開発者を選んで権限を共有していたら、あるいは彼が唯一のコミット権限を持つ人物のままだったら、または業界がビットコインコアの開発者たちを完全に拒否し、別のチームを選んでいたらどうなっていたのかと、しばしば考えることがある。実際、2015年、2016年、そして再び2017年にそうなりかけたことも

あった。ソフトウェア開発がどのようにしてこれほど中央集権化したのか
を理解するためには、まずビットコインコアの起源を理解することが役立
つ。

ビットコインコアの起源

　2013年以前には、「ビットコインコア」という名称は存在していなかっ
た。それまで、ソフトウェア、通貨単位、ネットワークのすべてが「ビットコイ
ン」と呼ばれており、すでに複雑だと言われていたプロジェクトをさらに紛
らわしくしていた。そこで、2013年11月にソフトウェアの名称を変更する
提案が出された。

　「ビットコインネットワークと、このリポジトリで管理しているリファレン
スクライアントの実装、どちらも『ビットコイン』という名称であり、混乱を
招くため、クライアントの名前を変更したいと考えている」[9]。

　この提案は特に論争を引き起こすことはなかった。ギャビン・アンドレ
センも「今が名前を変える良い時期だ、やってみよう」と賛同した。その時
点から、ソフトウェアは「ビットコインコア」と改名され、開発者たちは「ビッ
トコインコア開発者」と呼ばれるようになった。その後の数年間で何が起
きたとしても、ビットコインコアの発足の経緯に悪意はなかった。

　サトシが去った後、ビットコインコアがビットコインプロトコルの唯一の
ソフトウェア実装になることは想定されていなかった。コアだけでなく、複
数の実装を持つことが考えられており、それによって専門化が進むことが
期待されていた。例えば、マイナーは高速なトランザクションの承認に特
化したバージョンを作成し、一方でノードは他の機能に特化することが
できるという考えだ。アンドレセンは2015年のある印象的なインタビュー

14

で、こう語っている。

　「私たち全員が取引に使っているシステムとしての『ビットコイン』と、GitHub上にあるオープンソースソフトウェアプロジェクトで、多くの人がコードを提供している『ビットコインコア』を区別することは非常に重要だ。これらは本質的に同じものではない。私はビットコインコアを、もう何年も『リファレンス実装』と呼んでおり、それはビットコインプロトコルの他の実装も存在することを意味している」[10]。

　複数の実装があることが良い考えである理由は理解しやすい。1つのチームが見落としたバグを検出できるだけでなく、開発者による支配を防ぐ最も簡単な方法だ。権力の分散化を目指すプロジェクトで、単一のグループがネットワーク全体のソフトウェア開発を掌握することを許せば、大きな問題が生じる。アンドレセンはさらにこう続けている。

　「ガバナンスを考えるときには、『プロトコルがどのように進化するのか』というガバナンスと、『リファレンス実装であるビットコインコアのコードがどのように進化し、管理されるのか』というガバナンスを別々に考える必要がある。これらは2つの異なるガバナンスプロセスだと思うが、もともとこの一つのソースコードがプロトコルを定義し、みんながそれを使っていたため、多くの人の頭の中でその区別がついていないのだ。しかし、プロトコルとこの1つのソースコードを別々に考えることは本当に重要だと思う。私は以前から、複数の堅牢な実装が存在する状態を目指したいと言ってきた」[11]。

　マイク・ハーンもこの考えに賛同しており、真の分散化を実現するためにはこのことが不可欠だと考えていた。一見すると、ハーンが望んだ、サトシのような最終的なソフトウェアの決定を下す1人の人物がいることは、

分散型プロジェクトの維持と矛盾するように思えるが、彼はこれら2つの考えがどのように両立するのかを説明している。

「インタビュアー: もしビットコインコアが引き続きルールを決定する影響力を持ち続けると仮定するなら、5人が「全ての権限を1人に委ねよう」と同意できるのは少し奇妙に思える。それはギャビンがいて、彼が理性的な人物である限りは問題ないかもしれないが、分散型システムの全体的な考え方と矛盾しているように感じる……」

「マイク・ハーン: 全くそんなことはない。ビットコインは、1〜3人の代わりに5人いれば分散化されるという訳ではない。そんな人数しかいないなら「中央銀行にも金融政策を決定する委員会がある、だからドルは分散化されている」と言っているようなものだ。システムをそのように見るのはおかしい。

ビットコインの分散化は、誰もがブロックチェーンを監査し、ルールを自分で確認できるという事実から来ている。また、複数の実装が競争する市場が存在するという事実、そして最終的には、人々が他の実装に切り替えたり、必要ならばブロックチェーンをフォークすることができるという事実から来ている」[12]。

BTCには最終的に他の実装も登場した。ビットコインコア開発者たちがブロックサイズの制限を引き上げることを拒否していることが明らかになると、業界は何度も他の実装へのアップグレードを試みた。しかし、そのたびにこれらの代替案やそれを支持する企業は攻撃された。DoS攻撃や偽のアプリレビュー、大規模な検閲、さらにはソーシャルメディアでの中傷キャンペーンに至るまで、様々な手段が用いられ、人々がビットコインコアの代替を使用しないように仕向けられた。これが理由で、現

在、BTCのノードの約99%がビットコインコアのソフトウェアを使用しており、ビッグブロックを望む人々はビットコインキャッシュのような別のコインを使っている。ソフトウェア開発の分散化に失敗した結果、単一のグループがGitHub上の一つのコードリポジトリを管理し、プロジェクト全体が完全に支配される状況になってしまった。

　ビットコインの設計変更と中央集権的な開発構造について理解したところで、その歴史をより明確に見直すことができるはずだ。

11

4つの時代

　ビットコインの歴史を完全に理解するのは不可能なほど複雑であり、唯一の定説となる歴史書は生まれないだろう。私は、自分自身の視点や記憶、そして早期参入者たちや、この技術に長く携わってきたビジネスマンたちと経験を共有している。私の考えでは、ビットコインは4つの異なる時代を経てきた。それぞれの時代には独自の文化、リーダーシップ、業界の発展、そして一般大衆との関係があった。これらの時代は重なり合い、明確な開始や終了の時期はないが、現在を理解するための有用な手がかりとなる。

時代	第1時代	第2時代	第3時代	第4時代
文化	技術者とリバタリアン	成長志向	内戦	価格志向
リーダーシップ	サトシ・ナカモト	ギャビン・アンドレセン	対立	ビットコインコア
業界の発展	存在しない	若い	成長	メインストリーム
一般の認知度	知られていない	懐疑的	過熱	メインストリーム

第1時代：無名の時代 期間: 2009年頃から2011年頃まで

第1時代は無名の時代だった。今日の絶え間ないニュース報道や過熱した話題性を考えると、ビットコインが何年もの間、ほとんど知られていなかったことは信じ難いかもしれない。コミュニティは、いくつかのオンラインフォーラムや暗号学のメーリングリスト、そしてリバタリアンの一部の小さなグループの中に存在していた。ビットコインが真に世間の注目を集めるようになるまでには、数年かかった。初期の頃は、ビットコインが本当に機能するかどうかさえ不明であり、ましてや国際的な現象になるとは予想されていなかった。最初の開拓者たちでさえ、ビットコインを未来の不確かな技術と見ていた。ギャビン・アンドレセンは2012年に自身のブログで次のように警告している。

「注意。ここ数年ずっと言ってきたが、今でもほとんど同じだ。ビットコインはまだ実験段階にあるので、失っても大丈夫な時間やお金だけを投資すること！」[1]

私が第1時代を体験したのは、2010年の終わり頃、ラジオ番組Free Talk Liveでビットコインについて初めて聞いたときだ。その技術はまるで夢のように感じられた。速くて安価で、デジタルな通貨でありながら、中央銀行によって発行されることもなく、政治的な力によってコントロールされることもない。もし説明通りに機能するならば、新しい時代の世界的な繁栄と自由をもたらすだろうと確信した。だからこそ、もっと知りたいと思ったのだ。その後の10日間は夢中だった。空き時間をすべてビットコインについて学ぶことに費やした。インターネットを徹底的に調べ、新しい情報、記事、ブログ投稿、フォーラムでの会話など、この新しい技術に関するあ

らゆるものを探し出した。夜はどんどん遅くなり、最終的には睡眠が短い仮眠に変わった。目が覚めるとすぐに、また調査を続けた。この私の熱意が災いした。ビットコインについて学ぶことに夢中になっていたが、体がそれについていけなかった。十分な食事も睡眠も取らず、喉の痛みはどんどん悪化していった。この状態が10日続き、これ以上は無視できないほど健康が悪化してしまった。完全に疲れ果て、自分で車を運転して医者に行くこともできなかった。そこで友人のケビンに電話し、彼が病院に連れて行ってくれた。医者は酒の飲み過ぎで入院するケースには慣れていたが、読書のしすぎで入院するのは私が初めてかもしれない。医者は、落ち着いて眠る必要があると言い、鎮静剤を処方してくれた。そして、ほぼ20時間眠り続けた後、だいぶ体調が良くなり、翌日退院し、再び調査を再開することにした（もちろん、少しペースを落としてだが）。これが、私とビットコインの旅の始まりだった。

　早期参入者たちは、この新しい技術に対して過度に楽観的にならないよう慎重だった。しかし、私はそうではなかった。ビットコインが世界を変えると信じており、何十億人もの人々の生活を改善すると確信していた。この貴重な発明は間違いなく価値が上がると思い、購入しなければならないと感じた。しかし当時、ビットコインを購入するのは非常に困難だった。ビットコインはほとんど知られておらず、数少ない熱心な支持者たちが、誰も知らないようなウェブサイトで取引しているだけだった。最初の大きなビットコイン取引所は、実はもともと「マジック：ザ・ギャザリング」というカードゲームのトレーディングサイトとして作られたものを再利用したものだった。現代の暗号通貨取引所と比べると、ユーザー体験は決してスムーズではなかった。初めてビットコインを購入する際、PayPalやACH送金、クレジットカードを使うことはできなかった。代わりに、サイトの所

有者であるジェド・マッケーレブの個人銀行口座に直接送金する必要があった。幸運にも、彼は約束を果たし、私は1ビットコインを1ドル以下で無事に手に入れることができた。

　当時、ビットコインを使える場所はほとんど存在しなかった。なぜなら、誰もそれを支払い手段として受け入れていなかったからだ。そこで、私の会社であるMemoryDealers.comをビットコインを受け入れる最初の店舗にすることにした。当社はオンラインでコンピュータ部品を販売しており、私の知る限り、ビットコインを支払い手段として受け入れた最初の小売業者となった。私はeコマースの経験から、どこでも使えて手数料が低いオンライン通貨への需要が非常に高いことを知っていた。そして、ビットコインが商取引で使われるほど、その価値が上がり、世界にもっと自由をもたらすだろうと考えた。

　ビットコインで製品を販売するという決断は、結果的に良い選択となった。世界中のビットコインユーザーが新しいデジタル通貨を使いたがっていたからだ。売上が増加しただけでなく、より多くのビットコインを手に入れる素晴らしい方法にもなった。個人的な銀行送金をすることなく、私は単にオンラインで商品を販売してビットコインを受け取ることができた。

　その後すぐに、シリコンバレーに「We　Accept　Bitcoin（ビットコイン使えます）」という、今では有名な看板を誇らしげに掲げた。見た人の99.9%はビットコインを知らなかっただろうが、それこそが狙いだった。

図4:「We Accept Bitcoin」と宣言した当社の看板

　第1時代の大部分において、サトシが思想的・技術的リーダーシップを発揮していた。初期のフォーラム投稿では、ビットコインの設計、特にスケーリングに関する多くの質問が彼に寄せられ、それに対して彼は多くの人々をプロジェクトに引き込むビジョンを明確に示す、説得力のある回答で答えていた。

第2時代: 成長と楽観主義　期間: 2011年頃から2014年頃まで

　第2時代は、新しい産業の成長とビットコインコミュニティ全体に広がる熱狂的な楽観主義が特徴的だった。新しい金融システムの基盤が構築されており、私はその一部を担うことができた。人生の中で最も刺激的な時期の一つだった。私たちビットコイナーは小さなグループだったが、

特別なものを持っていた。お金を稼ぐことができるだけでなく、世界をより良い方向に変える大きなチャンスがあることを皆が知っていた。

　当時、ビジネス基盤はまだ存在せず、ゼロからのスタートだった。もっと多くの店舗や事業者にビットコインを受け入れてもらう必要があり、取引所も増やす必要があった。また、ビットコインを使いやすくするためのツールも必要だった。新しい企業も必要だったが、2011年にはベンチャーキャピタル業界はまだビットコインに目を向けていなかった。そこで私は、世界初のビットコインスタートアップに投資をすることになった。この市場は非常に若く、私たちが直面していた抜本的な課題を解決する投資の成功は、ほぼすべての人々に利益をもたらした。例えば、価格の変動は、事業者がビットコインを支払い手段として受け入れるのをためらう大きな要因となっていた。そこで私は、ビットペイというスタートアップのシードステージに資金を提供することを決断した。このサービスは、事業者がビットコインを受け入れた後、すぐに法定通貨に変換することで、価格変動のリスクを回避できるものだった。ビットペイは、ビットコインが広く普及するために非常に重要な役割を果たし、その結果、暗号通貨業界全体で最も重要な企業の一つに成長した。

　その他の初期の投資先には、Blockchain.infoのような企業があった。これにより、ユーザーはソフトウェアをダウンロードせずに、ウェブブラウザを通じてビットコインの送受信ができるオンラインウォレットを利用できるようになった。また、Kraken、BitInstant、Shapeshiftは、一般の人々がビットコインをより入手しやすくし、Purse.ioはAmazonでビットコインを使って商品を購入できるようにした。「ビットコインのジーザス」というニックネームが定着したが、私はむしろ「ビットコインのジョニー・アップルシード」として、初期の企業に資金を提供し、種を蒔く役割を果たし

たと考えている。

　この時代で特に楽しかった取り組みの一つは、ビットコインの認知度を向上させることだった。どこへ行く時も、私は人々にビットコインで支払えるかどうかを尋ねた。もちろん、ほとんどの人は私が何を話しているのかさえ分からなかった。そこで、私は彼らにビットコインを紹介し、未来の通貨を受け入れて、その人気が高まることで得られる利益を享受するよう説得した。もし彼らがビットコインを受け入れるとオンラインで発表すれば、すぐにコインを使いたいという新しい顧客が押し寄せるだろう。初期のビットコインユーザーたちは、新しい通貨を使って取引をすることに熱心だった。なぜなら、ビットコインが新しい通貨として成功すれば、私たち全員が成功することを知っていたからだ。

　もし有名な企業がビットコインを採用し始めたら、コミュニティは自分たちのチームがワールドカップで優勝したかのように喜んだ。現在では、大手企業が暗号通貨を支払い手段として受け入れると発表しても、ほとんどニュースにはならない。しかし当時は、ビットコインは信頼性を確立するために奮闘しており、一般的な評価は「オタク向けの珍しいもの」から「犯罪者の通貨」まで大きく揺れていた。だからこそ、NeweggやMicrosoftのような大企業がビットコインを採用すると決めたとき、それは本当に祝うべき出来事であり、業界にとって大きな節目となったのだ。

　コミュニティは調和が取れており、ビットコインを低い取引手数料で、インターネットに接続さえすれば誰でも利用でき、広く普及するために拡張可能なデジタルキャッシュとして構築するという共通のビジョンで団結していた。ギャビン・アンドレセンがリードプログラマーであり、マイク・ハーンが影響力のあるテックリードとして活躍しており、二人とも同じビジョン

を共有していた。世界中の多くのビットコインミートアップグループを訪れると、どこでも同じ話を聞くことができた。また、最も影響力のある企業家たちと話をしても、同じことが語られていた。このように、業界全体が統一されていたにもかかわらず、開発者の間では少数派がビットコインを別の方向に進めようとする動きが出始めていた。

第3時代：内戦　期間: 2014年頃から2017年頃まで

ビットコインの歴史で最も重要な時期は「内戦時代」だった。実際、現在の暗号通貨業界全体が、2014年から2017年の間に起こった出来事によって今なお定義されている。この時代は、すべての時代の中で最も醜く、個人攻撃、大規模な検閲、プロパガンダ、ソーシャルメディア操作、失敗に終わった協議、破られた約束、そして最終的なネットワークの崩壊とビットコインキャッシュへの分裂が起こった。アンドレセンがファン・デル・ラーンをビットコインコアのリードメンテナーに任命した直後、内部の派閥はますます頑固に、互いに敵対的になり、ブロックサイズの議論は激化した。何人かの主要なビットコインコア開発者たちは、自分たちの会社「Blockstream(ブロックストリーム)」を設立したが、これはビットコインのソフトウェア開発に関与する中で、最も影響力のある企業であり、ビットコインの支配において中心的な役割を果たしている。当時のビットコイン大手企業を訪れれば、ビットコインコア開発者たちがビットコインの成長を妨げ、その実用性を損なっているという批判をほぼ例外なく耳にすることができた。何人かの有名な開発者は、ビットコインがハイジャックされている状態にあると公に警告した。

この間、業界はコミュニティを一体に保ち、技術を拡張させようと必死に努め、ビットコインコア開発者を迂回しようとする複数の試みが行われ

たが、これらの試みは最終的には失敗に終わった。解決策を模索するための会議がいくつか開催された。2016年にブライアン・アームストロングがこれらの会議の一つに出席し、その印象について記事を書いている。

「会議の主催者たちは何らかの合意を期待していたのだろうが、最後には溝があまりにも深いことが明らかになった。会議は当初、スケーラビリティ問題を先送りするための妥協策に焦点を当てていた。しかし、話が進むにつれ、私は短期的な解決策の内容に関心がなくなった。なぜなら、ビットコインコアがビットコインに取り組む唯一のチームである限り、ビットコインにとっての大きなリスクであることに気付いたからだ。

ビットコインコアには非常に高いIQを持つメンバーがいるが、先週末彼らと時間を過ごした後、いくつか非常に懸念すべき点があると感じた。彼らは「十分に良い」よりも「完璧な」解決策を好む。そして、完璧な解決策が存在しない場合、たとえビットコインにリスクをもたらすとしても、何もしないことを選ぶ傾向があるように見える。彼らはビットコインが長期的にスケールすることができないという強い信念を持っているようであり、ブロックサイズの増加は彼らが許容できない未来への第一歩であると考えている。

ビットコインコアは2MBへのハードフォークに賛成していると言っているが、優先しようとはしていない。彼らは自分たちをネットワークの中心的計画者であり、人々の守護者であると見なしているようだ。彼らは自分たちの原則を妥協するくらいなら、ビットコインが失敗することになっても構わないと考えているようだ。皮肉なことに、現在、ビットコインにとって最大のリスクとなっているのは、かつて最も支えになったビットコインコア開発者たちかもしれないと私は考えている」[2]。

　アームストロングの考えは、マイナーを含む当時の大多数の大型プレイヤーたちにも支持されていた。私もその会議に参加し、最大規模のマイナーたちにブロックサイズ制限を引き上げるよう懇願したことを覚えている。彼らはブロックサイズを引き上げるべきだと強く賛同していたが、論争を避けたいという理由から、最終的にはビットコインコアチームに従うことを選んだ。その後、彼らの多くはビットコインキャッシュの強力な支持者となった。

　この極端な分断の混乱に一般の人々はほとんど気づかないまま、2017年末にはさらに大規模な投資の波が価格を急騰させた。最終的に1BTCは2万ドルに達し、平均トランザクション手数料は50ドル以上に跳ね上がり、トランザクションの確認にかかる平均時間は2週間を超える事態となった。ビットコインの歴史の中で初めて、普及の逆行が起こり、多くの企業が高額な手数料や不安定な支払いを理由にビットコイン決済を中止した。その結果、ビットコインが「低い手数料を必要としない価値貯蔵の手段」であるというナラティブが急速に広まり始めた。ビットコインは一般の人々、特に不安定な通貨を持つ発展途上国の人々にとって役立つツールであるはずだったが、その焦点は中央銀行家へのアピールと、ウォール街に投機を促す方向へとシフトしていった。Blockstreamの幹部であるサムソン・モウは「ビットコインは1日2ドル以下で生活する人々のためのものではない」と断言し、この意識を象徴していた[3]。

第4時代：メインストリーム　期間: 2017年頃から現在まで

　第4時代は、ビットコインが初めて2万ドルに達したときに始まった。ニュースでは連日ビットコインが取り上げられるようになった。極端な熱狂が見られ、CNBCの放送の隅にあるランニングティッカーシンボルが価格

を表示し続け、関係ないニュースやコマーシャルの間でも表示されていた。まるで世界で最も重要な金融ニュースが1BTCあたりの価格であるかのようだった。ほぼ10年の時を経て、秘密はついに明かされた。ビットコインはメインストリームに達した。他の暗号通貨も、ウォール街の熱狂的な投機を享受していた。新しい資金調達モデルにより、多くの新興企業がICO（Initial Coin Offerings）を通じて何百万ドルも調達することができた。ビジネスモデルに説得力のあるものもあれば、そうでないものもあった。新しいナラティブは『ビットコイン・スタンダード』のような本によって形作られていった。この本は、いくつかの重要な概念で誤りがあったにもかかわらず、広く人気を博した。同じがすべての重要なディスカッションチャンネルで一貫して繰り返され、ブロック哲学がビットコインについて学ぶ際に新参者が出会う唯一の視点となった。ビッグブロックとブロックチェーンへの普遍的アクセスという元々のビジョンは敵視され、その歴史は曖昧にされた。

　ビットコインを取り巻く文化は、価格に執着するようになり、そのすべての出来事が価格への潜在的な影響によって評価されるようになった。人間の自由や幸福を向上させる可能性があっても関係ない。たとえば、エルサルバドル政府がビットコインを公式通貨にすることを発表したとき、政府は市民のために単なるカストディアルウォレットをセットアップするという事実についてはほとんど言及されなかった。つまり、政府はアプリを通じて行われた取引を追跡・検閲し、アカウントを凍結したり、コインを押収したりすることができてしまう。価格の上昇とハイプの観点からは、国家による採用は素晴らしいが、一般のエルサルバドル市民が実際に利益を得られるかどうかは不明だ。

　現在の明るい点は、暗号通貨業界におけるプロジェクトの幅広さだ。

世界中の投資家は、この技術が金融の未来であると認識している。信頼性の問題もようやく解決された。ビットコインがもはや分散型プロジェクトでなくても、業界は分散化しており、多くの競合する選択肢から選ぶことができる。将来的にどのプロジェクトが失敗しても、選択の自由が残っていれば、市場はどのコインが最適かを見極めるだろう。

ビットコインの普遍的な名声にもかかわらず、メインストリーム時代は2011年と似た感覚がある。一般の人々はビットコインの存在を知っているが、元の設計や、大きなブロックを用いたビットコインの可能性については理解していない。私は再び、10年以上前に私を興奮させた、同じ技術を普及させようとしているのだ。ただし、今回は情報の完全な欠如ではなく、質の悪い情報が圧倒的に多いことが問題だ。熱狂的な注目やセレブの支持にも関わらず、基本的な概念は未だに理解されていない。

第2部の残りは、ビットコインの最大の変革が起こった時期、つまりおおよそ2014年から2017年まで続いた「内戦時代」に焦点を当てる。

12

警告サイン

　ビットコインのような世界を変えるプロジェクトが永遠に注目されずにいると思うのは楽観的すぎる。暗号通貨が成功し、その影響力が広がれば、国際的な金融勢力は、公的にも私的にも多くを失うことになる。初期のビットコインコミュニティは楽観的で一体感があったが、早い段階で内部に混乱の兆候があり、全て理想通りとは言えなかった。2011年、価格が30ドルに急騰した際、主なディスカッションフォーラムであるBitcoin-talk.orgがスパム投稿で溢れ、ボットが意味不明なスレッドを次々と投稿し、コミュニケーションが不可能になった事を覚えている。誰かが情報を混乱させようとしていたが、誰がそれをやっていたのかは不明だ。

アニメーションによる情報操作

　問題の最初の確実な兆候が現れたのは2013年5月だった。ブロックサイズの議論はすでに始まっていたが、最も保守的な開発者たちでさえ、1MBの制限は引き上げなければならないと認めていた。問題は、いつどの程度まで増やすかだった。いくつかの提案があり、2MB、次に4MB、さらに8MBへの段階的な増加を望む提案や、別の提案では、直近のブ

ロックの平均サイズに基づいて自動的に調整される可変ブロックサイズ制限を求める声もあった。また、制限そのものを完全に撤廃する案もあった。しかし、1秒あたりの最大処理量が7トランザクションという制限が良いアイデアだと考える人はいなかった。その制限が良いアイデアだと思われるようになるのは、開発者のピーター・トッドが「なぜブロックサイズ制限がビットコインの自由と分散性を保つのか」というアニメーション動画を公開してからだ。

ピーター・トッドのアニメーションは、十分な資金を持つ露骨なプロパガンダの最初の例だと考えている。それは単なる哲学の違いから生まれたとは信じがたいほど、あまりにも衝撃的だった。ナレーターは、分散化の名の下にビットコインが1MBのブロックに永遠に制限されるべきだと説明している。

「ブロックサイズを増加させる代わりに、オフチェーン取引があります……ブロックチェーンは大口の取引に使い続け、小規模なトランザクションは決済プロセッサーによって処理されるため、朝のコーヒーのような少額決済がシステム全体を詰まらせることはありません……

完全公開されたブロックチェーンでは、あなたのトランザクションをマイニングする人や検証する人を選べませんが、オフチェーン取引は瞬時に処理され、完全にプライベートで、誰を信頼するかの完全な制御が可能です。

ビットコインを分散化したまま保つためには、どうすればいいでしょうか？もしあなたがマイナーなら、ブロックサイズ制限を支持するプールでのみマイニングを行い、そのプールにその旨を公にするようお願いしましょう。もしあなたがユーザーであれば、あなたのビットコインソフトウェアを

1MB以上のブロックサイズに増加させようとする人を無視し、取引相手にビットコインの分散性を維持し、既存の企業システムの手に渡さないことを支持していると伝えましょう」[1]。

この提案がその当時どんなに馬鹿げていたか、言い表せない。今日では聞き慣れたメッセージに聞こえるかもしれないが、2013年には、グレッグ・マックスウェルのような熱心なスモールブロック派でさえも、この提案を馬鹿げていると考えていた。

「この動画の過度な単純化には少し嫌悪感を覚える……数年後には、2MBや10MBといったサイズが完全に安全であることが明らかになるかもしれない。たとえば、2023年のインターネット上で、Torを使ったモバイルデバイスが10MBのブロックを持つフルノードになれるかもしれないし、その時には取引量が十分に多くて手数料が高いままセキュリティを支えることができるかもしれない。もしかすると、動画を見た後で1MBが単なる今日の保守的なトレードオフではなく、魔法の数字だと考え、無批判に1MBの制限を推進する人もいるかもしれない」[2]。

他のビットコイナーたちはオンラインフォーラムで、そのアニメーションに対して怒りや軽蔑を表明した。動画の内容が嘲笑されただけでなく、影響力のある開発者ピーター・トッドという内部者からのものであるという不穏な事実も注目された。ビットコインコミュニティの感情は、動画のコメント欄で明確に示された。

「こんな馬鹿どもがビットコインを台無しにして、ブロックサイズを小さいままにするよう説得しないことを願ってる。ビットコインが小さく無意味なものとして残るための最良の方法だよ……」

「情報から誤情報に変わったのは0:55。1:28で完全に不気味になって、2:28でオーウェル的になる」。

「この動画は危険なプロパガンダで馬鹿馬鹿しいマーケティングだ。騙されてるぞ、目を覚ませ！」

「こんなクソみたいな嘘はなんだ！？0:45まではいいけど、それ以降はサトシが説明したビットコインネットワークのスケーリング能力に反する話をしている。この制限を維持することはユーザーとの社会契約を破ることになる」。

この動画の制作者たちへの激しい非難を理解するためには、動画のスクリプトをもう少し詳しく分析し、ビットコインが本来掲げていた理念とは正反対の主張をどう展開していたのかを見てみる価値がある。下記の部分を考えてみよう。

「ブロックサイズを増加させる代わりに、オフチェーン取引があります。ブロックチェーンは大口な取引に使い続け、小規模な取引は決済プロセッサーによって処理されるため、朝のコーヒーのような少額決済がシステム全体を詰まらせることはありません」。

言い換えれば、ビットコインを使う代わりにビットコインを使わないということになる。少額決済を第三者に委ねるのは、デジタルキャッシュの概念に反する。少額決済は「システムを詰まらせ」ない。システムは少額決済用に設計されている。オンチェーン取引を大口決済のみに制限することは、ビットコインを富裕層だけのものに制限することになる。普通の人々は、5ドル、さらには50ドルや500ドル以上の手数料を払う余裕がないし、多くの国では暗号通貨の決済処理のインフラも整っていない。

　大きなトランザクションは、特に人々がカストディアルウォレットを使用することを余儀なくされる場合、金融当局によって制御および規制される可能性が高く、ブロックチェーンが、既存のシステムに大きな改善をもたらすことはない。なぜなら、大多数の人々が車や家を購入したり、退職金の一部を引き出したりする際には、政府の監視が必要とされるからだ。ビットコインが現金として使用できないなら、世界のほとんどの人達は全く利用しないだろう。スクリプトは続く。

　「完全公開されたブロックチェーンでは、あなたのトランザクションをマイニングする人や検証する人を選べませんが、オフチェーン取引は瞬時に処理され、完全にプライベートで、誰を信頼するかの完全な制御が可能です」。

　製作者たちが本当に印象的なプロパガンダを作り上げたことは、賞賛に値する。彼らは問題が存在しないのに問題を作り出し、その解決策としてビットコインを使わないことを提案している。99.9%のユーザーは、自分のトランザクションが誰によってマイニングされ、誰によって検証されるか気にしない。トランザクションがブロックに含まれればそれでいいのだ。ユーザー自身はフルノードでなくても自分のトランザクションを検証できるが、他人のトランザクションを検証することはできない。オフチェーントランザクションが本当にプライベートだという主張も誤りだ。実際に、現在実装されている2つのオフチェーンソリューション、「ライトニングネットワーク」と「サイドチェーン」とされるものはいずれも一般ユーザーにとって非常に中央集権的だ。この技術の失敗については後で詳しく説明するが、ピーター・トッドの洗練された誤解を招く動画は、ビットコインの歴史における重要なマイルストーンであり、彼が2013年に行った他の活動も疑念を呼び起こすものだった。

即時取引？リスクが大きすぎる

デジタルキャッシュには即時取引が必要だ。トランザクションが数秒以上かかるようでは、暗号通貨として使われるのは現実的ではない。ビットコインでは最初から即時取引が可能で、私はそれをビジネスやビットコインの普及活動で毎日利用していた。しかし、この機能の重要性にもかかわらず、一部のビットコインコア開発者は即時取引は「リスクが大きすぎる」と決めつけ、ビットコインの機能を意図的に破壊し、抑制した。

第2章で説明したように、ビットコインのトランザクションはマイナーによってブロックにまとめられる。各ブロックは前のブロックの上に積み重なり、追加のブロックごとにセキュリティが強化される。例えば、あるトランザクションがブロックに追加されたとしよう。これを「ブロック1」と呼ぶ。この時点で、そのトランザクションは「1回の承認」を得たと言える。ブロック2が生成されると、それがブロック1の全てのトランザクションのセキュリティを追加し、最初のトランザクションは「2回の承認」を得たことになる。同様にブロック3、4、5と続く。通常、非常に高いセキュリティを確保するためには、6つのブロック、すなわち6回の承認を待つのが通例で、これには平均して1時間かかる。

ブロックに追加されていないトランザクションはどうだろうか？これらは「0承認(zero-confirmation)」トランザクションまたは「ゼロコンフ」と呼ばれる。0承認トランザクションは数秒で送信・受信できるが、そのセキュリティは本質的に不完全だ。完璧ではないセキュリティは理解しづらい概念ではなく、どの企業家にも経験のあることなのだが、一部の開発者はこれを受け入れられないと考えたようだ。

システムを利用して0承認トランザクションの欠点を悪用する場合を

考えてみよう。例えば、私たちが200ドル分のBTCを持っているとする。目の前にアリスの店とボブの店の2つがあり、どちらかに対して詐欺を働こうと考えているとしよう。まずアリスの店に入り、150ドル分の商品を購入し、40ドルの取引手数料を支払う。この取引はネットワーク上に表示されるが、まだブロックには追加されていない。そこで、すぐにボブの店に入り、同じ150ドル分のBTCを使って購入する。この場合、同じコインが二重に使われているため、「二重支払い (double-spending)」が発生し、両方の取引を同時にブロックに追加することはできない。どちらか一方だけが承認され、ブロックチェーンに含まれることになる。これにより、アリスまたはボブのどちらかが150ドルの詐欺に遭うことになる。ビットコインの設計上、このような事態は理論的には可能であり、時折二重支払いが発生することもある。だからといって、システムが壊れているわけではない。

ビットコインの設計には二重支払いに対するシンプルで洗練された解決策が最初から組み込まれている。それが「first-seen rule（最初に見られたものルール）」と呼ばれるものだ。マイナーやノードは、ブロックに追加されるのを待っている0承認トランザクションのリストを常に更新している。このルールでは、もし二重支払いのような矛盾する取引が発生した場合、最初に見られたトランザクションが勝者となる。つまり、先にアリスに150ドルを送金した場合、ビットコインネットワークはこのトランザクションを既に認識しており、ボブへの二重支払いの試みは単純に拒否される。

このルールは、プロトコルレベルで必須でも強制でもなかった。それは、即時取引を可能にする簡単で合理的なポリシーであり、マイナーやノードが従うべきものであった。しかし、このルールにより、たとえば悪いマイナーと共謀することで事業者を騙すための複雑な理論的スキームも可

能となった。このような腐敗を防ぐ社会的および経済的インセンティブが存在し、起業家が他の決済手段と同様にこれらのリスクを管理できるにもかかわらず、一部の開発者は理論上の不安定性を設計上の欠陥と見なし、コードレベルで修正する必要があると考えた。そこで彼らは「やり直しボタン」のアイデアを思いついた。

やり直しボタン

　最初に見られたトランザクションを優先するルールの代わりに、ピーター・トッドは「手数料で置き換え（RBF）」という修正を提案した。これにより、2つの対立するトランザクションが見つかった場合、手数料が高い方が有効とされる。つまり、アリスに150ドルの取引を40ドルの手数料で送信した後、ボブの店で同じ150ドルを50ドルの手数料で使うと、ネットワークは後者のトランザクションを有効とする。このポリシーは二重支払いを容易にし、0承認トランザクションの信頼性を事実上崩壊させるもので、トッドの明確な目的でもあった。オンラインフォーラムで、ピーター・トッドは「0承認トランザクションは安全ではない。RBFパッチに対して1,000USドルの報酬」と題したスレッドを投稿し、次のように書いた。

　「今朝、ジョン・ディロンという人物がbitcoin-developmentのメールリストに500USドルの報酬（後に1,000ドルに増額）を提供するメールを送った。この報酬は、トランザクションの手数料で置き換え（RBF）パッチを実装する人に対してのものだ。これは、私が2日前にメールリストに投稿したアイデアだ」。

　「いずれにせよ、もっと重要な問題は、トランザクションがブロードキャストされた後に手数料を変更することだ。

　考えれば考えるほど、0承認トランザクションの問題を根本から解決する必要があると思う。トランザクション出力がどう変わろうと、手数料に基づいてトランザクションを置き換えるようにリレーのルールを変更するべきだ。もちろん、これにより未承認取引での二重支払いが簡単になるが、一方で、ミスがあったときのための制限付き「取り消し(Undo)」ボタンを実装できる利点もある。

　私たちは何度も0承認トランザクションを受け入れないようにと言っているが、それでも人々は安全だと思って受け入れ続けている。これは非常に危険な状況だ……」

　「良いか悪いかに関わらず、0承認トランザクションは相手を信頼しない限り危険だ。私が上記の「手数料による置換(RBF)」のアイデアを書いた理由は、人々を安心させてしまうリスクがあると本当に思ったからだ。ブロックチェーンとプルーフ・オブ・ワークシステムが、ビットコインがどのトランザクションを有効とし、どのトランザクションを無効とするかについてのコンセンサスを得る方法だ。それ以外を信頼するのは危険だ」[3]。

　トッドの主張の論理を見てみる価値がある。彼は、取引手数料が極端に低い、またはゼロのトランザクションが詰まるという問題から話し始めるが、これは極端に低い手数料のトランザクションにのみ関係していた。皮肉なことに、トランザクションが詰まる問題は、ブロックがいっぱいになり手数料が急騰した2017年に実際に発生した。ユーザーのトランザクションが数日、場合によっては数週間も滞ることがあり、その時にはRBFが詰まりを解除するために使用された。そのため、スモールブロック、高い手数料、不安定なトランザクションがある場合、RBFがより意味を持つようになる。

その後、彼が本当に伝えたいポイントに進む。彼の考えでは、0承認トランザクションは安全性が不十分であり、無知なユーザーはそのことに気づいていない。だから、ユーザーが0承認トランザクションに依存するのを防ぐために、RBFでその機能を完全に壊すべきだと言う。なぜなら、彼の言葉によれば、マイナーがRBFのようなものを実装すると、0承認トランザクションは壊れるからだ。言い換えれば、ビットコインの即時決済機能はソフトウェアレベルで開発者によって壊される必要がある。そうしないと、マイナーが将来的に壊してしまう恐れがある。残念ながら、これは決して誇張した表現ではなく、彼らが実際に主張していた内容である。

謎の資金提供者であるジョン・ディロンは次のように説明している。

「私はこの報酬を、取り消しボタンが重要だと思って提供しているわけではない。問題は、マイク・ハーンのような人たちが、大きな問題になる前にビットコインを台無しにしようとすることだ。0承認のセキュリティを壊すことで、彼らの中央集権的なアイデアを実装する圧力がなくなる。最も影響を受けるのはSatoshidiceだ。彼らのようにブロックチェーンを使用すべきではない」[4]。

2015年に、まだこの議論が続いている間に、有名なプログラマーであるブラム・コーエンも同意した。

「0承認が機能しないというのは単純化しすぎている。0承認は現状ではうまく機能しているが、もし大きな規模で使用されると、必ず避けられない陰謀が現れ、0承認に依存する人々が被害を受けるだろう。災害が起こるのを待つのではなく、0承認の機能を計画的に終了する方法を検討すべきであり、陰謀が計画される前、または0承認と衝突する機能に影響が出る前に行うべきだ」[5]。

コード外の解決策

ソフトウェア開発者が問題をソフトウェアで解決しようとするのは驚くべきことではない。しかし、この傾向は放置されると近視眼的になりがちであり、ギャビン・アンドレセンが言ったように「エンジニアは細部に夢中になりすぎて、木を見て森を見ずになりがち」[6]という状態になることがある。ここでの森とは、ビットコインのコードの外の世界を指す。企業家たちは、暗号通貨よりもはるかに劣る技術を使いながら、数千年にわたって不完全な支払いセキュリティの問題を解決してきた。これについての素晴らしい見解が、実世界の経験を持つエンジニアのジャスティス・ランヴィエによって書かれたもので、彼はピーター・トッドのRBFに関するフォーラム投稿に次のように返信した。

「この文脈でのセキュリティは、二分割思考で不適切だ。ビットコインの用語で言えば、トランザクションの承認に90日かかるクレジットカード決済の消費者経済が存在している。現実世界では、0承認トランザクションのビットコイン取引と同じくらいの不安定性を持つ支払い方法を使って、数兆ドルが取引されている。0承認トランザクションを受け入れるかどうかは、セキュリティの問題ではなく、リスク管理とビジネス計画の問題だ」。

他の場面ではこう書かれている。

「『ザ・シムズ』に没頭しすぎて、事業者やマイニングプールの運営者が単なる機械ではなく、意識を持った知的な存在であることを忘れている。0承認の二重支払いのリスクがリソースを投入する価値があるなら、事業者はその方法を見つけ出すだろう」[7]。

実際、暗号通貨の決済処理業者は二重支払いのリスクをよく理解しており、それに対処するためのさまざまなオプションを用意している。最も簡単なオプションは、顧客のためにリスクを引き受けることで決済保険のようなサービス手数料を取ることだ。また、特定のウォレットアプリを使うことを顧客に要求することで、二重支払いを実行しにくくする方法もある。RBFがない場合、二重支払いを成功させるのは難しく、小額を盗むために手間をかける価値はないが、大きな購入に対しては、顧客は取引承認が1〜2回行われるまで待たされるかもしれない。実際、SatoshiDiceのようなビットコインでギャンブルサービスを提供していた企業は、小額の即時取引を可能にし、多額の取引には承認を要求するシステムをすでに導入していた。

0承認トランザクションは、特に実店舗での支払いにおいて重要だ。実店舗で顧客が二重支払いで商品を盗む割合はごくわずかであるため、一部の事業者は二重支払いのリスクを引き受けるかもしれない。詐欺や盗難のリスクを軽減するための従来のオプションは依然として有効であり、例えば既にセキュリティシステムが整っている場合は、犯罪者の映像を残すこともできる。これらは0承認トランザクションのセキュリティ問題に対処するための一部のアイデアに過ぎない。二重支払いが実際の問題となった場合には、さらに優れた解決策が見つかっただろう。市場はリスクを発見し管理することが得意だ。

手数料による置換（RBF）は多くの反対意見を引き起こした。Coinbaseのエンジニアリングマネージャーであったチャーリー・リーは次のように述べた。

「Coinbaseはマイク・ハーンの意見に完全に同意する。RBFは非合理

的でビットコインに害を及ぼす」[8]。

初期のビットコインコア開発者であるジェフ・ガルジクも同意した。

「過去の発言を繰り返すが、ピーターの焦土作戦のようなRBF提案はその名にふさわしく、現在のネットワーク上では非常に反社会的である」[9]

ギャビン・アンドレセンは単刀直入に言った。

「RBFは悪いアイデアだ」[10]。

その後、ビットコインの未来を大きく脱線させる役割を果たしたアダム・バックですら同意した。

「マイクとジェフに同意する。0承認トランザクションを無効にするのは破壊行為だ」[11]。

それでも、2015年末にはRBFがビットコインコアに成功裏に追加された。現在、RBFトランザクションはフラグを使って作成されるため、事業者側が慎重に取り扱えば拒否することができるが、開発者たちは現在このデフォルト設定を変更するかどうか議論している。もしフラグが取り除かれれば、BTCの0承認支払いは実質的にゼロセキュリティとなる。0承認支払いはビットコインキャッシュにとって重要な機能とされており、開発者たちはそのセキュリティと信頼性をさらに向上させる方法を積極的に模索している。

単なるプロパガンダ

RBFを巡る論争があったにもかかわらず、現在これについて調べると、偏った情報に遭遇することが多い。ビットコインコアのウェブサイトには

RBFに関するQ&Aセクションがある。そこには次のように記述されている。

「オプトインRBFのプルリクエスト（PR）は論争の的だった？」

「全くそのような事はない。数か月にわたる広範な非公式な議論の後、PRは2015年10月22日に公開された。その後、少なくとも4回のビットコイン開発の週次ミーティングで議論された……PRの議論には19人がコメントを寄せ、その中には少なくとも3つの異なるウォレットブランドで働く人々が含まれており、14人が明確に変更に同意した。その中には、過去にRBFに反対していた人も含まれている。PRが公開されている間、PRまたはその他の場所で明確な否定的フィードバックはなかった」[12]。

このセクションは慎重に言葉が選ばれており、読んだ人はRBFが論争の的でなかったと感じるかもしれない。質問が「プルリクエスト（PR）」に関するものであり、RBFの全体的な概念に関するものではないことに注意が必要だ。つまり、特定のアクションに関するGitHubのコメントセクションを見れば、そのスレッドでの多数の人々がそれに同意しているように見える。しかし、それは膨大な議論が他の場所で行われていたからに過ぎない。日付についても誤解を招く。非公式な議論が「数か月」[13]にわたったとされているが、Bitcointalk.orgのフォーラムスレッドが示すように、RBFは2013年にはすでに熱く議論されていた。

Q&Aには、「『PRが公開されている間』、PRまたはその他の場所で明確な否定的フィードバックはなかった」と書かれている。（強調は私のもの）。しかし、プルリクエストは2015年10月に公開されたもので、マイク・ハーンは2015年3月に自身のウェブサイトでRBFに関する広範な反対意見を発表していたのだ。つまり、7か月前のことだ。

　別のセクションでは、「オプトインRBFはほとんど議論なしに追加されたと聞いたのだが？」と質問され、その答えとして「2015年5月までさかのぼる最近のRBF議論」へのURLリンクが12件載っている。しかし、RBFが2か月前に激しい論争の的であったことは完全に省略されている。このような情報の慎重なコントロールは、新しい人々にビットコインについての誤解を招くものであり、その歴史についての真実を発見する事を非常に困難にする。

ジョン・ディロンは一体誰だったのか？

　ビットコインの歴史には、正体が謎に包まれた人物が何人かいる。サトシ・ナカモトがその代表だが、ジョン・ディロンもまたその一人だ。ディロンはピーター・トッドが提案した「手数料による置換（RBF）」パッチの開発に1,000ドルを支払うことを約束した人物として知られている。また、トッドが制作した「1mb-forever」のアニメーション動画も支援していた。

　トッドが動画制作に取り掛かると、ディロンは次のように書き込んだ。

　「このメッセージを人々に伝えることは非常に重要だ。ビットコインはこの小さなフォーラムよりもはるかに大きなものだ……ビットコインを支払いシステムとしてまったく気にも留めないような、はるかに多くのビットコイン活動が行われていると私は推測している。ピーターはSilk　Road（シルクロード）について言及したが、これは素晴らしいと思う。それはすでにオフチェーンの取引システムだ。

　真剣なビットコイン投資家として、私もまた価値の貯蔵手段に関心があり、くだらないマイクロペイメントには興味がない。そして私のパートナーたちも同じように感じている。また、ビットコインの価値は支払いシステム

であることとはほとんど関係がないことも我々は知っている……」[14]。

そして、問題のアニメーションが完成すると、ディロンは次のように書いた。

「新しい動画をようやく見た。プロのような作品だ。よくやった。以前と同じ方法で2.5BTCを送るから、すぐに受け取ってくれ。10BTCの大きな寄付もあり、しかもそれが125BTCのアドレスからだったのは素晴らしい。寄付がどれも大量のビットコインを保有しているアドレスから来ていて、今数えているところだが現在で250BTC以上というのは本当に意味がある。ビットコインに最も多く投資している人たちが、中央集権化や規制から最も多くを失うことになるというのがよく分かる。これからも戦い続けてくれ」[15]。

ディロンは単なる熱心なスモールブロック派ではなかった。彼はビットコインコア開発者たちと広く会話を交わしていたらしく、ギャビン・アンドレセンは「ジョン・ディロンは非常に洗練されたトロールで、ビットコインを破壊する隠れた意図があるのではないかと疑い始めた」[16]とコメントした。

ギャビンの疑念は正しかったのかもしれない。2013年11月、ディロンは一部の怒ったビットコイナーによってハッキングされ、その結果、彼のBitcointalkアカウントが「ジョン・ディロン」というスレッドを立て、「私たちも情報をリークできるぞ、このトロール野郎」というタイトルが付けられた。その投稿には、ディロンからのプライベートな通信のアーカイブへのリンクと、他の開発者たちとの会話が含まれていた。このリークの信憑性は疑われていない。ディロンはトッドと連携し、ビットコインを高額な決済システムへと変えるプロジェクトに資金提供していたようだ。ピーター・トッ

ド自身も、彼のディロンとの関係について人々が疑念を抱いていることを認識していたらしい。IRCチャットで、トッドとグレッグ・マックスウェルが次のように書いた。

＜ピーター・トッド＞「みんなが知っているように、ジョンと私は『知り合い』であり、その関係を明確にするために、私のPGP署名を彼のキーに付けたいくらいだね」。

＜グレッグ・マックスウェル＞「半分の人は、君とジョンが同一人物だと思っているんじゃないかな」。

＜ピーター・トッド＞「そうだね、彼が私の投稿を一言一句欠かさず読んでいると認めているんだ」。

最も興味深いやり取りは、ディロンとトッドの間のメールで、ディロンが情報機関に関与していると主張している内容だ。メールには以下のように書かれている。

「TORについての件で心配している……公にはしないで欲しい、私の仕事は情報機関に関与しており、比較的高い地位にある。以前は全く違った考えでその職に就いたが、ここ10年でこの分野の考え方は大きく変わった。私自身はスノーデンやアサンジの側にいるが……家族がいると、殉教者になる意欲が失せる。多くの同僚も同じだ。私のビットコインへの支援によって、私たちが行ってきたダメージを少しでも取り戻せることを願っているが、慎重に行動する必要があり、連絡を取るのに必要なすべての予防措置を講じるのは難しい。もし私がビットコインに関与していることが知れたら、結果がどうなるかは言うまでもない……」

トッドはその返信で次のように心配を示している。

「あなたの状況を元スパイの友人に伝えたところ、倫理観を持つ者にとってそうした仕事がどれほど危険かどうかをよく理解している彼から、以下のように言われた。

「1羽の老カラスが強くアドバイスする。自分と家族へのリスクを考え、今やっていることをやめるべきだ。彼の判断と倫理を信頼している。気を付けろ。あなたが行っていることが目標に対して十分な影響を与えているかどうか、よく考えることを勧めるが、その答えはあなた自身が見つける必要がある」[17]。

これらのメールはまるでスパイ小説のようだ。ディロンが本当のことを言っていたかどうかは分からないが、この状況がいかに疑わしいかは注目に値する。「ジョン・ディロン」という名前は、ビットコインのスループットを1秒あたり7トランザクションに制限する動画の制作をピーター・トッドに依頼した謎の人物の仮名だ。ディロンは、「0承認トランザクションの機能を破壊する」ことを目的とした「RBF」の開発に報酬を提供した。ギャビン・アンドレセンは、ディロンがビットコインを破壊する隠れた目的を持っていると推測していたが、その後、リークされたメールでディロンが情報機関の高位のポジションにいると主張していたことが判明した（大丈夫！後になって彼はビットコインの成功を望んでいるとも主張していたから）。これらすべては、世界中の政府、金融、銀行の権力に直接挑戦する、歴史上最も革命的な金融発明の周りで起きた事だ。読者は自分自身で結論を出すべきだが、私の考えでは、2013年末までにビットコインはすでに支配の対象となっていた。

13

ブロッキング・ザ・ストリーム

　オープンソースソフトウェアの開発は、収益化が難しいことで知られている。オープンソースの世界では、最終的な成果物を無償で公開するため、開発者の収入源を確保するのが難しいからだ。プロジェクトごとにさまざまなアプローチがあり、単純な寄付に頼るものから、財団を設立して初期発行コインを確保するもの、マイニング報酬の一部を開発者に割り当てるものまで、多岐にわたる。特に暗号通貨プロジェクトは難しい面が多い。これは、ソフトウェアそのものが金融商品であり、バグが利用者の資産に直接影響を与える可能性があるからだ。このような状況下で、各プロジェクトは独自の資金調達方法を模索し続けている。

　ビットコインの開発プロジェクトも、複雑な課題を抱えたオープンソースの取り組みの一つである。その影響力、規模、複雑さを考えると、これまで試みられてきたあらゆる資金調達方法が議論の的になってきたのも無理はない。というのも、開発者への報酬の仕組みが、システム全体の健全性に大きく関わるからだ。資金調達とプロジェクトの運営方法は密接に結びついており、開発者間で利害が対立する可能性は看過できない問題である。なぜなら、プロジェクトを最も直接的に蝕む方法は、その資金

調達の仕組みを歪めることだからだ。

ビットコイン財団

現在の多くの開発グループとは異なり、ビットコインは当初、ボランティアベースのプロジェクトだった。しかし、その人気が高まるにつれ、開発者への報酬に関する問題が自然と浮上してきた。ソフトウェアの維持管理をより組織的に行う最初の試みが、2012年のビットコイン財団の設立だった。これは、リナックス財団をモデルにしたものだ。ビットコイン財団は、大企業やその他の関心を持つ団体からの寄付を受け入れていた。私自身も寄付を行い、設立メンバーとして理事会に参加していた。財団の最も重要な目標は、ビットコインコアのチーフサイエンティスト兼リードメンテナーであるギャビン・アンドレセンへの資金提供だった。アンドレセンは『ニューヨーカー』誌のインタビューで次のように語っている。

「リナックス財団は、リナックスの中心的な役割を果たし、主要開発者であるリーナス・トーバルズに給与を支払うことで、彼がカーネルに専念できるようにしている……　オープンソース・プロジェクトが一定の規模に達すると、いかにして自立を維持するかは難しい問題である。リナックスは世界で最も成功したオープンソース・プロジェクトなので、それをモデルとして使うのが理にかなっていると考えた」[1]。

財団のもう1つの目標は、規制当局と一般大衆におけるビットコインの評判を改善することであった。当時、ビットコインはしばしば犯罪者の通貨というレッテルを貼られていたからだ。アンドレセンは2014年初頭にリードメンテナーの職を辞し、科学的研究とビットコイン財団での職務により注力するようになった。その年の4月、彼は次のように書いている。

「数年前、私はGoogle　Scholarでビットコインに関する研究論文を通知するアラートを作成した。そして、月に1回アラートが来れば嬉しく思っていた。今日では、ビットコインや他の暗号通貨に関連するコンピューターサイエンスや経済学の優れた論文すべてに追いつくのが、ますます難しくなっている。先週だけでも、Googleは私に読むべき新しい論文を30本も知らせてくれた……はっきりさせておくが、私は姿を消すわけではない。これからもコードを書き、レビューし、技術的な問題やプロジェクトの優先順位について意見を述べていく。私はコーディングを楽しんでいるし、エンジニアリングの現実から離れず、ホワイトペーパーの中にのみ存在する巨大で美しい理論上の城を作るという過ちを犯さなければ、チーフサイエンティストとしてもっとも効果的に働けると考えている」[2]。

　残念ながら、アンドレセンが活動を始めてから間もなく、財団は崩壊し始めてしまった。崩壊の原因は、経営の失敗、透明性の欠如、一連の些細なスキャンダルだった。2014年末までに、組織は機能不全に陥り、一部の理事会メンバーは法的トラブルに巻き込まれた。2015年4月、財団は事実上破産状態にあり、開発を継続するための十分な資金を調達できないことが発表された[3]。そのため同月後半、アンドレセンはMITのデジタル通貨イニシアチブの新プロジェクトに参加した。そこで彼は、他の2人のコア開発者であるウラジミール・ファン・デル・ラーンとコリー・フィールズと共にビットコインの開発を続けることになった[4]。

　ビットコイン財団の失敗と、ファン・デル・ラーンがリード・メンテナーとなったことで、ビットコインは次の3年間でゆっくりと異なるプロジェクトへと変貌を遂げることになった。もし別の世界で財団が成功していたら、この変容が起こり得たかどうかは不明である。この問題について考察し、マイク・ハーンは後に次のように書いている。

「哲学的に見て、暗号通貨の問題の1つは、分散化への取り組みが、あらゆる種類の制度やプロセスに反対する一般的な規則として解釈される（あるいは曲解される）傾向にあったことだ。私もギャビンも初期のビットコイン財団の設立に関わっていたが、それは失敗に終わった。部分的には、設立が早すぎたことや、怪しげな人物が多く関与したことが原因だが、主には疑似リバタリアンたちが、ビットコインには財団や公式の開発プロセスがあるべきではないという理由で、財団を破壊することを目標にしたからだ。

これにより、コミュニティは分散化されたユートピアを得るのではなく、むしろ曖昧で非公式な、仲間内の開発プロセスに陥ることとなった。それは裏チャンネルでの取引、個人の立場を『コンセンサス』として定義しようとする操作的な試み、そして開発者の買収によって動かされていた。もしコミュニティがギャビンによる一連の制度化でコミュニティを組織化しようとする試みを支持していたら、事態は違った展開を見せていたかもしれない。なぜなら、それによりハイジャックに対するより強力な内部的な抵抗力が備わっていたはずだからだ」[5]。

ビットコイン財団の失敗は重大であったが、ソフトウェア開発構造における最も重要な変化は2014年後半に訪れた。一部のコア開発者たちが自分たちの会社、Blockstream（ブロックストリーム）を設立したのである。

Blockstream設立

Blockstreamは結果的に、ビットコインの歴史上最も影響力のある会社となった。その共同創設者は、アダム・バック、グレゴリー・マックスウェル、ピーター・ウィレ、マット・コラロ、マーク・フリーデンバッハ、ホルヘ・テ

ィモン、オースティン・ヒル、ジョナサン・ウィルキンス、フランチェスカ・ホール、そしてアレックス・ファウラーであった。ビットコイン財団とは異なり、-Blockstreamは営利企業として設立された。このことは、他のビットコイナーたちに即座にその事業モデルについて興味を抱かせた。グレッグ・マックスウェルはRedditの「Ask Me Anything」セッションでこの点について質問され、曖昧な回答をした。

「我々は、業界（ビットコインだけでなく、コンピューティング全般）に、暗号技術的に強力なトラストレス技術の空白があると考えている……この分野でインフラを構築し、サポートすることには膨大なビジネスポテンシャルがあると考えている。その一部はビットコインに関連し、一部は関連しない。例えば、企業が事業運営にビットコインを導入するための技術支援、およびサービスなどを提供する。

現在、我々の焦点は基盤となるインフラを構築することにある。これにより、我々が望む収益を生み出すビジネスを構築する場所が実際に存在することになる。そして、それをさらに良い技術の構築に還元していくことを望んでいる」[6]。

Blockstreamは収益を生み出すビジネスの創出に成功したが、結果として深刻な利益相反を引き起こすこととなった。基盤となるインフラを構築する代わりに、彼らは基盤インフラを機能不全に陥れ、今では自ら作り出した問題に対して有料のソリューションを提供している。マックスウェルが重要なインフラの開発の仕事に就くことになったのは皮肉なことである。というのも、彼は以前、ビットコインが使用する主要な技術的メカニズムは実現不可能だと考えていたことを認めていたからだ。彼はこう言った。

「ビットコインが最初に登場したとき、私は暗号技術のメーリングリストに参加していた。ビットコインが実際に誕生した時、私はある意味で笑ってしまった。なぜなら、私はすでに分散型コンセンサスが不可能であることを証明していたからだ」[7]。

Blockstreamが最初に設立され、初回の資金調達を行った際、私は当初、より多くの投資家がビットコインに注目しているのは良い兆しだと思った。しかし時が経つにつれ、彼らの主要な投資家が既存の銀行業界から来ていたことが明らかになるにつれ、私は他の無数のビットコイナーと同様に、より懐疑的になっていった。今、振り返ってみると、Blockstreamの設立は内戦時代の始まりだったと考えている。その設立直後、コミュニティのカルチャーは変化し、意見の相違は敵対的になり、ほとんど誰も真剣に受け止めていなかった過激なスモールブロック派の立場がより声高になり、攻撃的になった。Blockstreamのエンジニアたちは、ビットコインは当初設計されたようにはスケールできないと主張し始め、一方でオンラインフォーラムでは検閲が始まった。対立を避けたいと考えていたリード開発者ファン・デル・ラーンの受け身な態度が現状維持を支持する形で利用され始めた。ビットコインコア開発者たちは、ブロックサイズの制限を引き上げるには彼らの間で「コンセンサス」が必要だと強く主張するようになり、事実上、プロトコルのスケーリングに対して完全な拒否権を持つことになった。

なぜ開発者たちがプロジェクトを引き継ぐために会社を設立し、その後スケーリングを妨げるのか？その答えは単純だ。彼らのビジネスモデルは、ビットコインが基盤レイヤーでスケールしないことに依存している。ビットコインでできることが少ないほど、Blockstreamが有料で提供できることが増えるのだ。

ビジネスモデル

Blockstreamは設立直後から疑惑を招き、数え切れないほどの陰謀論の対象となった。その中には、信憑性の高いものもあった。長年にわたり、人々はビットコインコア開発者たちの奇妙な行動は利益相反によって最もよく説明できると推測してきた。つまり、Blockstreamまたはその投資家がビットコインを制限することで利益を得ているのではないかということだ。しかし今日では、もはや推測する必要はない。なぜなら、彼らはそれについて公然と語っているからだ。Forbesのインタビューで、BlockstreamのCEOのアダム・バックは彼らの収益化戦略の一部を共有し、次のように述べている。「Blockstreamは企業にサイドチェーンを販売する計画を立てており、固定月額料金を請求し、トランザクション手数料を徴収し、さらにはハードウェアも販売する予定だ」[8]。

「サイドチェーン」とは何か？Blockstreamはホワイトペーパーで、その概要を以下のように説明している。

「我々は、ペグ付きサイドチェーンという新技術を提案する。これにより、ビットコインやその他の台帳資産を複数のブロックチェーン間で移転することが可能になる。ユーザーは自身がすでに所有している資産を使用して、新しく革新的な暗号通貨システムにアクセスできる。ビットコインの通貨を再利用することで、これらのシステムは互いに、そしてビットコインとより容易に相互運用できるようになり、新しい通貨に関連する流動性不足や市場変動を回避できる。サイドチェーンは独立したシステムであるため、技術的および経済的イノベーションが妨げられることはない」[9]。

すなわち、サイドチェーンとは、ある台帳上のエントリーを他の台帳上のエントリーと接続することで、異なるブロックチェーンを連携させようと

する試みである。これは面白いアイデアであり、理論的には、より創造的な試みを可能にする。異なるルールとネットワークが異なる台帳上で動作しつつも、ビットコインとの相互運用性を維持できる。これがサイドチェーンがビットコインのスケーリングの代替手段として提案されている理由である。異なるプロジェクトが直接ビットコインブロックチェーン上に構築されるのではなく、連動する形で利用できるからだ。

　サイドチェーンの概念をより明確にするために、例を挙げてみよう。

　例えば、ビットコインが設計された当初よりもさらに小さな単位でナノペイメントを行うための新しいブロックチェーンを想像してみてほしい。これを「ナノビッツ」または「NBT」と呼ぼう。完全に孤立したブロックチェーンではなく、ナノビッツはビットコインブロックチェーンにサイドチェーン統合することで、ユーザーはNBTを引き換えにビットコインをロックアップすることができる。例えば、0.001BTCをロックアップすることで、10億NBTをアンロックできる。そして、ユーザーが自分のコインをBTCブロックチェーンに戻したい場合、10億NBTをBTCに再度交換できる。正しく実装されれば、このようなシステムはより多くのイノベーションを可能にする。サイドチェーンは全く異なるルールで運用できるため、異なる開発チームがコミュニティ全体に自分たちの変更を説得する必要なく新しいアイデアを試すことができるからだ。さらに、このイノベーションはメインチェーンを破壊する恐れなく行うことができる。新しい障害や欠陥がサイドチェーンに限定されるからだ。これが理論上の仕組みだ。実際には、話は異なる。

　サイドチェーンのアイデアは常に私にとって魅力的なものだった。私自身、ポール・ストークが率いるDriveChainプロジェクトを通じて、BTCに

おけるサイドチェーンの開発に資金を提供してきた。しかし、どのようなソフトウェアプロジェクトでもそうであるように、素晴らしく聞こえるアイデアを生み出すことよりも、実際に機能する実装を作り出すことの方がはるかに困難であることが証明されている。

　うまくいけば、サイドチェーンは中央集権的な権限に依存せずに機能するし、それがDriveChainプロジェクトの目指すところだ。Blockstreamは「リキッドネットワーク」と呼ばれるサイドチェーンのバージョンを公開しているが、その仕組みは大きく異なる。リキッドネットワークは「連邦型」のサイドチェーンであり、中央集権型のサイドチェーンやアルトコインとして理解されるべきだ。彼らのネットワークの基本的なセキュリティは、リキッドフェデレーションと呼ばれる少数の選ばれたグループへの信頼に依存している。公式サイトにはこう記載がある。

　「リキッドフェデレーションは、取引所、トレーディングデスク、インフラ企業、ゲーム開発者などを含む暗号通貨関連企業のグループである。このフェデレーションは、リキッドネットワークの運営に不可欠な数多くのタスクを遂行している」[10]。

　現在、このフェデレーションのメンバーはわずか15社であり、そのうち3分の1以上が不正を働けば、ネットワークのセキュリティは崩壊し、ユーザーは資金を失う可能性がある。このネットワークは中央集権的であるだけでなく、BTCをリキッドトークンに交換した後は、もはやビットコインネットワークを使用しているわけではない。代わりに、Blockstreamの独自のリキッドネットワークを使用することになり、すべてのトランザクション手数料が彼らの管理下にあるウォレットに支払われる[11]。これは収益性の高いシステムだ。リキッドはサイドチェーンであり、トランザクション手

数料はビットコインマイナーではなく、直接Blockstreamに支払われる。

BTCをリキッドトークンに交換する理由は何か？

その理由はとてもシンプルだ。BTCの手数料が高すぎるのだ！Blockstreamのテ CEOアダム・バックは、自身のリキッドネットワークがメインネットワークの高い手数料問題の解決策だと公然と宣伝しており、Twitterで次のように述べている。

「もしアクティブにトレーディングしていて高い手数料が嫌なら、リキッドネットワークの使える取引所を利用するか、そうでない取引所に文句を言うべきだ。2分で完了するのに1〜2セントの手数料で済む一方、他の取引所では1時間以上かかる送金に50セント〜2.50ドルも支払っている……解決策の一部になる」[12]。

明確にしよう。彼はBlockstreamのCEOだ。Blockstreamは、ビットコインにとって最も重要な時期に、最も影響力のあるビットコインコア開発者の大多数を雇用していた会社だ。そのCEOが、高い手数料とネットワークの混雑に対する「解決策の一部となるために」、人々を自社の独自ブロックチェーンに誘導しているのだ。一方で、BTCネットワークのパフォーマンスが悪いのは、ビットコインコア開発者がそもそもブロックサイズの上限を引き上げることを拒否したからにほかならない。利益相反は極めて大きい。Blockstreamは、自分たちが引き起こした問題に対する有料のソリューションを売っているようにしか見えない。そして、ビットコインがビッグブロックで動いていれば、リキッドネットワークには存在理由があるのかどうかさえ不明だ。

銀行家の夢

リキッドネットワークからのすべての取引手数料を独占することは、-Blockstreamがリキッドから利益を得る唯一の方法ではない。彼らはまた、リキッドを統合する企業から月額料金を徴収し、自社のネットワーク上でトークンを発行している。2020年には、Blockstreamは、アバンティという暗号通貨に友好的な銀行を目指す新しいスタートアップと技術パートナーを結んだと発表した。公式ウェブサイトにはこう記載がある。

「アバンティは新しいタイプの銀行で、デジタル資産とレガシーな金融システムを結びつけるために作られた、銀行免許を持つソフトウェアプラットフォームである。私たちのチームは、ITと金融の両分野において豊富な経験を持っている。私たちは単なる銀行ではない。私たちは預金機関であり、連邦準備制度におけるUSドル決済銀行としての資格がある」[13]。

スモールブロックのビジョンでは、銀行はブロックチェーンにアクセスする主要な存在として、未来の金融システムにおいて重要な役割を果たし続ける。Blockstreamが技術サービス、コンサルテーション、そしてビットコインの代替となる独自のネットワークを提供することで、そのシステムの重要なプレイヤーとして自らを位置づけるのは理にかなっている。この戦略は今のところ成功している。アバンティは最近、1米ドルと引き換えられると主張するトークン「Avit」を発行することで、利益性の高いデジタル資産市場に参入すると発表したが、完全に米ドルで裏付けされているわけではない。CoinDeskの記事では次のように説明されている。

「Avitは米ドルと1対1で連動しているわけではない。それは現実世界の資産のデジタル表現ではなく、新しいデジタル資産だからだ。しかし、この通貨は伝統的な米国の資産の準備金によって100%裏付けられるこ

とになる」[14]。

　つまり、アバンティ銀行は、実際には米ドルによって裏付けられていないにもかかわらず、1ドルと引き換えられるトークンを発行するということだ。トークンを裏付ける実際の資産は、代わりに利回りをもたらすことになる。このビジネスモデル自体に本質的に間違ったところはないが、暗号通貨の独自の特性を活用することなく、従来の金融システムに同化されてしまう1つの例だ。「伝統的な米国の資産の準備金」によって裏付けられた銀行のトークンは、インフレに弱く、検閲耐性がなく、現状に革新をもたらすものではない。利回りを提供するため、デフォルト（債務不履行）のリスクさえ伴う。トークンを発行する銀行が破綻すれば、ユーザーは結局のところ損をすることになり、信頼できる第三者を必要としない通貨がなぜ魅力的なのかを再び証明することになる。

　ビットコインを取り巻く物語が、既存の金融業界に新たな挑戦を突きつけるというものであることを考えると、Blockstreamが銀行と連携してデジタルドルの発行を支援している事は皮肉である。さらに、彼らは政府と直接連携し始め、資金調達の支援までしている。エルサルバドルでは、国家が10億ドルの資金調達を行うための「ビットコインボンド」の創設をBlockstreamが支援し、保有者に年間配当を支払っている。ビットコインボンドとAvitトークンはどちらもリキッドネットワーク上に構築され、BTCからBlockstreamのサイドチェーンに、さらなるトラフィックが流れ込むことになる[15]。

　ビットコインコア開発者とBlockstreamの間の利益相反は明らかだ。このように歪んだ動機があれば、ベースレイヤーでの安価なピアツーピアのトランザクションというサトシのビジョンが捨て去られたのも当然だ。ビ

ッグブロックは彼らのビジネスモデルを崩壊させてしまうからだ。対照的に、ビットコインキャッシュでは、誰でもトークンを作成し、最小限の手数料でオンチェーンで取引できる。ベースレイヤーではるかに多くのトランザクションを処理できるため、スケーリングのためにサイドチェーンやカストディアルウォレットは必要ない。ただし、必要であれば、サイドチェーンやカストディアルウォレットはビッグブロックでも機能し、パフォーマンスも向上するだろう。

不可解な資金調達

Blockstreamの複数回にわたる資金調達の詳細は、同社のイメージを良くするどころか、陰謀論を煽る結果となった。これまでに約3億ドルの資金を調達している。この額はどの企業にとってもかなりのものだが、特にオープンソースソフトウェアに取り組む企業には異常な額だ。

2016年初頭、Blockstreamが5,500万ドルのシリーズAラウンドを完了した際、人々は眉をひそめた[16]。主要な投資家の1社が、AXAStrategic Ventures (AXAストラテジックベンチャー)というベンチャーキャピタル企業で、フランスの多国籍企業AXAの一部門であったからだ。AXAは、フォーチュン・グローバル500によると、世界で11番目に大きな金融サービス企業である[17]。 当時、AXAのCEOはアンリ・ド・カストリで、国際金融システムの大物だった。2015年のニュース記事で、The Guardian紙はド・カストリを次のように描写している。

「アンリ・ド・カストリは、おそらく世界で最も権力のある男だ。彼は世界最大級の保険会社AXAのCEO兼会長を務め、フランスの名門カストリ家の一員でもある。また、ヨーロッパと北米の政治家やビジネスリーダーが毎年非公開で集まり、『世界が直面するメガトレンドや重要な問題』に

ついて議論するビルダーバーググループの議長も務めている。陰謀論者から見れば、彼こそが世界を秘密裏に運営する黒幕だ」[18]。

　ジョン・ディロンの謎が陰謀論の材料になるだけでなく、ビットコインの歴史にはビルダーバーググループとの実際の関係も含まれている。ビルダーバーググループは、その極めて秘密主義的な会合と、政治、金融、学術、メディアの各業界の最も権力のある人物たちが参加することから、数十年にわたり物議を醸してきた。1950年代から活動しており、トニー・ブレアやビル・クリントンといった国家元首、ベルギー、ノルウェー、スペインの王族、ビル・ゲイツやジェフ・ベゾスのような大物実業家、大企業や銀行、ニュースアウトレットのCEOや創業者など、名だたる権力者が数多く参加している[19]。多くの権力者が集まり、秘密の会合を開くと、陰謀論が生まれるのは避けられない。正当かどうかに関わらず、歴史的に見て一部の陰謀が実際に存在していたことは知られており、こうした会議が世界情勢に何らかの影響を与えていないとは考えにくいし、それが会議が開かれる理由の1つだろう。彼らの実際の影響は不明だが、ゼロではないことは確かだ。

　結局のところ、これらのつながりの意味を知ることは不可能だ。CEOがビルダーバーグ会議の議長を務め、世界最大級の金融サービス会社の1つである企業の子会社からBlockstreamが資金提供を受けたことは、喜ばしい偶然かもしれない。私には本当のところはわからない。だが、少なくともこのつながりはここで言及しない訳にはいかないほど興味深いものであり、ビットコインの多彩な歴史の一部なのだ。

　研究者たちは、Blockstreamに流れ込む資金の流れを追跡しようと試みてきたが、興味深いつながりや利益相反の可能性は多数あるものの、

明確なものは何もない。例えば、デジタルカレンシーグループ（DCG）は、-
Blockstreamを含む多数の暗号通貨プロジェクトに投資した後、疑惑を
呼んだもう1つのベンチャーキャピタル企業だ。2015年にこの企業が設
立された際、初期資金は、ビットコインの直接の競合であるマスターカー
ドを含む、既存の金融企業から提供されたのだ[20]。 しかし、マスターカー
ドがビットコインの開発を支配しようとする邪悪な陰謀に関与していると
いう決定的な証拠はない。マスターカードは間違いなくビットコインの潜
在的な破壊力を知っていたが、その投資の背後にある意図を知ることは
不可能だ。暗号通貨への投資とイノベーションの波に乗りたかっただけ
なのかもしれないし、ビットコインのコードを最も支配している企業に影
響力を持ちたかったのかもしれない。両方のシナリオを容易に想像でき
る。

　Blockstreamの最大の資金調達は2021年に行われ、シリーズBラウン
ドで2億ドル以上を調達し、企業価値を32億ドルにまで引き上げた[21]。こ
の巨額の資金調達は、主なビットコインコア開発者の取り込み、BTCの
市場シェアの大幅な減少、2017年のビットコインキャッシュ分裂、そして
取引手数料の急騰と承認時間の劇的な増加を招いた複数のネットワー
ク障害の数年後に行われたものだ。純粋にビジネスの観点から見れば、
投資家はBlockstreamの代替ネットワークが、将来、BTCのメインネット
ワークのトランザクションと競合することで多額の収益を生み出すと信じ
ていると解釈できる。寛容でない解釈としては、Blockstreamは、重要な
時期にビットコインの開発を妨害し、既存の金融システムに似たものに
根本的に変えたことで、多額の報酬を受け取ったという解釈だ。ビット
コインがその可能性を最大限に発揮していたら、数億ドル程度は銀行が失
うかもしれない金額に比べれば取るに足らない。ビットコインの早期参

入者でインターネット界の有名人であるステファン・モリニューは、既存の金融・政治的利害関係者がビットコインを脅威と認識し、徐々に支配しようとするだろうと2014年の時点で予測し、懸念を抱いていた。彼はこう述べている。

「ビットコインが直面している巨大な存在がどれほど大きいかを人々が理解することは非常に重要だ。金融複合体は、この技術を押さえ込もうとするだろう。しかし、完全に殺しはしない。今や大きくなりすぎて、人々に彼らが何をしたか見られてしまうからだ。代わりに彼らが試みるのは、多くの人々にとって使用が面倒になるまで少しずつ砂を投げ続け、『面白いアイデアだったが、人々が望んだようにはうまくいかなかった』と言うことだ。これは大きな危険だと思う」[22]。

モリニューの予言は的中したかもしれない。悪意があったかどうかに関わらず、2024年のビットコインは2014年のビットコインに比べて、既存の権力にとってはるかに脅威が少なくなったと確信を持って言える。ビットコインは扱いにくいネットワークとなり、ユーザーはより良い体験を得るために二次的な管理された層へと押しやられている。カストディアルウォレットも簡単に管理でき、信頼できる第三者の必要性をシステムに再び持ち込んでいる。大局的に見れば、ビットコインの再設計は既存の金融システムと驚くほど似ている。一般のユーザーは自分の資金を完全に管理することができず、金融サービスを提供する企業を必要とする。この新しいシステムの恩恵を主に受けているのは、巨額の価格上昇の恩恵を受けた早期参入者たちだ。ビットコインの当初の設計と目的の観点から見ると、Blockstreamによるプロトコルへの影響は壊滅的だった。BTCはオリジナルのビットコインとは似ても似つかず、将来的にも元のビットコインの姿を取り戻す可能性は低い。

　幸いなことに、Blockstreamは全ての暗号通貨開発を独占しているわけではない。ビットコインキャッシュの開発者たちは2017年に彼らの支配から逃れることに成功した。ただし、そのプロセスは容易ではなく、膨大な苦痛とドラマを伴った。

14

中央集権化する管理

　ビットコインソフトウェアの管理の中央集権化は一夜にして起こったわけではなく、数年かけて起きたことだ。そこに至る間、反対意見は常に存在した。ビットコインコアとBlockstreamに対する批判は至る所にあったし、特にギャビン・アンドレセンがコアの主任メンテナーを辞めた後は顕著だった。振り返ってみれば、ビットコインの開発が本来の目的から逸脱したことは明らかだが、その変化が進行している最中には、状況を正確に把握することは困難だった。開発プロセスの支配権が略奪されたことを直接的に批判する声は限られていた。なぜなら、業界の主要プレイヤーの大半が、ネットワークの分裂を何としても避けようとしていたためだ。加えて、Blockstreamが設立後しばらくの間ビジネスモデルを明示しなかったため、明らかな利益相反の存在は推測の域を出なかった。しかしながら、明瞭な事業戦略が異例なほど欠如していることについては、2014年に同社の投資家を取り上げたウォールストリートジャーナルの記事で即座に指摘されていた。

　「Blockstream社は、オープンソースのソフトウェア開発をいかにして企業の利益に結びつけるかという具体的なロードマップを持ち合わせ

ていない。むしろ、投資家たちは同社の共同創業者たちの評価を信頼の拠り所とし、それを元に投資を行った。しかしながら、Blockstreamの事業計画が不明瞭であったがゆえに、投資家に対してリターンの見込みを示す必要がある多くのベンチャー投資家にとって扱いづらい案件となった。

あるファンドのマネージャーは、そのような曖昧な計画には投資できないとして、提案を断ったと言う。ホフマン氏は自らの非営利組織を用いて資金提供を行ったと明かした……Blockstreamの初期投資ラウンドは『利益追求ではなく、ビットコインエコシステムの育成に注力すべきだ』という強い思いがあったからだ……

一部のコメンテーターは、このような知的権威を持つ営利企業が、元来はコミュニティが所有し分散管理されるはずのビットコインネットワークに対し、過剰な力を持ちうることに警鐘を鳴らしていた。[共同創業者オースティン・ヒルは]それゆえに、Blockstreamが明瞭な形で、『公共の利益のために設立され、ビットコインをハイジャックするためではない』ことを明らかにすることが非常に重要だったと説明した」[1]。

オースティン・ヒルの本心がどうであれ、結果としてBlockstreamはビットコインをハイジャックする事になった。過去を振り返れば全て明白に見えるが、ビットコインの歴史を辿る際、当時の不明確な状況を理解することが肝要だ。Blockstreamがリキッドネットワークをビットコインブロックチェーンの代替案として堂々と提唱し始めるまでには長い年月がかかった。これはBlockstreamの周到な作戦だった。もし彼らが最初から自社ネットワークをスケーリングの切り札として宣伝していたら、嘲笑の的となり、激しい抵抗に直面していたに違いない。代わりに、ビットコインコアと

Blockstreamによる権力の中央集権化は、緩やかではあるが着実に進行した。彼らはネットワークの主導権を握るため、ファン・デル・ラーンの頼りないリーダーシップと対立を避けたがる性向を利用し、小さなチャンスを巧みに利用した。最も重要なのは、「開発者間のコンセンサス」という概念を使い、実質的にソフトウェアへの拒否権を獲得したことだろう。たとえその拒否権がシステムの根幹や経済原理を大きく覆すものであったとしても、だ。ジェフ・ガルジクは、彼らがブロックサイズ制限の引き上げを拒否したことについて、公開メールで次のように警告した。

「これは極めて危険な道義的危機だ。ビットコインコアの一部のコミッターがブロックサイズの引き上げを阻止し、それによってビットコインの経済原理を改変し、特定の事業者をシステムから排除できてしまう。ブロックサイズを引き上げ、現在の経済原理を維持する方が、そのような権限の濫用を避けるという点で、倫理的リスクは少ない」[2]。

プログラマブルマネーかスパムか?

コア開発者たちが主導権を主張した分野は、ブロックサイズ制限にとどまらなかった。

他の重要な例として、「スパムトランザクション」という概念の定義づけと、ビットコインのスマートコントラクト機能に対する態度が挙げられる。今やBTCのソフトウェアから取り除かれ、ほぼ忘れられているが、ビットコインは本来、イーサリアムで注目を集めているような高度な計算を伴うスマートコントラクトの処理能力を持つよう設計されていた。ビットコインのスマートコントラクト機能は、後発の暗号通貨ほど使いやすくはなかったが、それでも多様な機能を有していた。これらの機能の大部分は、ビットコインキャッシュにおいて復活を遂げている。

　コア開発者たちは、ビットコインのデジタルキャッシュとしての実用性を損なっただけでなく、本来備わっていた重要な機能まで取り去った。なぜ彼らはそのようなことをしたのか？　ブロックサイズ制限の拡大を拒んだのと同様の理由だ。それが彼らの考えるビットコインの新たな方向性と矛盾していたのだ。サトシの理念に同調できなかった彼らは、ブロックチェーンを大口取引に限定して使用するという独自のビジョンを打ち立てたのである。

　小額の支払いやスマートコントラクトなど、それ以外のものはすべて「スパム」として指定され、コア開発者によって制限されるリスクがある。Counterparty（カウンターパーティ）のチームは、この事実を痛い目を見て知ることになった。

　Counterpartyは、ビットコインのより多様な技術的特性を早期に活用した最初のグループの1つだった。彼らはビットコイン上に事実上の分散型デジタル資産登録システムを構築した。ユーザーはベースレイヤーで独自トークンを直接発行し、取引することができた。その実現方法の技術的詳細は、ある特定機能を除き重要ではない。ビットコイン創設以来、ユーザーはブロックチェーンにデータを追加でき、単なる金融取引を超えた処理が可能だった。Counterparty開発者を含む多くの人々がこの機能を活用して様々な製品を生み出した。だが、コア開発者たちはこのようにビットコインが利用されることに不満を抱いた。ブロックチェーンが「肥大化」すると考えたためだ。しかし、ユーザーがこれを行うのを完全に防ぐことは不可能なため、コア開発者たちはブロックチェーンに少量のデータを追加する明示的な機能をできるだけ制限した形で作ることを決定し、それを「OP_RETURN」と呼んだ。

　OP_RETURNの当初の発表では、80Bのデータをトランザクションに組み込むことが可能とされていて、これはマイナーやノードが容易に無視できるものだった。Counterpartyの開発陣は、この80Bという容量を前提に、彼らの新しいプラットフォームを設計していた。しかし、OP_RETURNの最終版がリリースされると、そのサイズは半分になり、80Bを前提に開発されていたプロジェクトは事実上機能停止に追い込まれた[3]。この決定は、一般ユーザー、コア開発者、そしてCounterpartyの開発者間で熾烈な議論と対立を引き起こした[4]。

　コア開発者たちの決定は多くの人々に悪印象を残し、反革新的だと考えられた。この対立に強い関心を示したのは、他でもないヴィタリック・ブテリンだった。彼は、この論争がイーサリアムを独立したブロックチェーンとして開発する決断を下した要因の1つだと述べている。

　「OP_RETURNを巡る騒動が、私にビットコインではなくプライムコインをイーサリアムの基盤として選択させる契機となった。だが、プライムコインの計画は最終的に取りやめとなった。というのも、私たちが予想以上の注目とリソースを獲得し、それによって独自のベースレイヤーを構築することができたからだ……」[5]

　そして別の場所で彼はこう述べている。

　「ETHプロトコルの最も初期のバージョンは、プライムコインの上に構築されたCounterpartyと似たメタコインだった。ビットコインを採用しなかった理由は、当時OP_RETURNを巡る抗争が続いており、一部のコア開発者の発言から判断すると……私はプロトコルの規定が予期せず修正される（例えば、トランザクションへのデータ付加方法の一部が制限されるなど）リスクを懸念していたからだ。そのような不安定要素を含むべ

ースプロトコル上での開発は避けたかった。ベースプロトコル開発陣と対立するリスクは避けたかったのだ」[6]。

グレッグ・マックスウェルは、コア開発者の行為がブテリンのビットコイン離脱の決定に影響を与えたという主張に対し、明らかな動揺を示しながら反論し、次のように述べた。

「この論点を支持する証拠を、ほんの僅かでも示せるのか？　OP_RE-TURNとイーサリアムの間に、なんの関係があるというのだ。そんなものはない」[7]。

それに対してブテリンは次のように答えた。

「OP_RETURNを巡る騒動を忘れたのか？要するに、40Bへの削減を、ビットコインブロックチェーンを利用する[Counterparty型の]メタプロトコル（つまりイーサリアムが本来なるはずだったもの）への攻撃だと受け止めたということだ」[8]。

才能を遠ざける

Counterpartyの主な開発者の多くは、数多くの革新的な人材と共に、最終的にビットコインブロックチェーンからイーサリアムブロックチェーンへと活動の軸足を移した。現在に至るまで、イーサリアムは技術革新に対してより寛容な文化と基盤を持つプラットフォームとして評価されている。暗号通貨起業家のエリック・ヴォーヒーズは後にこう書いている

「残念ながら、［ビットコインマキシマリストたちの影響で］、ビットコインの環境は革新的な試みやアプリ開発者を受け入れ難いものになってしまったと思う。彼らはイーサリアムへ移動し、今やネットワーク効果が

明確にそちらに集中している。しかし、マキシマリストたちはこの状況を気に留めていないようだ。彼らには良くも悪くも、独自のゴールド2.0という理念があるのだ」[9]。

　コア開発陣が人々をビットコインから遠ざけた結果、彼らはネットワーク全体を統括する中央集権的な権威としての地位を固めた。彼らは革新的な実験をどこまで許容するかを決める権限を持っていた。さらに、機能の追加を通じて、どのプロジェクトが実現可能かを決定する力も持っていた。このため、コア開発者との個人的な関係が重要性を増した。また、彼らはビットコイン開発を取り巻く文化的風土を醸成することとなった。その文化は往々にして過剰で、革新に敵意を示すものだった。彼らの姿勢が開放的であれ厳格であれ、肝心なのは彼らがこうした影響力を有していたという事実だ。

　ブロックチェーンの革新的な使用方法に対するコア開発陣の敵意は、ビットコインが「プログラマブルマネー」であるという一般的な認識と対比すると、特に皮肉な印象を与える。

　OP_RETURN機能の実装から1年も経たないうちに、グレッグ・マックスウェルは次のような見解を示している。

　「OP_RETURNには深刻な欠点があることが明らかになったと思う。そしてブロックチェーンにビットコインとは無関係なデータを格納することが、許可された、適切な、そして社会的に許容されるシステムの利用法だと考える人々との対立が継続している」[10]。

　マックスウェルの理想では、ユーザーは宗教集団の信徒のように、上層部から与えられた認可された行為のリストに忠実であることが期待さ

れている。こうした柔軟性を欠いた統制は独創性の芽を摘み、潜在的に数十億の人々が参加する可能性を秘めたネットワークには適さない。個々のユーザーに技術の「許可された」用途を把握させることなど不可能だ。ユーザーは単に自分にとって便利な機能を活用するだけだろう。

　起業家や革新的な専門家たちは、構築中のプロトコルが、開発者の意見変更やブロックチェーンの特定の利用法の禁止により突然機能不全に陥らないという保証を必要としている。実際、ビットコインへの規制が厳しくなればなるほど、多くのユーザーがより多機能な代替システムへ移行してきた。ギャビン・アンドレセンが2014年に下記のように推測したように、これは計画された結末だったのかもしれない。

　「ごく少数の人々は、トランザクションが法定通貨やアルトコイン、あるいはより中央集権化されたブロックチェーン外のソリューションに移行する方が良いと信じている。私はこの見解に断固として反対の立場を取る」[11]。

　幸いなことに、ビットコインキャッシュがリリースされた際OP_RE-TURNは最優先でアップグレードされ、220Bにまで拡大された。この追加スペースは、ビッグブロックと組み合わさることで、BTCでは実現不可能なブロックチェーンのより創造的な使用法を可能にする。ビッグブロック哲学の中では、データ使用量の増加は重大な懸念事項ではない。一般ユーザーは独自にノードを運用する必要がなく、マイナーはこのデータを簡単に除去できるためだ。グレッグ・マックスウェルが承認しないとしても、是非あなたもこの機能を活用し、新しい使用法を見つけてみてほしい。

　プログラマブルマネーが長期的に成功するためには、手数料が低いこ

とも極めて重要だ。現在は高額手数料に対する見方が変わってきている
が、最初は5セントの取引手数料でさえ冗談のように高いと考えられてい
た。ある著名なインタビューで、ヴィタリック・ブテリンは以下のようにコメ
ントしている。

「現在、ビットコインの取引手数料は5セントだ。これは……今のところ
は良しとしよう。PayPalの手数料はもっと馬鹿げているからだ。だが、イン
ターネット上の通貨が1回の取引で5セントも取るのはおかしい。[笑]　こ
れは馬鹿げている」[12]。

暗号通貨業界全体で手数料が高止まりしているにもかかわらず、ブテ
リンの見解は正当だった。大多数のトランザクションで1セント以上の手
数料がかかるのは、ある意味馬鹿げており非合理的だ。プログラマブル
マネーの有用性が5セントの手数料で妨げられるとすれば、50ドルの手
数料ではどれほど妨げられるか想像してみてほしい。Bitpayのスティーブ
ン・ペアも同様の意見を共有し、決済システムとしてのビットコインの競争
力についてこうコメントしている。「平均的なオンチェーン送金に1ペニー
かかるようでは、競争力は持てない」[13]。実現できない技術的理由は全く
ない。ビットコインキャッシュのネットワークではすでに実現されている。

コアの信頼喪失

OP_RETURNやその他の小さな機能を巡る論争は、ブロックサイズ制
限の引き上げを拒否したことから生じた怒りに比べれば取るに足らない
ものだった。特に、主要なコア開発者たちが以前は制限の完全な撤廃を
望んでいなかったとしても、引き上げが必要だと同意していたからだ。ピ
ーター・ウィレは2013年にこう書いている。

「ハードフォークを通じてブロックサイズの制限を引き上げることには賛同するが、その制限を全面的に廃止することには断固反対だ……私の案としては、10MBか100MBブロック（これは要検討）への1回限定の増加、そしてその後は最大でもゆるやかな指数関数的成長に留めることだ」14。

　彼らの発言とは裏腹に、彼らの行動はビットコインの重要な成長期に発展を阻害し、最終的に彼らのスモールブロック思想はより極端化した。2013年頃からビットコイン支持者たちは至る所で不満を募らせ始め、2014年には批判の声を強め、2015年には完全に失望していた。この心情を最も適確に表現したのは、グレッグ・マックスウェルとの公開メールのやり取りにおけるマイク・ハーンだった。ハーンは、スモールブロックが最初から意図されていたと主張するマックスウェルの言葉を引用してメールを開始した。

　「『ビットコインのユーザーが、小型デバイスでも検証可能な状態を保つためにブロックチェーンの容量を制限し、それによってネットワークの分散性を保護したいと考えることは……広く認知されていた』。

　そんな事実は存在しない。それは君が後から勝手に作り上げたものだ。『小型デバイス』の明確な定義さえないのだから、そのような合意があったはずがない。実際の認識はむしろ正反対だった……私に向かって計画の内容についてでっち上げを言わないでくれ……

　もしサトシが当初から『ビットコインには拡張性がない。それは厳格に制限され、ごく少数の人々による稀な取引のみに利用されることを意図している。1MBの制限は、決して広く普及しないことを保証するための制限として設定した』と言っていたとしたら……

　私は当初から興味を持たなかっただろう。『ふむ、人気が出ないことを意図して作られたシステムに尽力する気にはなれないな』と言っただろう。そして、他の多くの人々も同じように感じただろう……」

　ハーンは、メールの最後で、マックスウェルにビットコインのハイジャックや個人的な好みに合わせた改変を避け、代わりに独自のアルトコインを開発することを提案した。

　「いいか、ビットコインの本来あるべき進化の道筋が君の個人的な好みに合わないのは明らかだ。それはそれで問題ない。君は自分のアルトコインを作ればいい。

　そのアルトコインの設立文書で、それが2015年モデルのRaspberry Pi（ラズベリーパイ）、または君が「小型デバイス」と呼ぶものの上で常に動作することを意図していると明記すればいい。プロトコルからSPV機能を取り除いて、全ユーザーが完全検証を実施しなければならないと明記すればいい。君のアルトコインの目的を、スタート時から全員が理解できるようにするんだ。

　そうすれば、誰かが「処理能力を増やせないか」と提案した際、設立時の声明を参照して『いや、グレッグコインは常に小型デバイスで検証可能であることを目指しているんだ。これが我々の共通理解であり、そのためにコンセンサスルールに組み込まれているんだ』と主張できる。

　だが、一時的なハックを使ってビットコインを君の思い描くアルトコインに変質させようとする君の必死の試みは、多くの人々を大いに動揺させている。今日のこんなに少ないユーザーベースのために、みんな仕事を辞めて会社を作り、製品を生み出したわけではない」[15]。

マイク・ハーンほど状況を鋭く捉え、適切に表現した人物は他にいなかった。これは過去も現在も変わらない。ハーンとギャビン・アンドレセンは、ビットコインに関して同じ技術的ビジョンを共有していたが、ハーンは明らかにより挑戦的な姿勢を示していた。ビットコインの失敗と、今日の変貌した姿を見て、ハーンが抱いた怒りと不満は正当なものだったと考えられる。そして、彼の見解に共感する人々が確かに存在していたのは間違いない。

「我々の新たな支配者たち」

その後、暗号通貨とビットコインの有力な提唱者に成長したアンドレアス・アントノプロスもまた、オンラインフォーラムでコア開発者、特にマックスウェルの振る舞いへの不満を表明し、次のように述べている。

「マックスウェルは以前、誤った出典を示した引用を何度も投稿し、それを取り消したり謝罪したりしなかった。彼の提示する引用は非常に怪しいものとして扱うべきだ。特に選択的で、短縮され、文脈を無視し、誹謗中傷を目的としているものがある。これが彼の典型的な戦略だ。彼は自分の意見を唯一の正当なものとして合理化し、我々が愚かでなければ皆が受け入れるはずの何か『中立的な』意見だと思っている。

この論争において事実上力を持っていたのは、3〜4人の開発者の意見だった。彼らは自分たちが既に決定したこと以外の結果につながるプロセスを一切望まなかった。彼らは論理を歪め、方針を変更し、正当化を試みたが、最終的には当初から意図していたことを実行した。それは特定の意見を排除と命令により、強制的に検閲することだった。

新しい独裁者たちに栄光あれ。彼らは単なるプログラマーではなく、PR

マネージャーでもあり、ビットコインの所有者だ。彼らがよく口にするように、不満があるなら……フォークすればいい」[16]。

2014年の後半、ギャビン・アンドレセンがビットコイン財団に在籍していた時期に、彼はスケーリングに向けた計画を発表した。ブロックサイズ制限の引き上げの必要性を説く無数のフォーラム投稿、ブログ記事、メールのやり取りを経て、彼は遂に行動を起こすべき時が到来したと判断した。

「スケーリングの次なる課題は、コードに埋め込まれた1MBのブロックサイズ制限だ。これにより、ネットワークの処理能力は約7トランザクション/秒に制限されている……トランザクションの量が大容量ブロックを必要とする段階で、この上限を引き上げることは常に想定されていた……

『サトシがそう言ったから』というのはそれだけでは十分な根拠にはならない。だが、ビットコインの当初の構想に忠実であり続けることは極めて重要だ。その理念こそが、人々がこの新しく、リスクのある技術に時間、エネルギー、資産を投じさせる動機となっているのだ。

私の考えでは、最大ブロックサイズを拡大する必要があるのは、2,100万コインの上限を絶対に引き上げてはならない理由と同じだ。人々は、システムが多数のトランザクションを扱えるようにスケールアップすると認識していたからだ。これは、ビットコインが永遠に2,100万枚しか存在しないと言われたのと同等の約束なのだ」[17]。

この投稿が書かれてからわずか数か月後、コア開発者たちがブロックサイズ制限を引き上げるつもりがないことが明白になった。サトシが設計

したようなビッグブロックのビットコインが存在するためには、ハーンとア
ンドレセンが自ら行動を起こさなければならないことが明らかになった。

15

反撃

　延々と議論が繰り返されたが、何も解決しなかった。ビットコインの拡張性は改善されず、スモールブロック派は一切の譲歩を拒んでいた。2015年5月、コア開発者のマット・コラロはこう書いている。

　「個人的には、近い将来のブロックサイズ引き上げへのいかなる約束にも強く反対だ。長期的には、ある程度手数料が高く、ブロックが常に満杯か、ほぼ満杯である必要がある。現在、ほぼ手数料なしに、次のブロックでトランザクションが楽々と承認されている……」[1]

　その年の後半、コア開発者たちを回避する決断がなされた。新たなソフトウェア実装の開発が不可欠となり、ハッシュパワーの過半がそちらに移行すれば、ネットワークはコアを完全に迂回できるはずだった。ビットコインには複数の実装が存在すべきという考えは当初からあった。そのため、コア開発者たちの強硬な態度は、むしろ競争を始める絶好の機会となった。この決断がビットコインの歴史に大きな転換点をもたらすこととなる。

ビットコインXTとBIP101

マイク・ハーンとギャビン・アンドレセンは、ソフトウェアに軽微な変更を加えるためビットコインXTという代替実装を既に作成していた。ビットコインXTはビットコインコアと互換性を保っており、どちらを使用してもユーザーは同一のビットコインネットワークに接続できた。これによりハーンは、ビットコインを通貨として使用するクラウドソーシングプラットフォームLighthouse（ライトハウス）という別プロジェクトに着手できた。Lighthouseを正しく機能させるには、コアソフトウェアにわずかな変更が必要だったが、それがほぼ不可能だと分かったため、彼は独自の実装を作ることを決めたのだった。この代替実装がビットコインコアのビッグブロック版として選ばれた。サトシはホワイトペーパーでこのアップグレードメカニズムについて次のように述べている。

「プルーフ・オブ・ワークは多数決による意思決定をどう表現するかという問題を解決する。本質的に1CPUにつき1票の仕組みだ。多数の決定は最大のプルーフ・オブ・ワーク労力が注がれている最長のチェーンで表される。

マイナーたちはCPUパワーで投票し、有効ブロックの延長作業を行うことでそのブロックを受け入れる姿勢を示し、無効ブロックの作業を拒否することでそのブロックを受け入れない姿勢を示す。必要なルールやインセンティブは全て、このコンセンサスメカニズムで強制可能だ」[2]。

ビットコインXTの狙いは、ネットワークの技術的改善にとどまらなかった。ビットコインコアのソースコードに対する独占的な管理権を終結させ、XTをオンライン上の主要開発ハブとして確立することも企図していたのだ。これによって、コア内部の不適切な意思決定者や非効率的な決定

メカニズムを無効化できるはずだった。The New Yorker（ザ・ニューヨーカー）誌のジャーナリストは、この戦略についてアンドレセンに踏み込んだ質問を投げかけた。

「XTが完全に採用された場合、従来のビットコインコア開発チーム全員を新たなXTチームに迎え入れるのか質問した。アンドレセンの答えによると「[XT]は異なる開発者群で構成されることになり、分岐の目的の1つは、ソフトウェア開発における明確な意思決定プロセスを確立することだ」[3]。

本来のビジョンに賛同する者は、「ついに来たか！」と思ったかもしれないが、ビットコインコアを迂回するという決断は非常に難しいものだったことを覚えておいてほしい。当時、暗号通貨の世界全体はほぼ1つのビットコインコミュニティとネットワークに統一されていた。多くのビットコイン企業家と話をしてきたが、コアに対する不満はほぼ共通していたが、それ以上にネットワークを維持したいという願望が強かった。事態が悪化すれば、コミュニティや経済が分裂する可能性があったからだ。

コミュニティを1つに保つこと

コミュニティの分裂のリスクは、ネットワークの崩壊リスクと比較する必要があった。もしブロックが満杯になり、手数料が急騰し、ネットワークがトランザクション負荷に対応できなくなれば（当時は前例のない事態だった）、ユーザー体験は耐え難く信頼性のないものとなり、人々がビットコインを完全に諦めてしまう可能性があった。2015年当時、ビットコインはまだ広く普及しておらず、金融業界の多くの人々がその失敗を望んでいた。したがって、ブロックサイズ制限を引き上げて危機を回避する必要があり、コア開発者を解任する必要があったが、業界は適切なタイミングま

で待つ必要があった。振り返ってみると、BTCでの複数回のネットワーク障害を目撃した今では、一般の人々がそれを許容できることは明らかだ。おそらく、コアの主張を受け入れているか、あるいは他の選択肢を知らないためだろう。高額な手数料はBTCに悪影響を及ぼしているが、現時点では、その信頼性を決定的に損なうには至っていない。

ビットコインの開発では、ソフトウェアへの新規変更を提案する正規の手順が設けられていた。開発者は「Bitcoin Improvement Proposals（ビットコイン改善提案）」、略して「BIP」を作成した。BIPには小規模な改善から大規模な変更まで様々な内容が含まれていた。BIPが作成されると、意見の不一致があった場合、その提案を受け入れるべきか拒否すべきかを議論することになった。これまでにもブロックサイズの増加を許可するためのBIPがいくつか提案されてきたが、いずれもビットコインコアに取り入れられることはなかった。

マイク・ハーンらが提案したBIP101は、ブロックサイズ制限を直ちに8MBに引き上げ、以降各ブロックで僅かずつ増加させ、2年ごとに制限を倍増する内容だった。2035年までに新たな上限8GBに達し、毎秒約4万件のトランザクション処理を可能にする計画で、当時のVISAの処理能力を遥かに凌駕する規模だった。後年、ハーンはこの提案を回顧し、こう述べている。

「2015年8月、深刻な運営ミスにより、ピアツーピアネットワークを稼働させるプログラムを維持する『ビットコインコア』プロジェクトが、ブロックサイズ制限を拡大するバージョンをリリースしない方針が明らかになった。これを受け、私を含む複数のベテラン開発者が結集し、制限引き上げに必要なコードを開発した。このコードはBIP101と名付けられ、我々

はビットコインXTという改良版ソフトウェアでこれを発表した。XTを採用することで、マイナーは制限変更に対する投票権を得た。ブロックの75%が変更に賛成すれば、ルールが修正され、より大きなブロックが許可される仕組みだった」[4]。

アップグレード方式は簡潔で分かりやすかった。ビットコインXTを運用するマイナーが投票し、ハッシュレートの圧倒的多数がBIP101に賛成なら、2週間の移行期間後に有効となる。BIP101は「ハードフォーク」アップグレードと見做された。これは、互換性を保持する「ソフトフォーク」とは対照的に、過去のソフトウェアバージョンと互換性がないためだ。サトシが以前急いでブロックサイズ制限を追加したため、その増加にはハードフォークが必要だった。コア開発者たちはハードフォークに激しく抗議し、ネットワークの障害や分裂を引き起こす可能性があると主張した。実際、彼らの多くは、ハードフォークを行うよりもビットコインの経済性全体を変更する方がリスクが低いと主張した。ビットコインコアのピーター・ウィレはこう述べている。

「我々が経済の変化を恐れるあまり、ハードフォークのリスクを受け入れるのであれば、ビットコインコミュニティは未だ変化に対処する準備ができていないと私は考える」[5]。

今になって考えると、ハードフォークを巡る騒動は過剰反応だったように見える。ほぼ全ての暗号通貨プロジェクトがハードフォークを実施している。重要なコードの更新、バグの修正、技術的負債の軽減には不可欠な手段だからだ。イーサリアムは定期的にハードフォークを行い、ビットコインキャッシュもリリース後、複数回実施している。しかし2015年当時、この前例はまだ確立されておらず、コアはハードフォークがネットワーク

を崩壊させる可能性があるという不安を掻き立てることができた。実際には、アップグレードにソフトウェアバグがあってネットワークが混乱したとしても、過去の重大なバグと同様に単に修正されるだけだろう。混乱のリスクは、システム全体を根本から変革するリスクに比べれば無視できる程度だ。まるで風邪予防のために化学療法を受けるようなものだ。

　私の考えでは、BIP101を取り巻くビットコインコア開発陣の不安の本当の原因は、ビットコインコアが開発権限を失い、オンラインのコードリポジトリへの管理権を失うことにあった。XTがBIP101を採用し、コアが採用しない場合、両者の実装はプロトコルレベルで互換性がなくなり、少数派の実装がメインネットワークから「分岐」することになる。これはコアとその支持者に致命的だが、変更に75%のマイナーの賛同を求めることで、一般ユーザーへの混乱は最小限に抑えられる。残りのマイナーは、より大きなブロックを許容するようソフトウェアを更新するか、独自のブロックチェーンを構築するかの選択を迫られることになる。

　ビットコインXTの歴史は、ビットコインが人間の影響力の及ばないところにあるという考えを永久に覆した。むしろ、ビットコインは深く社会的であり、その歴史はソフトウェアコードが自動的に書かれることで形作られるのではなく、社会的、経済的、政治的文脈の中で個人が難しい決断を下すことで形作られる。ほぼ全ての真剣な事業家がブロックサイズの拡大を支持していたが、コアを即座に解任するのは対立を深めすぎると考える者もいた。そこで、彼らはBIP101を公然と支持し、ビットコインコアにそれをソフトウェアに組み込むよう要請した。マイニングを行わない大手ビットコイン企業の数社が、ビットコインXTを明確に支持せずにBIP101と8MBブロックを支持する共同声明を発表した。署名者にはBitpayのCEOスティーブン・ペア、Blockchain.infoのCEOピーター・スミス、Circle.comのCEOジェレミー・アレール、Xapo.comのCEOウェンセス・カサレス、Bitgo.comのCEOマイク・ベルシェらが名を連ねた。声明には次のように書かれている。

「我々のコミュニティは岐路に立っている……コア開発者、マイナー、自社の技術チーム、その他業界参加者との長い議論を経て、最大ブロックサイズを引き上げることで成功を計画することが必要不可欠だと信じている。我々はBIP101の実装を支持する。より大きなブロックの必要性とその実装の実現可能性に関するギャビンの議論が、ビットコインの分散化を守りつつ説得力があると我々は認識している。BIP101と8MBブロックはすでにマイナーの過半数に支持されており、業界がこの提案の下に団結する時が来たと我々は考える。我々は2015年12月までにより大きなブロックに対応する準備を整え、これをサポートするコードを実行する……我々は2015年12月までに自社のソフトウェアとシステムでBIP101をサポートすることを誓約し、他の人々にも是非参加を勧める」[6]。

　この声明で言及されていないが重要な部分はビットコインXTだ。「我々は2015年12月までにより大きなブロックに対応する準備を整え、これをサポートするコードを実行する」とは、つまり「ビットコインコアがこのアップグレードを許可しなければ、XTに切り替える。」という意味だ。当時の代表的なマイナーのいくつかも同様の声明を発表し、彼らは大きなブロックサイズを支持するだけでなく、ビットコインコアが主張していた論点、すなわち8MBは中国の有名な「グレートファイアウォール」の向こう側にいる中国のマイナーにとって大きすぎるという主張を具体的に否定した。コアは以前、8MBは帯域幅や遅延の問題を引き起こすと主張していたが、中国の大手マイニング会社、ビットコインの全ハッシュレートの

60%以上を占める企業が、8MBブロックに対応する準備ができているという書簡に署名した[7]。

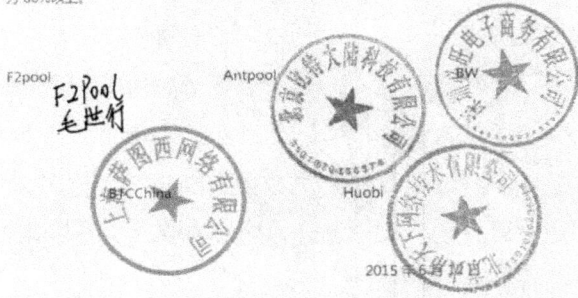

図5:中国のマイナーが署名した業界共同声明

声明の一部には次のように書かれていた。

「現在のネットワークが1MB以上のブロックに対応できないのであれば、コアのブロックサイズ制限へのこだわりも納得がいく。しかし実際には、グレートファイアウォールの存在下でも、中国のマイニングプールは一様に8MBのブロックサイズを望んでいると表明している」[8]。

ブロックサイズ制限の拡大が不可欠だという世界規模の合意により、ビットコインコアの権威と影響力は崩壊の瀬戸際に立たされているかの

ように見えた。

フォークの時が来た

2015年8月15日、マイク・ハーンはビットコインの歴史における転換点となる記事「ビットコインはなぜフォークするのか？」を公開し、分裂が不可避である理由を解説した[9]。 この記事は全体を通して読む価値があるが、ここではその一部を抜粋して引用する。

「ついにこの時が来た。今、コミュニティは分裂し、ビットコインはフォークしようとしている。ソフトウェアも、おそらくブロックチェーンもだ。分裂するのはビットコインコアと、それにごくわずかに手を加えたプログラム、ビットコインXTだ……このようなフォークは前例がない。ビットコインXTの開発者として、この状況を説明したい。コミュニケーションが足りなかったとは言わせたくないからだ……

サトシの計画が我々を一つにした……それはブロックチェーンを通じて普通の人々が互いに支払いができるというアイデアで、このグローバルなコミュニティを作り出し、団結させた。私はそのビジョンに共感し参加した。ギャビン・アンドレセンもそのビジョンに賛同した。そして世界中の多くの開発者やスタートアップの創業者、伝道者、ユーザーたちも同様だ。しかし、そのビジョンは今、危機に瀕している。ここ数か月で明らかになったことは、少数の人々がビットコインの計画を大きく変えようとしているということだ…… 彼らはビットコインを本来の道から無理やり逸らし、全く異なる技術的な方向に進める二度とない絶好の機会だと捉えているのだ」。

ハーンはその後、対立するビジョンの間に大きな違いがあることを指

摘し、最も理にかなった解決策は、スモールブロック派が独自のコインを作ることであり、「一時的な応急処置」であるブロックサイズ制限を利用してビットコインをハイジャックすることではないと説明している。しかし、スモールブロック派は独自のプロジェクトを立ち上げることもせず、ブロックサイズをわずかに引き上げることすら妥協しようとしないのは明らかだった。ハーンはこれを、ビットコインコアの構造的な欠陥の証拠と見なしていた。

「なぜこの争いが、分裂という極端な形でしか解決できないのか？端的に言えば、ビットコインコアの意思決定メカニズムが破綻しているからだ。理論上は、ほぼ全てのオープンソースプロジェクトと同様、コアには『メンテナ』がいる。メンテナの役割はプロジェクトを導き、何を取り入れ何を除外するかを決定することだ。メンテナが責任者だ。優れたメンテナはフィードバックを集め、議論を検討し、そして決定を下す。しかし、ビットコインコアの場合、ブロックサイズの論争は何年も放置されてきた。

問題は、どんなに明白な変更であっても、誰かが『議論を呼ぶ』と言い出せば完全に否決される可能性があることだ。つまり、コミット権を持つ他の人物が反対すれば却下される。コミット権保持者が5人おり、さらに多くのコミット権のない人々も変更を『議論を呼ぶ』ものにできるため、これは行き詰まりを招く構造だ。ブロックサイズが永久的なものとして意図されていなかったという事実はもはや重要ではない。その撤廃が議論されているという事実自体が、それが実現しないことを保証するのに十分なのだ。議長のいない委員会のように、会議は終わることがない……」

ハーンとアンドレセンの意見を支持する重要な企業や個人の広範なリストを示した後、彼はコア開発者と、ビットコイン業界全体の他の起業家

やエンジニアとの間に存在する著しい力の不均衡を強調した。ある提案がどれほどの支持を得ていても、拒否権を持つほんの一握りの人々が却下することができた。

「企業はビットコインに最も情熱を注ぎ、献身的で技術力のある人々を擁し、重要なインフラを提供している。しかし、彼らの意見は『コンセンサス形成を誤解させる』と見なされている。ウォレット開発者についてはどうだろうか？彼らは日常的なユーザーのニーズに最も触れている人々だ。しかし、彼らの意見は尋ねられることもなく、意見を述べたとしても何の影響もなく、その見解は無視される。

ビットコインコアのコミュニティで度々言及される『コンセンサス』が、より広いコミュニティの他の誰かの意見、彼らがどれほどの労力を費やしたか、どれほどのユーザー数を持っているかに関係なく、ごく少数の人々の見解を意味するものだということが、より一層明らかになってきた。

別の言い方をすれば、『開発者のコンセンサス』は単なる宣伝文句であり、ビットコインユーザーの目を真実からそらすためのごまかしだ。実際には、たった2、3人が協力して行動すれば、彼らが適切だと判断する方法でビットコインを機能不全に陥れることができるのだ」。

ハーンは記事の最後で、フォークこそが開発の独占を防ぐ唯一の方法であり、開発者が暴走しないように競争圧力をかける手段であることを強調した。

「要するに、彼らは自分たちを抑制するためにビットコインが持つ唯一の手段が決して使用されるべきではないと考えているのだ。彼らはこのように解釈されるつもりはないだろうが、実際にはそう受け止められてい

る。彼らの見解は、自分たちの決定に代わる選択肢があってはならないというものであり、どんな理由であれ彼らが反対すれば、その提案は永久に葬り去られる。そして、ビットコインは自分たちの好きなように扱えるおもちゃだと考えているように見える。この状態をこれ以上放置するわけにはいかない。ビットコインコアプロジェクトは改革が不可能であることが明らかになったため、放棄せざるを得ない。だからこそ、ビットコインはフォークしたのだ。全ての人がこれを理解することを願う」。

　今回も、マイク・ハーンほど正確に事態を要約した者はいなかった。彼の記事は、ビットコイン内部の問題を見事に表現し、ビットコインコアからのフォークを正当化するものとして評価された。しかし、スモールブロック派にとっては、それは戦争行為と見なされた。もしハーンとアンドレセンに多くのマイナーが従えば、スモールブロックのビジョンはアルトコインに追いやられ、コア開発者たちは事実上解雇されることになる。そのため、XTの勢いが増す前に食い止めようと、即座に大がかりな阻止作戦が実行に移された。

16

出口をブロック

　ビットコインは一見すると高度に分散化されたネットワークに見える。しかし、詳細に観察すれば、ネットワークに絶大な影響力を行使できる少数の重要な役割が存在することがわかる。ソフトウェアの鍵の管理者は、このような重要な役割の例として知られている。他の例としては、オンライン上の情報の流れを支配する力がある。BTCの強力なナラティブは、メディア全般で頻繁に繰り返されているが、これは自然に発生したものでも、ビットコイン愛好家たちの自由な討論から生まれたものでもない。大半の議論が繰り広げられた2つの最重要プラットフォーム、bitcointalk.orgとRedditのr/Bitcoinサブレディットは、今も絶大な人気を誇っている。注目すべきは、この両者が「Theymos」という匿名の同一人物によって管理されていることだ。彼はさらにThe　Bitcoin　Wiki（Bitcoin.it）も所有している。これは、たった1人の人間が世論を形成し、情報の流れを左右する莫大な力を持っていることを意味する。そして、その機会が訪れた時、彼はこの力を躊躇することなく行使した。

検閲の始まり

Bitcoin.orgは元々、ビットコインについて学ぶ人々のための中立的な
ウェブサイトとして考えられていた。初心者向けの基本情報、業界内の企
業やサービスへのリンク、新規参入者に有益なその他のリソースが掲載
されていた。しかし、熱狂的なビットコインコア支持者によって運営されて
いたため、ビットコインXTがコア開発者の優位性を脅かし始めると、この
中立性は瞬く間に失われた。2015年6月16日、Bitcoin.orgは公式の「ハ
ードフォークポリシー」を発表した。その内容は以下の通りだ。

「昨今のブロックサイズ論争は、敵対的ハードフォークの試みに至る
可能性が高いようだ……このようなハードフォークは潜在的に非常に
危険であるため、Bitcoin.orgは新たなポリシーを採用することを決定し
た。Bitcoin.orgは、敵対的ハードフォークにより、従来のコンセンサスか
ら離脱するソフトウェアやサービスを推進しない。

このポリシーは、ビットコインコアのようなフルノードソフトウェア、ビット
コインコアのソフトウェアフォーク、そして代替フルノード実装に適用され
る。また、従来のコンセンサスでの運用を中止することを示すコードをリリ
ースしたり、発表したりするウォレットやサービスにも適用される……」[1]。

つまり、ビットコインコアではなくビットコインXTを支持する企業は、サ
イトから削除されることになる。Bitcoin.orgは当時も、そして現在も、ビッ
トコインの「公式」サイトと見なされることが多いため、このポリシーはビッ
トコインコアの「敵対的ハードフォーク」には正当性がないという世論を
形成することになる。この発表は多くのビットコイン支持者から即座に批
判を浴びた。マイク・ハーンもその1人で、こう述べている。

「君は新しいユーザーがビットコインXTについて知ることを阻止したいのだろう。なぜそれを正直に言わない？　君の姿勢は間違っているし、重要な情報を学ぶ場所としてのbitcoin.orgの価値を低下させるだけだ。さらに言えば、君はコミュニティの大多数にどれほど支持されていようとも、ほんの一握りの人々がビットコインへのあらゆる変更を拒否できるという、この現状を支持していることになる。これは分散化ではない。最終的には、ビットコインにとってはるかに危険なのだ。

コミュニティがこの少数派の決定を拒否する唯一の方法を潰そうとするなら、君は、偶然昔から関わっていてコミット権を得た人々の気まぐれに、このプロジェクトを委ねることになる」[2]。

ハーンはまた、業界全体でビッグブロックへの支持が圧倒的であることを踏まえ、このポリシーの不合理性を指摘した。

「……君のポリシーによれば、『従来のコンセンサス』と対立するウォレットやサービスをリストから外すとしている。現時点で、我々が調査したところでは、GreenAddressを除く全てのウォレットサービスが、ブロックサイズの拡大を支持すると表明している。加えて、我々が話をした全ての主要な決済処理業者も同様だ。主要な取引所もそうだ。このポリシーと整合性を保つためには、GreenAddress以外の全てのウォレットと主要サービスをウェブサイトから削除せざるを得なくなるだろう」。

ビットコイナーのウィル・ビンズは次のように書き記した。

「Bitcoin.orgは公に議論されている問題に対して、できる限り中立的であるよう努めるべきだ。毎日何百人、もしかすると何千人もの人々がこのサイトを訪れており、その多くは初めてビットコインについて学ぶ新規

ユーザーだ。既存のユーザーにとっても、このウェブサイトは多くの場合、非常に有用なリソースとなっている。

　この投稿は、世論を誘導しようとする試み以外の何にも見えない。言及している問題の根本について、読者が自分自身の意見を形成できるよう、正しい文脈や幅広い情報へのリンクを提供していない。偏った意見を押し付けているように見える」[3]。

　このハードフォークポリシーは、Bitcoin.orgウェブサイトがビットコインコアを「公式」ソフトウェアと思わせ、競合他社を不正とみなすよう人々を惑わす手段の1つに過ぎず、オンラインフォーラムで起こったことに比べれば取るに足らないものだった。

Redditの奪取

　数か月にわたり、r/Bitcoinサブレディットでは、ユーザーが自分の投稿が検閲され、プラットフォームから削除されたと抗議する声が絶えなかった。フォーラムの歴史上最も高い支持を得たスレッドの1つは、2015年8月に投稿されたモデレーターの辞任と交代を要求するものだった[4]。このスレッドが投稿され、直後に削除されたその翌日、TheymosはビットコインXTに関する全ての議論を禁止する新たなモデレーションポリシーをr/Bitcoinで公表した。この投稿は長文だが、ビットコインの歴史における重要な節目を示すものとして熟読に値する。核心的なメッセージは、ビットコインコア開発者の「コンセンサス」なしには全てのハードフォークは正当性を持たないというものだった。そのため、ビットコインXTは本当のビットコインではなく、プラットフォーム上で議論することは許されなくなった。

以下に発表からの抜粋を示す。

「r/Bitcoinはビットコインのために存在する。XTは、ハードフォークが有効化されれば、ビットコインから分岐し、別のネットワークや通貨を生み出す。そのため、XTとそれを支持するサービスはr/Bitcoinで許可すべきではない……

提案されたビットコインのハードフォークについての議論と、競合するネットワークや通貨に分岐するよう設計されたソフトウェアの宣伝には大きな違いがある。後者はr/Bitcoinのルールに明らかに違反している。ビットコインの技術そのものは人々が何をしようとも影響を受けないが、このような分岐の試みはビットコインのエコシステムと経済に害を及ぼす」。

TheymosはQ&Aで、この決定に関する追加の説明をしている。

「XTはまだビットコインから分岐していないにもかかわらず、なぜアルトコインとして扱われるのか？」

「XTは意図的にビットコインから分岐するよう設計されているため、現時点でXTがビットコインと明確に区別できないことは重要ではないと考える……」

「r/Bitcoinにおいてハードフォークの提案に関する議論は今後も許容されるのか？」

「今のところ、本当に新しく重要な内容がない限り認めない。この固定投稿が消えた後、ビットコインのハードフォークについて議論することは構わない。しかし、コンセンサスなしにハードフォークを実行するソフトウェアについては、それはビットコインではないため認められない。」

「コンセンサスがないと、どのように判断するのか？」

「コンセンサスは高いレベルの合意を指し、単なる過半数とは異なる。一般的に、コンセンサスはほぼ全員の同意を意味する。ハードフォークという非常に特殊な状況では、『コンセンサス』は『ビットコインのエコシステムを無視出来ないレベルで2つ以上に分裂させる可能性が無い』ことを意味する。XTの変更にコンセンサスが存在しないことはほぼ確実だ。ビットコインコア開発者ウラジミール、グレッグ、ピーターが反対しているからだ。これだけでコンセンサスを形成できないのは明らかだ……」

「しかし、そこまで厳しい条件では、8MBブロックの導入は不可能になるではないか！」

「コンセンサスが特定のハードフォーク提案で得られないなら、そのハードフォークは実行されるべきではない。あなたが何かを望んでいるからといって、ビットコインをハイジャックする事は決して正当化されない。たとえあなたの側が多数派であっても（この場合はそうではないが）だ。ここは政治的な駆け引きで常に自分の思い通りにできる民主主義国家ではない。コンセンサスを得るか、変更なしで生きるか、自分のアルトコインを作るかのいずれかだ……」

声明の最後の方で、彼は皆が自分に反対したり検閲を嫌ったりしても構わないと付け加えた。

「r/Bitcoinユーザーの90%がこれらのポリシーを容認できないと感じるなら、私はこの90%のr/Bitcoinユーザーに去ってほしい。r/Bitcoinもこれらの人々も、そうすることでより幸せになるだろう」[5]。

ビットコインコミュニティは憤慨した。Theymosの発表はビットコイ

ンの暗黒の歴史の節目となり、大きな波紋を広げた。そのスレッドには1,000件を超えるコメントが集まった。その一部を紹介すると、全体的な反応の様子がうかがえる。

「XTをアルトコインと呼ぶのは馬鹿げている。せいぜい言葉遊びにしがみついているだけだ。この話題は徹底的に議論されるべきで、これ以上の議論を禁止するのはコミュニティに対する重大な裏切りだ」。

「もしそれだけが議論の対象なら、このサブレディットをr/bitcoin-coreに改名すべきだ。r/bitcoinと称しながら、代替クライアントやコンセンサスルールに関する議論を禁止するのは欺瞞だ……」

別のユーザーは、この状況に対して皮肉を込めずにはいられなかった。

「おめでとうr/bitcoin、ついにビットコインのCEOを決めたようだな。お前らがずっと望んでいた中央集権的な権威ができて、どう考え、行動すべきかを正確に教えてくれるようになった。もう自分で考えて決める必要はない。theymosがビットコインとは何か、ビットコインの法則やルールは何か、開発者たちは何を考えているのかを正確に教えてくれる……これからはビットコインについて迷うことがあれば、Theymosがお前らの代わりにすべての決定を下してくれるんだ」。

あるユーザーは、モデレーターが買収されたのではないかと推測した。

「モデレーターチームが買収され、誰かがフォーラムをコントロールすることで利益を得ようとしている可能性について議論する価値があると思う」。

Theymosは自身の決定について臆することなく、後に流出することに

なる会話の中で検閲戦略を明かした。

「効果がないと思っているなら世間知らずだ。私はビットコイン以前から（相当大規模な）フォーラムのモデレーションをしてきた。モデレーションが人々にどう影響するか熟知している。長期的に見れば、r/BitcoinからXTを締め出すことで、XTがビットコインを乗っ取る可能性は減少する。まだチャンスはあるが、より小さくなった。（これはbitcointalk.org、bitcoin.it、bitcoin.orgでの同時行動によって更に効果が増している）……確かに私には特定の中央集権的ウェブサイトに対する権力がある。そしてそれをビットコイン全体の利益のために使うと決断したんだ……」[6]。

Theymosの判断の道義性は別として、モデレーションが情報操作に効果的だという彼の認識は正確だった。モデレーションは、公式の見解に異議を唱えることは許されず、罰せられるということを人々に教え込むことができる。この事例では、それがスモールブロック派の支持を確立する上で重要だった。

現在でも、新規参入者は自分たちが1つの視点しか与えられていないことに気づいていない。しかもその視点は、サトシ本人が強く反対するようなものだ。複数のプラットフォーム、ビットコインWiki、そしてオンラインフォーラム全体が同じ情報を掲載していると、普通の人は別の見方が存在することさえ認識せず、ましてやそれについての十分な情報に基づいた意見を持つこともない。時間の経過とともに、このような情報統制は非常に強力な力を持つようになる。

波及効果

ビットコインXTに関するすべての議論を検閲する決定は、ビットコイナーを怒らせただけでなく、他のモデレーターたちも動揺させた。Theymosの発表から数日後、モデレーターの「jratcliff63367」は「r/Bitcoinモデレーターの告白」と題する辛辣な批判記事を書いた。その一節には次のような内容がある。

「Theymosがr/bitcoinの中央集権的な権力を利用してビットコインXTに関するあらゆる討論と議論を封じ込めることを決めた時、彼は基本原則を破った。分散型ピアツーピアネットワークにおいて、中央集権的な管理のあらゆる点が問題となる……この1人の人間が、ビットコインの未来と進化を議論するための2つの大きなコミュニケーション基盤を完全に中央集権的に支配している……

彼は、何を議論してよいか、何を議論してはいけないかを絶対的な権力で決めている。これには、2つの最大のオンラインフォーラムにおけるナラティブの完全で全面的な検閲も含まれる」[7]。

jratcliff63367がTheymosを公然と批判してからたった10日後、彼はr/Bitcoinのモデレーターから外された。後に彼は、自身の解任はコア開発者が買収されている可能性を示唆したためだったのではないかと推測し、次のように書いた。

「コア開発者たちが「諜報員」から接触を受け、操作されているのではないかと推測することは、全く不自然ではない。ビットコインを機能低下させ、ほとんどすべての価値がサイドチャネルを通じて流れるようにし、大規模機関のみがコアネットワークにアクセスできるようにすることは、世

界の政府が抱える大きな懸念を解消する絶好の手段となるだろう……

　政府は実際のところ、ビットコインのような新しい「資産クラス」の存在を問題視してはいない。無数の資産クラスが存在するのだから、それがビットコインであろうとビーニーベイビーであろうと、彼らにとっては大した問題ではない。彼らが警戒しているのは、追跡や干渉ができない形で人々が価値を移転することだ。しかしブロックチェーンに直接アクセスできるのが大手銀行だけならば……まあ、後は想像に難くないだろう」[8]。

　同じような強引な検閲は現在も続いており、この情報の泡に囚われている人々の数は大幅に増加している。これらのコントロールがもたらす影響は計り知れない。ビットコインを巡る大きな混乱の大部分は、一握りの人々が自分たちの主張に挑戦するあらゆる情報、そして究極的には自分たちの権力に挑戦する情報を意図的に排除しようとした努力の結果である。

　残念ながら、ビットコインXTに対して使用された戦略は、大規模な検閲とプロパガンダだけではなかった。さらに攻撃的な手段も取られたのだ。

DDoS攻撃開始

SlushPool（スラッシュプール）は数あるビットコインマイニングプールの1つだった。マイニングプールは、マイナーが収入を安定させる一般的な方法だ。プールなしでは、個人マイナーはビットコインを稼ぐために自分でブロックを発見するまで待たねばならない。しかし、プールを使えば、皆のハッシュパワーを結集し、ブロック報酬を分配することで、収入を大きく安定させられる。そのため、ほぼ全てのマイナーがプールに参加して

いる。それ故に、SlushPoolがBIP101への投票を許可した後にDDoS攻撃を受けた時、多くの人々に影響が及んだ。2015年8月25日、Slush-Poolは攻撃者から、ビットコインXTの支持を止めるまで攻撃を継続すると通知を受けた[9]。下記はMITテクノロジーレビューによるものだ。

「アレナ・ヴラノヴァ氏は……会社が、アンドレセンのアイデアへの支持を顧客が表明する機能をオフにすれば攻撃を終了するという通知を受け取ったと述べた。攻撃がSlushPoolの一部のマイナーが接続問題を引き起こすほど強力だったため、その要求に従わざるを得なかった。「これは破壊的な行為だ」とヴラノヴァ氏は言う。「自ら立ち上がり、説明し、自分のアイデアを推進する人は尊敬する。これは単なる卑怯な行為だ」。

別の被害者は、ロサンゼルスに拠点を置くウェブホスティング会社のChunkHost(チャンクホスト)だ。彼らは直接メッセージを受け取ることはなかったが、攻撃は最近ビットコインATMを動かすソフトウェアをビットコインXTに切り替えた1人の顧客に集中していた。「非常に明白だった。彼が切り替えるとすぐに攻撃を受けた」とChunkHostの創設者の1人、ジョシュ・ジョーンズは説明する。

他のビットコインXTを運用していた人々も同様の報告をしている。あるユーザーはフォーラムに次のように書いた。

「この対立は醜い展開を見せ始め、より過激なコア支持者の一部がXTノードに対して露骨なDDoS攻撃を開始したようだ……XTNodes.comの最近の急激な減少を見ると、これは過去24時間の間に始まったようで、その間に私のノードの1つもビットコインノードだけを運用している専用IPで3回攻撃を受けた……本当に一部の人々は、こうやって状況を『解決』できると考えているのだろうか?これが続けば、非XTノードに

対して攻撃の解禁宣言をする人々が出てくるのは容易に想像できる。そうなれば、誰も望まない戦争が始まってしまうだろう」[10]。

　その後の数週間、フォーラムには同様の話で溢れ始めた。別のユーザーは、攻撃によって自分の住む小さな町全体がオフラインになったと主張した。

　「私はDDoS攻撃を受けた。私の住む(郊外の)ISP全体をダウンさせるほどの大規模なDDoSだった。5つの町の全ての人々が数時間にわたってインターネットサービスを失った……これらの犯罪者のせいで。この出来事は間違いなく、私がノードをホストする意欲を失わせた」[11]。

　マイク・ハーンはいくつかのスレッドに参加し、ある投稿で次のようにコメントした。

　攻撃者たちは、攻撃を中止してほしければBIP101に賛成するブロックのマイニングを止めるようプールに要求していた。これは疑いなく、誰もが何があってもコアを使うべきだと確信しているロシアのビットコイナーによるものだ[12]。

競争は認めない

　ビットコインコア開発者たちは、マイナーにソフトウェア実装を選択させるという考えを快く思わなかった。ブロックサイズ制限の件と同様に、彼らはそれがビットコインの分散化を害すると主張した。ハーンは、そのようなメカニズムがなければ、分散化に対する明白な脅威はコアによるプロトコルの独占だろうと指摘した。

　「現時点でビットコインの分散化を最も害しているのは、Blockstreamとウラジミールだ。彼らは、過去に行われたようにブロックチェーンを投票メカニズムとして使用することは無謀であり、ビットコインの価値を破壊すると人々に警告している。この主張の結論は、ビットコインコアの開発者たち、実質的にはウラジミールだけがビットコインプロトコルの大部分を変更できるということだ。つまり、彼らが事実上『ビットコインのCEO』だということになる。これは分散化と正反対だ。

プロジェクトが誤った方向に進んだ時にフォークしてコードを変更するのが許されないなら、オープンソースの意味は何なのか？そんな考え方で、ビットコインの分散化はいったいどのように機能すると考えているのか？」[13]

r/Bitcoinのモデレーターの1人であるHardleft121は、ハーンの投稿に好意的な反応を示し、「皆がこれを読むべきだ。こんなはずではなかった。マイクとギャビンが正しい」と発言した。そして、Hardleft121もTheymosによってモデレーターの地位から外された。

ブライアン・アームストロングは、BIP101とビットコインXTに関するCoinbaseの立場についてビットコインマガジンのインタビューを受け、次のように答えた。

「我々はブロックサイズを増やすすべての提案を検討する準備がある……私の見解では、ビットコインXTが今のところ最善の選択肢だ。動作するコードがあるからだけでなく、理解しやすいシンプルな実装があり、ブロックサイズの増加も適切に思えるし、プロジェクトを主導する人々を信頼しているからだ。

現時点での私の希望は、ギャビンがビットコインXTの最終的な意思

決定者として前面に出て、マイク・ハーン、ジェフ・ガルジク、そして他の協力を望む人々の支援を得て、業界がその解決策に移行することだ……

ビットコインコアが更新されるか否かに関わらず、我々はアップグレードを行う……この問題に関するビットコインコアの対応の遅さには失望しており、フォークを切り替える用意がある」[14]。

その日、インタビューがr/Bitcoinにリンクされると、Theymosは激怒した。彼は直ちに、Coinbaseがこの反逆的な行為によってオンラインフォーラムから処罰され、検閲される可能性があると警告した。

「もしCoinbaseが顧客にXTを宣伝したり、全てのフルノードをBIP101ソフトウェアに切り替えたりすれば、Coinbaseはもはやビットコインを使用していないことになり、r/Bitcoinに属する資格を失う。これはbitcointalk.orgにも適用され、Coinbaseはアルトコインセクションに限定される。Bitcoin.itとbitcoin.orgも同様のポリシーを持っている。実際、Coinbaseはこの件に関する過去の発言により、すでにbitcoin.orgからほぼ削除されかけている」[15]。

2015年12月、CoinbaseはサーバーでビットコインXTを稼働させ、ビットコインXTを支援していると発表した。ただし、他の提案にも依然として柔軟な姿勢を示していた[16]。これに対し、Bitcoin.orgの所有者たちは即座にCoinbaseを自社ウェブサイトから削除した。これは驚くべき措置だった。なぜなら、Coinbaseはおそらく世界中で最も多くの人々をビットコインに呼び込んだ企業だからだ。この削除を行ったのはBitcoin.orgの所有者の1人で、「Cobra」という仮名で知られる別の謎の人物だった。彼は次のように述べた。

「Coinbaseは現在、本番サーバーでビットコインXTを実行している。XTは論争の的となっているハードフォークの試みであり、もし実施されれば新たなアルトコインを生み出し、コミュニティとブロックチェーンを分裂させるだろう。これが実際に起これば、Coinbaseの顧客は自分たちがもはや実際のビットコインを所有していないことに気づくかもしれない。

このプルリクエストは、新規ユーザーがブロックチェーンフォークの悪影響を受けないよう保護するため、「ウォレットを選択」ページからCoinbaseを除外するものだ。Bitcoin.orgはビットコインサービスのみを推進すべきだ。XTを使用する企業はこの基準を満たさない。なぜなら、彼らは幅広いコンセンサスなしにブロックチェーンからフォークし、新しい互換性のない通貨に切り替えることを支持しているからだ」[17]。

この発表は再び多くのビットコイナーの怒りを買った。開発者のジェイムソン・ロップは次のように書いた。

「フォークの可能性があるだけで、アルトコインとはならない。BIP101のフォークが実際に起こるまでは、XTを実行している企業はビットコインを運用している。ハードフォークが実際に発生しても、これらの企業はまだビットコインを運用している可能性がある。フォーク後にどちらが優位に立つかを判断する必要がある。フォークが起きていない段階で『ビットコインを運用していない』として除外するのは、時期尚早だ」[18]。

ビットコイン界の古参、オリヴィエ・ヤンセンスは、この行動はCoinbaseが「コア開発者に反対する発言をした」ことに対する報復だと主張した。[19]しかし、検閲の決定と同様に、すべての反応が否定的だったわけではない。

　ある利用者はこの措置を支持し、企業をコアの方針に沿わせる前例となるだろうと述べた。

　「我々は断固としてCoinbaseをビットコインコアに戻すよう強制すべきだ。もし何の措置も講じなければ、他のウォレットやサービスがコンセンサスから逸脱することを許容する危険な先例を作ってしまうことになる」[20]。

　「コンセンサス」という言葉を、圧倒的多数の業界参加者の意見ではなく、ほんの少数のコア開発者の立場を表すのに使うことには、何か滑稽なものがある。2015年に実際にコンセンサスがあったとすれば、それはブロックサイズの制限を即刻引き上げるべきだというものだった。

　しかし、広範な批判にもかかわらず、CoinbaseはBitcoin.orgのウェブサイトから削除され、その翌日にはDDoS攻撃によって同社のサイトがダウンした。[21]

17

大口決済システムへの改造

「ビットコインコミュニティが変貌していく様子は恐ろしい。グループの方針に沿わない意見は徹底的に排除されている」[1]
——チャーリー・リー、ライトコインの創設者

　ビットコインXTはスモールブロック派にとって本当の脅威だった。そのため彼らはXTを攻撃し、XTがビットコインネットワーク全体の完全性を危険にさらすと主張した。コア開発者が承認しなかったため、XTは「論争の的」とみなされ、支持するのは危険すぎる、あるいは無謀すぎるとされた。しかし、このようなビットコインのアップグレード方法は、2010年にサトシ自身が説明していたものだ。フォーラムのメンバーがブロックサイズ制限を引き上げる方法を尋ねたとき、サトシはこう答えていた。

　「以下のように段階的に導入できる。

if (blocknumber > 115000)　maxblocksize = largerlimit

ずっと先のバージョンで開始できる。そうすれば、該当のブロック番号

に達する頃には、これを含まない古いバージョンはすでに廃れている。切り替えのブロック番号に近づいたら、古いバージョンにアラートを出して、アップグレードが必要だと確実に知らせることができる」[2]。

サトシの方法は、いつものように単純明快だった。彼は将来の決められた時期にブロックサイズ制限を引き上げるハードフォークアップグレードを作ることを推奨した。そうすれば、マイナーは十分な時間をかけてソフトウェアをアップグレードできる。サトシは「コンセンサス」を気にしていなかった。マイナーの少数派がソフトウェアをアップグレードしなければ、単にネットワークから追い出されるだけだ。分岐は予期されていただけでなく、ビットコインの統治に不可欠な部分だと理解されていた。XT論争の最中、WIRED（ワイアード）誌は次のように書いた。

「ビットコインXTは、オープンソースの世界を理解するための格好の事例を提供している。この極端な例は、現在の対立にもかかわらず、あるいはむしろその対立ゆえに、なぜこの考え方がこれほど効果的なのか、そしてなぜ私たちの世界の仕組みをこれほど急速に変えているのかを示している。ビットコインXTは、オープンソースという考えの根底にある極めて社会的で極めて『民主的な』基盤を浮き彫りにしている。この特質こそが、オープンソースを、個人や組織が管理する技術をはるかに凌駕する存在としているのだ」[3]。

チャーリー・リーもまた、統治メカニズムとしてのフォークの優雅さについてコメントした。

「他の人々が言っているように、XTはマイナーの投票で絶対多数を得た場合にのみフォークする。もし絶対多数を獲得すれば……そのときXTがビットコインになる。これがサトシが設計したシステムだ」[4]。

理論上、フォークが可能なことでは開発チームの権力に対する優れた抑制力となるのだが、実際には、マイナー、業界、ユーザーベース間の広範な調整が必要だ。新しい実装への切り替えが危険すぎたり、負担が大きすぎたり、論争を呼びすぎる場合、マイナーは騒動を避けるためにフォーク自体を避けることを決めるかもしれない。これがビットコインXTで最終的に起こったことだ。

ビッグブロックへの公然たる支持、特にBIP101への支持があったにもかかわらず、コア支持者が引き起こした論争により、一部のマイナーは尻込みし始めた。CoinTelegraph（コインテレグラフ）とのインタビューで、当時ハッシュレートの約20%を占めていたマイニングプールのAntPoolはこう述べた。

「我々はブロックサイズの上限を引き上げるアイデアには賛成だが、ビットコインXTがあまりにも論争を呼ぶようであれば、コミュニティが分裂する事は望まない」[5]。

BTCChinaのエンジニアリングディレクターは次のように書いた。

「我々はギャビンの提案が、全員が支持し後押しできるバランスの取れた解決策だと考えている。当初の8MBへのブロックサイズ引き上げは、中国のすべてのマイニング事業者間で合意された数字でもあった。BTCChina　Poolは残念ながら、その実験的な性質からビットコインXTを運用しないが、このパッチがビットコインコアにマージされるのを楽しみにしている」[6]。

マイナーが最も簡単な選択を好む理由を理解するのは難しくない。それは、コアが分別を取り戻してブロックサイズ制限を引き上げることだっ

たはずだ。業界全体が同じことを望んでいたため、ビットコインXTが作られるまでに何年もかかった。しかし、時が経つにつれ、コアが考えを変えないことが明らかになり、それ以外を信じるのは単なる空想に過ぎなかった。より断固とした行動が求められた。

ビットコインコアは、一連の「スケーリングビットコイン(Scaling Bitcoin)」会議を開催することで、別の方法で問題を曖昧にし、遅延させようとした。この会議では、マイナーにコアのソフトウェアの使用を継続するよう説得を試みた。この会議で、ブロックサイズ制限を引き上げる必要があることには同意したが、8MBではなく2MBへの引き上げにとどめた。マイナーたちはコアを信頼してより大規模なアップグレードをもう少し待つよう促された。2015年8月、BlockstreamのCEOアダム・バックは次のように書いた。『私の提案は、今は2MB、2年後に4MB、4年後に8MBとし、その後再評価する』[7]そして同年12月には次のように付け加えた。「開発者、マイナーの間で、次のステップは2MBだという合意がある」[8]。

2MBのブロックサイズ制限は、マイナーが望んでいたものの4分の1に過ぎなかったかもしれないが、それでもビットコインのスループットを2倍にするものであり、ブロックが一杯になり手数料が急騰するまでもう少し時間を稼げたはずだ。その後の数年間、この2MBの妥協案は何度も合意されたが、コアは結局毎回その合意を破った。

マイナーが敵対的フォークを避けたいと思うのは理解できるが、サトシの設計では、特に開発が支配された場合、マイナーが力を行使することが求められる。これはビットコイン内の力のバランスを取るためのメカニズムだが、結局のところ、それは人間の選択に依存し、ソフトウェア自体によって強制することはできない。そのため、XTが失敗したとき、マイク・ハ

ーンはそれを、ビットコインが自身の成功を制限する人間的、社会的、心理的な障壁を克服できないことの証明だと考え、こう書いている。

　具体的にマイナーについて言えば、私は何人かにSkypeで電話をした……1人か2人は一切話すことを拒否した。あるマイナーは私を支持すると言ったが、価格に悪影響を与える恐れがあるので公然とはできないと言った。別の会話はこんな具合だった。

　マイナー「ブロックサイズを引き上げるべきだということと、コアがそうしないだろうということには同意する」。

　私「素晴らしい！では、いつXTの運用を始める？」

　マイナー「XTは運用しない」。

　私「えっ、でも今、我々の方針に同意し、コアが考えを変えないだろうと言ったばかりでは？」

　マイナー「そうだ。あなたが正しいということには同意するが、コア以外のものは決して運用できない。そうすることはコンセンサスから外れることになる……XTを運用することはできない。危険すぎる。コアが考えを変えるのを待つ」。

　私は、すべて時間が無駄になったと判断した。マイニングのハッシュパワーの大半は、権威と見なされる存在に対し、心理的に従わざるを得ない人々によって管理されていたのだ[9]。

「ビットコイン実験の結末」

中傷、検閲、DDoS攻撃、訴訟の脅威の中で、ビットコインXTを運用するマイナーの数は急激に減少した。75%のマイナー閾値に達しないことが明らかになると、マイク・ハーンはもう十分だと判断した。ビットコインがコアの中央集権的な力を克服し、1MB以下の小さなブロックサイズという制限を増やすことができないのなら、ビットコインは失敗したのだ。

2016年1月14日、ハーンは彼の優れたエッセイの最後となる「ビットコイン実験の結末」を執筆し、その中でなぜビットコインを失敗したプロジェクトと考えたのかを説明した[10]。

「ビットコインが失敗したのは、コミュニティが失敗したからだ。『システム上重要な機関』や『大きすぎて潰せない機関』を欠いた、新しい分散型の通貨であるはずだったものが、もっとずっと悪い『ほんの一握りの人々によって完全に支配されるシステム』になってしまった……実際にビットコインが既存の金融システムよりも優れていると考える理由はもはやほとんどない。

考えてみてほしい。もしあなたがビットコインについて今まで一度も聞いたことがなかったとして、以下のような決済ネットワークを使いたいと思うだろうか。

● 既存の資金を移動できない

● 予測不可能で高額かつ急速に上昇する手数料

● 買い手が店を出た後でも、単にボタンを押すだけで支払いを取り消すことができる(この「機能」を知らないのは、ビットコインがつい最

近これを許可するように変更されたばかりだからだ)

●　　大規模な遅延と不安定な支払いに悩まされている

●　　中国によって支配されている

●　　そしてそれを構築している企業や人々が公然と内戦状態にある

答えはノーだろう」。

ハーンはその後、ブロックサイズ制限の状況を説明し、行動を起こさなかった中国のマイナーたちに強い非難を向けた。最終的にはマイナーたちがコアの支配を打破する能力を持っていたのだから。

「なぜ彼らはブロックチェーンの成長を許さないのか?」

いくつかの理由がある。1つは、彼らが運用している「ビットコインコア」ソフトウェアの開発者たちが、必要な変更の実装を拒否しているからだ。もう1つは、マイナーたちが競合する製品への切り替えを拒否していることだ。彼らはそうすることを「裏切り」と捉えており、「分裂」としてニュースになり投資家のパニックを引き起こす可能性を恐れている。その代わりに彼らは問題を無視し、自然に解決することに期待する道を選んだのだ。

ハーンは、さらに別の潜在的な利益相反を指摘する。もし中国のグレートファイアウォールが実際にビッグブロックを中国のマイナーにとって実現不可能にしているのであれば、それは彼らに「ビットコインの普及を実際に阻止しようとする、歪んだ金銭的インセンティブ」を与えることになる。マイナーがより多くのトランザクションを処理して取引手数料を稼ぐインセンティブを持つ代わりに、制限された通信接続は、制限されたトランザクション処理量と高い手数料をより収益性の高いものにする。これ

はコア開発者の視点から見れば望ましい結果だ。

この記事で彼は、オンラインで横行する検閲とプロパガンダ、XTノードに対するDDoS攻撃、そして進展を遅らせ人々にコアを信頼し続けるよう説得するために設計された「偽の会議」を批判した。特に「Scaling Bitcoin」会議について、彼はこう書いている。

「残念ながら、この戦術は壊滅的なほど効果的だった。コミュニティは完全に騙されてしまった。マイナーやスタートアップと話をすると、『12月にコアが制限を引き上げるのを待っている』というのが、もっともよく挙げられるXTを運用しない理由の1つだった。彼らは、コミュニティの分裂に関する報道がビットコインの価格、そして彼らの収益を傷つける可能性をとても恐れていた。

コア開発者が制限引き上げの計画を打ち出さないまま最後の会議が終わり、Coinbaseや BTCCのような一部の企業は、自分たちが騙されていたという事実に気付いた。しかし、それは遅すぎた」。

ハーンは悲観的な結論を導き出し、中国におけるマイニングの中央集権化は、別の開発チームが指揮を執ったとしても問題として残るだろうと述べている。

「たとえビットコインコアに代わる新しいチームが作られたとしても、マイニングパワーがグレートファイアウォールの向こう側に集中しているという問題は残るだろう。10人足らずの人々によって支配されている限り、ビットコインに未来はない。そしてこの問題に対する解決策は見当たらないし、誰も提案すらしていない。常にブロックチェーンが抑圧的な政府に乗っ取られることを懸念してきたコミュニティにとって、これは皮肉な結果だ」。

ハーンは不満を述べた後、より楽観的な調子で締めた。

「ここ数週間で、コミュニティのより多くのメンバーが、私の後を引き継ぎ始めた。かつてはコアの代替案を作ることは反逆者とみなされていたが、今では注目を集める2つのフォーク（ビットコインクラシックとビットコインアンリミテッド）が存在する。今のところ、彼らはXTと同じ問題にぶつかっているが、新しい顔ぶれが進展を見出す方法を見つける可能性はある」。

ハーンの最後のエッセイを投資の観点から判断すると、彼は明らかに間違っていた。エッセイが公開されて以来、BTCの価格は100倍以上に上昇している。しかし、BTCの有用性という観点から判断すると、彼の主張は依然として有効だ。技術は驚くほど小さな取引処理量のレベルで制限されたままだ。開発は依然として、サトシの当初のビジョンを明確に否定する1つのグループによって支配されている。カストディアルウォレットが一般的になり、政府が一般ユーザーのコインを簡単に監視・管理できるようになった。人々のための代替通貨としてBTCを判断するなら、失敗としか言いようがない。せいぜい言えるのは、BTCは初期の投資家に信じられないほどの富をもたらし、いつの日か大衆のためのしっかりしたデジタルマネーを提供するかもしれない暗号通貨産業の創造を促したということだ。

ナラティブを打ち破る

マイク・ハーンは忍耐を失ってプロジェクトから身を引いたが、ビットコインを巡る戦いは全く終わっていなかった。業界全体にとって、まだ存亡にかかわる問題が残っていた。ブロックが一杯になったら、彼らは存在し続けられるのか？ブテリンは手数料が5セントの時に不満を漏らしてい

た。1回の取引手数料が10ドル、20ドル、50ドルになったら、一般のユーザーはどう反応するだろうか？この不確実性は容認できないものであり、ほとんどの企業はブロックサイズの引き上げを求め続ける必要があることを知っていた。業界はより良く協調し、ビットコイン内部で起きている乗っ取りを一般の人々に警告する必要があった。情報とナラティブを巡る戦いを戦わなければならなかった。

この時期、ビットコインの元々のビジョンを支持する人々によって、さらにいくつかの優れた記事が書かれた。ジェフ・ガージックとギャビン・アンドレセンは、「ビットコインは大口決済用に改造されている」というタイトルの別の有名なエッセイを執筆した。彼らは、人為的なブロックサイズ制限を利用して、ビットコインが異なるシステムに不適切に変更されつつあると警告した。

「1MBのコアブロックサイズ制限から抜け出せなくなることで、元々はDoS攻撃対策だった制限が、意図せずして政治ツールへと変質してしまっている……開発者の一部のコンセンサスが、ユーザー、企業、取引所、マイナーの側から要望されるブロックサイズの増加と乖離している残念な状況だ。これはビットコインを、哲学的・経済的に利益相反で満ちた方法で変えてしまう……

何もしないことがビットコインを変え、新たな道筋を設定してしまう……1MBで立ち往生することは、ユーザーをブロックチェーンから締め出し、中央集権的なプラットフォームに追いやることで、ビットコインのネットワーク効果を逆転させるリスクがある……

長期的なモラルハザードを取り除くために、コアのブロックサイズ制限は動的にし、人間の手を離れてソフトウェアの領域に置かれるべきだ。ビ

ットコインには、過去6年間にわたってエコシステム全体の成長のために懸命に働いてきたすべての人々のニーズのバランスを取るようなロードマップが必要だ」。

ガージックとアンドレセンはまた、ビットコインをスケールさせる為の「スケーリングビットコイン会議」について言及し、これらの会議は掲げられた目標を達成せず、唯一の成果は2MBへのブロックサイズ引き上げなら広く合意を得られる可能性があるということを確認しただけだった。

「スケーリングビットコイン会議の明確な目標の1つは、混沌としたコアブロックサイズの議論を秩序ある意思決定プロセスにまとめることだった。しかし、それは実現しなかった。振り返ってみると、スケーリングビットコイン会議はブロックサイズの決定を先延ばしにしただけで、その間も取引手数料の価格とブロックスペースの圧力は上昇し続けた。

スケーリングビットコイン会議は、コアブロックサイズに関するコンセンサスを調査する上で有用だった。2Mが最大公約数的なコンセンサスであるように思われる」[11]。

スティーブン・ペアも戦いに加わった。彼は世界最大のビットコイン決済プロセッサーであるBitPayを代表して書いた。BitPayは年間10億ドル相当のBTC取引処理が見込まれるペースで稼働していた[12]。一連の記事で、ペアはブロックサイズ制限、ネットワークの力学に関するBitPayの分析、そしてサトシの設計が壊れていてコア開発者による修正が必要だという考えを完全に否定した。

「一部の人々は、ビットコインは日常の決済に使われるような支払いシステム（payment system）というよりも大口取引や最終取引確定用の決

済システム(settlement system)に最も適していると考えている。この考えは、この地球上の人々の日々の支払いニーズを扱える、真に分散化された、信頼を必要としない支払いシステムの実現は不可能だという見方に根ざしている。彼らは、純粋なピアツーピアの電子キャッシュというサトシのビットコインのビジョンは達成不可能だと考えている。

それはナンセンスだ。実現可能なのだ」。

彼はその後、ビットコインの価値提案は、まず支払いシステムであることから来ており、それが成功した後に将来的に最終決済システムになるのだと説明を続けた。

「歴史が示唆するのは、最終決済システムは最初に広く受け入れられた支払いシステムとして始まらなければならないということだ……ビットコインは、まず支払いシステムとしてうまく機能すれば、優れた最終決済システムになるだろう。ビットコインは、実際の処理制約によってのみ制限されるべきであり、恣意的に選ばれた上限によって制限されるべきではない」[13]。

ペアはまた、マイナーが何らかの形でシステムのセキュリティに対する脅威であり、その力を取り除く必要があるという考えにも言及した。「マイナーがビットコインを支配している……そしてそれは良いことだ」と題した記事で、彼はサトシの設計を擁護し、それがどのようにビットコインを分散化させているかを説明している。

「数週間前、私はある人と会話をした。その人は、マイナーからなんらかの力を取り上げるべきだという考えを表明した。私はそれを興味深いと感じ、疑問に思った。もしマイナーから何らかの力を取り上げるなら、そ

の力を誰に与えるのか？

1人の人間がビットコインのトレードマークを所有すべきなのか？彼らが公式のビットコイン™のコンセンサスルールを設定する力を持つべきなのか？マイナーは、公式の商標保護されたビットコイン™のコンセンサスルールに従うと認証された者だけがブロックを作成できるように、自分のブロックに署名すべきなのだろうか？もしこの考えを論理的な結論まで追求すれば、結局、マイニングの必要が全くない中央管理システムに行き着く」。

彼はその後、ビットコインのインセンティブシステムの力、それがどのようにマイナーの不正行為を防いでいるか、そしてなぜマイナーがネットワークのセキュリティにおいて最も重要な役割を果たしているのかを説明した。

「個々のマイナーの影響力はごくわずかだが、集合的には、彼らはビットコインに関するすべてを支配している。これはビットコインの重要かつ根本的な特性だ……単独のマイナーが異なるルールに従って操業する場合、ブロックを生成しても他のマイナーから拒否されてしまう。彼らはその努力に対して何の報酬も得られない。つまり、マイナーは最も効率的にブロックを生産するために互いに競争しているが、同時に協力する必要もあるのだ……

ビットコインは、ネットワークの運営に関するすべての力をマイナーの手に委ねており、誰でもマイナーになることができる。この集団的で調整された行動こそが、ビットコインを強力で斬新かつ革命的なシステムにしているのだ。マイナーがビットコインに対して持つ力を弱めることは、ビットコインそのものを弱めることになる」。

サトシはマイナーに権限を与えたが、ペアは、マイナーが決定を下すことを拒否した場合、あるいはそもそも自分たちがそのような力を持っていることに気づいていない場合、この力は使われないことを認めている。

「マイナーは自分たちの力を委譲することができる。彼らは、採掘するブロックをマイニングプールに生産させることを選択し、そうすることでプールにコンセンサスルールを強制させたり、望むならトランザクションを検閲させたりすることができる。マイナーはまた、他者が、自分たちの実行するソフトウェアやそのソフトウェアが強制するルールに影響を与えたり、制御したりすることを許すこともできる。開発者やマイニングプール、あるいは他のマイナーでない誰かがコンセンサスルールに関して何らかの発言権を持つ唯一の理由は、マイナーが（意識的にあるいは無意識に）自分たちの力を委譲することを選択したからだ」[14]。

ペアの見方は2016年には当たり前だったが、今日ではほとんど聞かれなくなった。実際、ビットコインの設計について学ぼうとする新規参入者は、まさにこのトピックに特化したビットコインWikiのページに遭遇する可能性が高い。「ビットコインはマイナーによって支配されていない」と題されたそのページでは、フルノードがビットコインのルールを設定し、制御しているのであって、マイナーではないと読者に伝えている。記事によると、ノードがソフトウェアをアップグレードしない能力が、マイナーを抑制しているという。

「マイナーがコンセンサスルールに違反するブロックを生成しても、フルノードを動かしている全員にとって、それらのブロックは無効として扱われ、存在しないも同然だ。これらのブロックでビットコインが生成されることはなく、トランザクションも承認されない。経済活動の大半はフルノード

によるトランザクション承認に依存しているため、マイナー全員が結託して不正なブロックを作ろうとしても、実質的な影響力は持ち得ない……」[15]

第6章で説明したように、マイナーの過半数が実行するソフトウェアを変更すると、一部のノードが互換性のないソフトウェアを実行している場合、それらのノードは単にネットワークからフォークされてしまう。フルノード自体には、ブロックを生成する力がなく、したがって単独でトランザクションを処理する力もない。ネットワークはこれらのノードなしでも問題なく動作するが、マイナーがいなければ急停止してしまう。

ビットコインが、趣味でノードを稼働させるような人たちによって、何億ドルもインフラに投資している全てのマイナーのソフトウェアアップグレードを阻止できるように設計されたと想像するのは、馬鹿げている。しかし、この記事はさらに、ネットワークの大半の参加者が自身のノードを実行する必要があり、そうでなければシステム全体が安全でなくなると主張している。

「もし経済圏の大部分が独立したフルノードを実行していないなら、ビットコインは誰かによって支配されていることになる。もし経済圏の大半がSPVスタイルの軽量ノードを使用しているなら……ビットコインはマイナーによって支配されており、安全ではない」。

サトシの哲学とは正反対のことを述べた後、記事はさらに別の馬鹿げた結論で締めくくられている。

「ここから導かれる結果は、『ビットコインのガバナンス』いうものは存在しないということだ。ビットコインは統治されない。誰も、どんな集団も、

自分たちの見解を他者に押し付けることはできない。ビットコインの定義さえも主観的なものになりうる……この非ガバナンスを実現することがビットコインの主な動機の1つであり、それは今も従来のシステムに対する最大の利点の1つであり続けている。そしてビットコインシステム自体とビットコインコミュニティの両方が、ビットコインのこの特徴を弱めようとするあらゆる試みに激しく抵抗するだろう」[16]。

　ビットコインの歴史とネットワーク設計を理解している人なら、ビットコインがガバナンスなしに存在すると言うことはできない。「非ガバナンス」という言葉は、「デジタルゴールド」と同様に、ビットコインの真の設計について人々を誤解させる、単なる見かけ倒しの標語に過ぎない。

　ビットコインコミュニティを代表して発言していると主張するこのビットコインWikiの記事が、代表的なオンライン議論プラットフォームすべてを支配している同じ人物、すなわちTheymosによって書かれたということを知っても、本書の読者なら、もはや驚くまい。

18

香港からニューヨークへ

「ビットコインコアがネットワークをこの状態にまで至らせたのは完全に彼らの不注意だ。これは彼らのチームのモチベーションと能力について多くを物語っていると思う」[1]
——ブライアン・アームストロング、Coinbase CEO

2016年初頭、ネットワークのハッシュレートの90%以上が、ブロックサイズ制限を少なくとも2MBに引き上げることを支持していた[2]。ビットコインXTは引き上げを実現する実装として選ばれなかったが、すぐに別のものが登場した。ギャビン・アンドレセンとジェフ・ガージックが率いるビットコインクラシックだ。2MBへの制限引き上げのみを行う保守的なビットコインコアの代替案として、すぐに人気を得た。XTと同様、クラシックもハッシュレートの75%の閾値に達した後にのみブロックサイズ制限を引き上げる予定だった。クラシックのウェブサイトが作成されてからわずか数日後、ハッシュレートの50%がこの新しい実装への支持を表明した[3]。ウォールストリートジャーナルはすぐにこれに注目した。

「XT対コアの論争の後に、ビットコインクラシックと呼ばれる別の提案が現れた。最初に制限を2MBにし、時間とともにそれを引き上げるルールを設けたバージョンのビットコインで、急速に支持を獲得している」[4]。

クラシックは瞬く間に評判となったが、全員がコアから離れる準備ができていたわけではなかった。BTCCマイニングプールは、ブロックサイズ制限の引き上げには賛成していたものの、クラシックに対しては早くから懐疑的だった。彼らの希望は、単純にコアが自らブロックサイズ制限を引き上げることで、論争を避けたかった。

「私たちは2MBへの引き上げを支持するが、ビットコインクラシックを支持する署名はしない…何かに強く惹きつけられるからといって、深刻な分析もなく乗るべきではない……私たちにとって理想的な状況は、コアが2MBへの引き上げを行い、その後『SegWit』を実施することだ」[5]。

「SegWit（セグウィット）」は「Segregated　Witness」の略で、後で説明する。

コアがブロックサイズを引き上げるのを待つ戦略に、良い実績はなかった。大人気のサトシダイスゲームとShapeShift取引所の創設者であるエリック・ヴォーヒーズは、BTCCについてコメントし、コアに妥協を迫るためにも、クラシックを支持するよう促した。

「コアが2MBに移行する唯一の状況は、クラシック（または他の何か）へのハードフォークが差し迫っていると感じた場合だ。もしコアに2MBを追加させることが望みなら、クラシックに署名することが最も効果的な方法だろう」[6]。

プレッシャーが効き始めているように見えた。2016年2月末には、香港

で、複数の大手マイナー、企業、主要なコア開発者たちによる緊急会議が開催された。

香港合意

業界の目標は明確だった。差し迫ったネットワークの障害を回避するためにビットコインをスケールさせる方法を見つけ、それをコミュニティを分断することなく実行することだった。しかし、コア開発者たちの目標は異なっていた。何よりもまず、彼らは自分たちの仕事を守る必要があった。ビットコインクラシックによって交代され、解雇される脅威にさらされていたからだ。そこで彼らは、マイナーたちがコアソフトウェアのみを実行することを約束する見返りに、小規模なブロックサイズの増加を約束した。2月20日、「香港合意」または「HKA」と呼ばれる合意に達した[7]。HKAの主な構成要素は下記の2つだ。

1) ブロックサイズ制限を2MBに引き上げるハードフォークアップグレード。

2) SegWitを有効にするソフトフォークアップグレード。

マイナーの誓約は以下のように述べていた。「当面の間、本番環境では最終的にSegWitとハードフォークの両方を含むビットコインコア互換のコンセンサスシステムのみを実行する」合意にはスケジュールも含まれていた。SegWitは2016年4月に、ハードフォークのコードは7月にリリースされ、そしてハードフォークは翌年の7月頃に実行される予定だった。クラシックが2MBへのアップグレードを提案し、コアも同様の約束をしたため、マイナーたちは安心してコアの使用を継続することになった。あと数か月待てば、論争を避けつつ2MBに到達できると考えたからだ。

比較的シンプルなブロックサイズの増加とは対照的に、SegWitはソフトウェアにより複雑な変更を加え、トランザクションの構造を変更するものだ。SegWitはトランザクションのスループットを若干増加させるが、その主な目的はライトニングネットワークのようなセカンドレイヤーの構築を容易にすることだ。ピーター・ライズン博士などから、SegWitに対して重大な批判が寄せられていた[8]。批判者たちはセキュリティの潜在的な弱点を指摘し、また、誰もがこのコードがソフトウェアの複雑さの恒久的な増加をもたらす、深刻な「技術的負債」となる事を認めていた。ソフトウェアは複雑になればなるほど、扱いが難しくなり、必然的により多くのバグが生じる。SegWitは複雑さを大幅に増加させるものだった。業界のすべてのウォレットがSegWitトランザクションを安全に処理できるようにするためにソフトウェアの大規模な書き換えが必要となり、当時、複数の企業から不満が漏れた。

批判はあるものの、私はSegWitについて強い意見を持ったことはない。私にとってビットコインの最も重要な部分は、第三者に検閲されない、迅速で安価で信頼性の高い取引が出来ることだ。SegWitがこれらの性質を向上させるなら、それは良いアイデアだし、これらの性質を損なうなら悪いアイデアだ。しかし、SegWitだけではトランザクションのスループットを十分増加させる事は不可能だ。だが、2016年当時の状況の緊急性を考えると、ネットワークを2つに分割することなくブロックサイズ制限の引き上げを実現するための許容できる妥協案のように思えた。もちろん、これはコアが約束を守ることを前提としてのことだった。

HKAは全員一致の支持を得たわけではなかったが、AntPool、Bitmain、BTCC、F2Poolなど、マイニングに関わる主要プレーヤーの署名を得た。これらは全ハッシュレートの相当な割合を占めていた。いくつ

かの暗号通貨取引所も署名した。5人のコア開発者とBlockstreamの CEOであるアダム・バックも署名を加えた。目立った批判者はブライアン・ アームストロングで、彼はビットコインコアをできるだけ早く交代させる必 要があるという確信を持って香港から帰国した。会議に出席した直後、 彼は「コアが唯一のプロトコル開発チームであることのシステム上のリス ク」を警告し、ビットコインクラシックへの移行を促す記事を書くことにな る。

「私たちはこのアップグレードの道筋について中国のマイナーたちと 意思疎通を図る必要がある。彼らは、世界中でたった4〜5人だけがビッ トコインプロトコルを安全に扱えると誤って信じ込まされているが、実際 にはこのグループこそが彼らのビジネスにとって最大のリスクをもたらし ている……

ビットコインクラシックにアップグレードすることは、永遠にクラシックチ ームと共にあるということではない。それは単に、現時点でリスクを軽減す るための最良の選択肢という事だ。将来的には、どのチームのコードでも 使用することができる」。

この記事はまた、ビットコインを健全に保ち、開発の独占を避けるため に、複数のソフトウェア実装を持つことの重要性を改めて強調した。

「私の一般的な見解（先週末の会議で述べたもの）は、ビットコイン は、上記で述べた制限を考慮すると、単一のチームよりも、複数の当事者 がプロトコル開発に取り組むシステムの方が、はるかに成功の可能性が 高いということだ。私はこれを実現できると思う。実際、これを実現しなけ ればならない……

長期的には、ビットコインプロトコルに取り組む新しいチームを作る必要がある。コミュニティに加わる新しい開発者を歓迎し、合理的な妥協を厭わず、プロトコルの継続的なスケーリングを支援するチームだ」[9]。

香港合意が成立したにもかかわらず、ビットコインクラシックのノードは攻撃の標的となった。これは以前のビットコインXTの時と同じパターンだった。コアの代わりとなる案を実行する者を罰するDDoS攻撃の新たな波が起こり、オンラインフォーラムは再び攻撃の報告で埋まり始めた。-Blocky.comは次のように報告した。

「現在の攻撃は、スケーラビリティに関する単純な意見の相違が混沌に陥り、コミュニティ内の犯罪的要素を表面化させた最新の事例だ。この意見の相違は、現在ブロックが満杯の最大容量で運用されているため、トランザクションの圧力を解放するための緊急措置として、容量を2MBに増やすという提案に続いて起こっている」[10]。

当社Bitcoin.comもまた攻撃を受け、その結果ISPが数時間にわたってサーバーをシャットダウンした。当時のCTOであるエミル・オルデンブルグは、攻撃の背後にある動機について次のように書いた。

「この攻撃の目的は、ビットコインクラシックを実行している人々を脅すことだ。ビットコインXTの時と同じ手口だ。この攻撃は、マイナーたちがビットコインクラシックのブロックを採掘し始め、すでにXTが得た支持をはるかに上回る支持を集めている時期に起こっている。

誰かが、クラシックノードとブロックの成長を止めようとして、クラシックに対するDDoS攻撃実行を委託している。一部のコア開発者とアダム・バックは『ビットコインは民主主義ではない』と述べているが、この描写は現

在のガバナンスモデルに関しては正しい。検閲、人格攻撃、党の方針に反対する者への攻撃、自由な選択への妨害があることを考えると、現在のガバナンスは北朝鮮により似ている」[11]

Cointelegraph誌は、ビットコインの全ハッシュレートの4分の1以上を占める中国のマイニングプールF2Poolの話題を取り上げた。F2Poolがマイナーたちにクラシックの実行を許可した直後に攻撃を受けたのだ。

「F2Poolチームが、マイナーがビットコインクラシックのブロックを採掘できるサブプールを立ち上げることで、ビットコインクラシックを『テスト』する決定を発表した直後に、F2Poolビットコインマイニングプールを標的にした攻撃が始まった」[12]。

再び、攻撃は驚くほど効果的であることが証明された。ビットコインクラシックは2016年3月中旬に最高の支持を得たが、その後急速に衰退した。

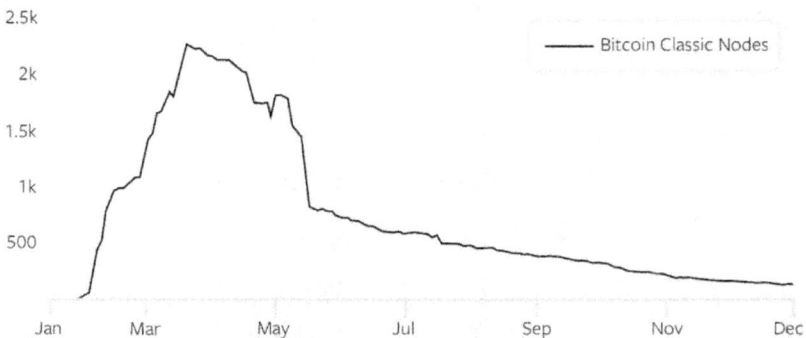

図6:アクティブなビットコインクラシックノードの数[13]

なぜそうなったのかを理解するのは難しくない。ビットコインクラシックの運用は論争を呼び、ネットワークを2つに分岐させるリスクがあったため、DDoS攻撃への格好の標的となったのだ。また、クラシックは2MBブロックへのアップグレードだけを提案していたが、これは既にHKAでコアによって約束されていた。そのため、多くのマイナーにとって、コアを信頼する方が安全な選択肢に思えた。しかし不幸なことに、彼らの信頼は裏切られ、ブライアン・アームストロングの批判は的中することになる。コア開発者たちはSegWitアップグレードとブロックサイズ増加の両方で期限を守らなかったのだ。彼らは香港合意を遵守せず、ブロックはますます満杯になっていった。

情報コントロールの強化

一方、ビットコインのナラティブを支配するための戦いは激化していた。検閲は蔓延し、情報サイトの所有者たちはさらに厚かましくなった。2016年7月、Bitcoin.orgの所有者「Cobra」には考えがあった。「ホワイトペーパー自体を変更する」ことで、新参者がビットコインの元々の設計について学ぶのを防げるかもしれない。

「ビットコインの論文が……多くのトラフィックを得ていることに気づいた……論文を読んでいる人のほとんどが初めて読んでいて、学習リソースとして使用しているのだろう。しかし、論文が非常に時代遅れになっているため、もはやビットコインの確かな理解を人々に与えるのに適していないと思う……論文で描かれているビットコインとbitcoin.orgで描かれているビットコインが乖離し始めているように感じる。論文を読んだ人々はビットコインを理解したと思い込むため、そのうち良い影響よりも悪い影響の方が大きくなると思う」。

　Cobraは次に、ホワイトペーパーはサトシの元々の設計を説明することを意図したものではなく、現在のビットコインコアソフトウェアがどのように機能するかを説明することを意図したものだという驚くべき主張をした。

　「人々が有害で狂った考えを広め、それを正当化するために論文の一部を引用するのを見てきた。学者たちも定期的にこの論文を引用し、この時代遅れの論文に基づいて彼らの推論や議論の一部を展開している……

　私は、この論文は常に現在のレファレンス実装の高レベルな概要を示すことを意図していたと信じており、論文が時代遅れになり、レファレンス実装が2009年から大きく変化した今、我々はそれを更新すべきだと考える」[14]。

　Cobraの論理によれば、たとえコア開発者たちがコードを大幅に変更して元のビットコインとの類似性をすべて失わせたとしても、ホワイトペーパーはそれらの変更を反映するように変更されるべきだということになる。Theymosはすぐにそのスレッドにコメントし、ホワイトペーパーが人々を誤解させるという点で同意した。

　「興味深い提案だ。論文は確かに時代遅れになっており、論文がまだビットコインについて学ぶ良い方法であるかのように、「ホワイトペーパーを読めばわかる！」と言う人をよく見かける……」[15]

　幸いにも、この提案は十分な抵抗に遭い、変更を阻止することができた。ただし、彼らが将来再び試みることを止めることはできなかった。Theymosは後に、さらに途方もない提案をすることになる。それは、

企業が自社製品をBitcoin.orgウェブサイトに掲載してもらうためには、スモールブロッカーの主張に忠誠を誓うことを要求されるべきだというものだった。

「複数の企業がマイナーがビットコインをコントロールしていると述べた。この考えはビットコインに対する最も危険な脅威の一つだ……bitcoin.orgは今以上にこれに対抗すべきだと考えている。例えば、bitcoin.orgはウォレットやサービスに対し、ビットコインがマイナーによって支配されていないことを認める非常に単純な誓約に署名することを、bitcoin.orgからリンクされるための条件として要求すべきかもしれない」[16]。

「ホワイトペーパーがこれらの危険な信念のすべての原因だ。我々は真剣にそれを書き直すか、あるいは完全に新しいホワイトペーパーを作成し、それをビットコインのホワイトペーパーと呼ぶ必要がある」[17]。

図々しさに唖然とさせられるような言葉だ。ビットコインにおいて最も有名なウェブサイトを管理する2人の正体不明の人物が、自分たちの主張を押し通すために検閲し、プロパガンダを行い、さらには歴史を書き換えることに熱心になっている。

一般のユーザーは、TheymosとCobraの存在すら知らない。ましてや、彼らがどのようにして本来のビットコインとは正反対のバージョンを押し進めてきたかという歴史など知る由もない。私が個人的に話をした著名な投資家たちでさえ、このことを知らない。相当な独自調査を行った人か、業界に長年携わってきた人でなければ、知り得ないことなのだ。

BU、NYA、S2X、その他の頭字語

2016年はSegWitもブロックサイズの増加もないまま過ぎ去り、翌年

はビットコインの歴史の中で最も混乱した年となった。2017年1月には、ブロックは頻繁に90%以上の容量が埋まり、時折1MBの制限に達していた。3月までには、平均取引手数料が1ドルを超えた。これは1年以内で1,000%以上の増加だった。ビットコインの初期の起業家であるチャーリー・シュレムは次のように書いた。

「早急にビッグブロックを実装しなければ、PayPalの方がビットコインよりも安くなってしまう。私はすでにトランザクションごとに数ドル支払っている。成長を妨げるのはやめてくれ」[18]。

次の代替実装が勢いを得始めた。ビットコインアンリミテッド（BU）チームは、ハードコードされたブロックサイズ制限を、彼らが「Emergent（創発的）コンセンサス」と呼ぶものに置き換えようとしていた。基本的な考え方は、マイナーとノードが誰かの承認を必要とせずに自分たちでブロックサイズ制限を設定できるようにするというシンプルなものだった。彼らは、経済的インセンティブがネットワークの調整と機能を維持できると考えた。私は彼らの分析に同意した。

2017年初頭に勢いを得たにもかかわらず、BUは例の反対派から嫌われ、攻撃の対象となった。Redditでは複数の匿名ユーザーが、BUのバグを見つけて攻撃するつもりだと投稿した[19]。その通りに、3月中旬には、ビットコインアンリミテッドのノードの半分以上が協調攻撃により成功裏にダウンさせられた。バグ自体は大きな被害を引き起こさなかったが、重要な時期にBU開発者たちの評判を傷つけることになった。この攻撃を取り上げたブルームバーグの記事には次のように書かれていた。

「バグは迅速に修正されたが、これはアンリミテッドのプログラマーたちにビットコインの複雑な渋滞問題を解決する経験が不足しているとい

う批評家たちの主張を裏付けるものとなった。アンリミテッドは最近数週間で、影響力のあるマイナーたちの支持を得ていた。これは、2年以上の議論の末、コミュニティのコンセンサスを得ることをあきらめた一部のマイナーたちの決断によるものだった。このバグにより、マイナーたちが本当に支持を貫くのかどうかについて疑問が生じている」[20]。

　この騒動の最中、BTCの市場シェアも急落し始めた。年初には、BTCは全暗号通貨の時価総額の約87％を占めていた。しかし5月までに、それは50％を下回るまで急落した。ビットコイン業界はついに、長年スケーリングを先送りしてきた結果を感じ始めていた。そこで、今度はニューヨークで別の会議が開催され、業界最大手のプレイヤーたちと、主要なコア開発者たちが招待された。

　すぐに合意が成立した。以前合意されたHKAに似た保守的な内容だった。SegWitは80％のマイナーの同意を得て有効化され、2MBのブロックサイズの増加は6か月以内に実施される予定だった。これは「ニューヨーク合意（NYA）」として知られるようになる。有名な事件として、コア開発者が全員この会議に出席しなかったため、業界内で独自に合意を見つけなければならなかった。私の会社Bitcoin.comもNYAに署名したが、私は個人的に出席できなかった。もし私が出席していたなら、計画に1つ、明らかな問題があることに異議を唱えたはずだ。SegWitが有効化された後にブロックサイズの増加が行われるという点だ。もしSegWitを受け入れた後に、コアの代替案全てを攻撃するための新たなキャンペーンが行われたらどうなるか？マイナーたちは最終的に代替の実装にコミットするのだろうか？これは巨大な賭けであり、結果として大失策に終わった。

　ニューヨーク合意には、22か国の58の企業が署名し、83％のハッシュパワー、月間5億ドル以上のオンチェーントランザクション量、そして2,000万以上のビットコインウォレットを代表していた[21]。その支持は非常に広く、コアやSegWitへの有名な反対派でさえ署名したほどだ。例えば、マイニングプールのViaBTCは、前月にSegWitをスケーリングソリューションとして支持しない理由を詳述した辛辣な記事を書いていたが、それでも合意に署名した。

　「現在、ビットコインにとって最も緊急の課題はネットワークの容量問題だ……　マレアビリティ問題を解決するソフトフォークであるSegWitでは、この容量問題を解決することはできない……　SegWitが有効化された後、新しいトランザクション形式によってブロックサイズをわずかに拡大できるとしても、ビットコインネットワークの発展に対する需要にはまったく追いついていない。SegWitに依存するセカンドレイヤーネットワーク、例えばライトニングネットワーク（LN）は、ブロックのスケーリングソリューションとは言えない。LNのトランザクションは、ビットコインのピアツーピアのオンチェーントランザクションと同じものではなく、大半のビットコインの使用シナリオにはライトニングネットワークは適さない。さらに、LNは大規模な支払い『センター』を生むことになり、ビットコインが初期に設計されたピアツーピアの決済システムとしての目的に反することになる。特定のケースでは、小規模で頻繁なビットコイン取引には良い方法かもしれないが、ビットコインのスケーリング問題の解決策として頼ることはできない」。

　彼らの記事では、SegWitによって、コアチームのビットコインプロトコルに対する支配力が一層増長される仕組みを説明している。

「ビットコインの実装リファレンスとして、ビットコインコアはコミュニティにおいて大きな影響力を持っていた。しかし、その影響力は長い間、彼らの行動によって過大評価されてきた。彼らは以前の影響力を乱用し、コミュニティの意向に反してビットコインのブロックサイズの増加を妨いできた。コアチームは、ビットコインのメインフォーラムにおける検閲を支持し、コアの現在のロードマップに異を唱える多くの著名な開発者や企業、コミュニティメンバーが利用禁止にされている。今日、ビットコインは開発の分散化を達成するために、多様化した開発チームや実装が急務となっている」。

「SegWitが有効化されれば、ビットコインは今後数年間、コアの現在のロードマップに従わざるを得なくなり、これでこの無能な開発チームの影響が一層強まるだろう。そして、ビットコインが多様な方向に成長する可能性は排除されてしまう」[22]。

このように強い批判の意見を持つにもかかわらず、コミュニティを同じコインのもとに統一し、苦労して築いたネットワーク効果を維持するために、ViaBTCもNYAに署名した。2017年6月までに、トランザクション手数料は引き続き急騰し、平均で5ドル以上に達し、前年から5,000%以上の増加となった。

図7: 2016年6月から2017年6月にかけてのビットコインの平均トランザクション手数料

　ビットコインの相対的な時価総額も38%という新たな低水準に達し、多くの人々が、より高性能を提供するイーサリアムなどの代替チェーンを選ぶようになっていた。業界の圧倒的多数は、ビットコインの容量を拡大することが緊急課題であると認識していたが、ビットコインコアの開発者たちは、ブロックサイズ制限を増やすことに全く同意しなかった。そのため、別のソフトウェアリポジトリで他の開発者たちがそれを実現するしかなかった。ジェフ・ガジックがこの新プロジェクトのリード開発者に選ばれ、彼が手掛けたコードは「SegWit2x」または「S2X」と呼ばれることになる。

　再びコアは解任の危機に直面していた。もしS2Xを稼働させているマイナーの多数が1MBを超えるブロックを生成すれば、コアを使用しているマイナーはネットワークから分岐させられてしまう。さらに重要なのは、ビットコインのコードの鍵がついにコアの手から引き剥がされるということ

だった。そのため、HKAやNYAを反映させたにすぎないコードのS2Xを支持する者たちを悪者扱いする新たな活動が展開された。グレッグ・マクスウェルはこう書いた。

「数か月前に、善意で中国に行った2人のバカが、問題を学び教育しようとした結果、深夜の3〜4時まで部屋に閉じ込められ、SegWitの後にハードフォークを行うことに個人的に同意させられてしまった」[23]。

フォーラムユーザーのhttpagentは、コアが自分たちの仲間以外に対して敵対的であることについてこうコメントしている。

「最近、ビットコインコアが採用した『無知』戦略に気づいた。基本的に、コミュニティメンバーが、コア開発の一員でない人は全員が無知で、ビットコインの将来を議論する上で有効な立場にないと主張するというものだ」[24]。

2017年の残りは、Blockstream／コアと業界全体との対決に発展することになった。数年間、統一の名のもとに「フォークはどんな代償を払っても避けるべきだ」と主張していたにもかかわらず、コアの支持者たちは、実際には協力する意図がないことを明らかにした。いざという時には、彼らはコミュニティを分断し、必要な手段を使って相手を攻撃する準備ができていたのだ。

19

いかれ帽子屋

　ビットコインコアがSegWitのコードをリリースした際、彼らはその実装前に95％のハッシュレートが有効化に賛同することを要求した。これは、実質的に5％の少数派のマイナーに拒否権を与えるものだった。このハードルが高すぎるとして、コアは強い批判を受けた。十分な数のマイナーが反対すれば、SegWitの有効化を無期限に妨げることができたからだ。そのため、NYA（ニューヨーク合意）では要求される割合が80％に引き下げられた。しかし、NYAが成立する前に、マイナーにSegWitを採用させるための別の計画が既に進行していた。

いかれた計画

　2017年2月、ShaolinFryのハンドル名を持つ開発者がUser-Activated Soft-Fork（ユーザー主導のソフトフォーク、略して「UASF」）を発表した[1]。当初、この計画はあまり注目を集めなかったが、UASFは、SegWitが速やかに採用されない場合ネットワークを混乱させると脅すことで、マイナーの力に公然と挑戦する試みだった[2]。UASFコードを実行するノードは、SegWitの有効化を意思表示するブロックだけを受け入れる。したが

って、マイナーがUASFコードと互換性のないブロックを生成すると、ノードは自らネットワークから分岐することになる。

　これは一見すると意味のないアイデアのように思えるが、取引所や決済処理業者、ウォレット提供者など、影響力を持つ十分な数のノードを集められれば、理論的には問題を引き起こす可能性があった。ユーザーは、自分の知識や同意なしに、マイナーの大多数とは異なるブロックチェーン上に移動し、資金を失ったり、支払いが失敗したりするリスクがあった。

　UASFの計画者たちは、経済的インセンティブに訴えることで自分たちのアイデアを推進しようとした。ネットワークの混乱による潜在的な痛みを引き合いに出すだけでなく、SegWitを採用すればマイナーはより多くの利益を得られるとも主張した。SegWitは新しいトランザクション形式を導入するため、従来の形式と新しい形式の両方で手数料を得ることが可能になるからだ。このように、すでにSegWitの採用を計画していたマイナーにとって、SegWitを直ぐに採用することが最も簡単な選択肢となることを目指していた。

　UASFとその支持者は多くの批判を受けた。OB1の共同創設者であるワシントン・サンチェス博士は、「UASFはシビル攻撃の洒落た名前に過ぎない」と主張した[3]。シビル攻撃とは、ネットワーク内で誠実な参加者と不誠実な参加者を区別できなくする攻撃だ。ビットコインのノードは簡単に作成できるため、不誠実なノードを大量にネットワークに投入し、誠実なノード同士の接続を妨げることが可能になるというものだ。

　皮肉なことに、ビットコインのプルーフ・オブ・ワークは、このシビル攻撃からネットワークを守るためのものだ。ノードの作成は安価で簡単だが、

マイニングはそうではない。マイナーにプルーフ・オブ・ワークを要求することで、ネットワークを攻撃するコストが飛躍的に高くなり、その高いコストがあるからこそルールを守る参加者同士がお互いを見つけやすくなっている。UASFは、経済的に重要なノードをネットワークから分岐させると脅しに使うことで、この保護機能を「克服」しようとしていた。

マイナー対フルノード

UASFのコンセプトにはいくつか重大な問題がある。最も根本的な問題は、ビットコインの設計上、最終的にはマイナーの参加が不可欠である点だ。仮にUASFノードがメインネットワークから分岐しても、マイナーの協力がなければ、そのチェーンは新しいブロックを生成できず、すぐに使い物にならなくなる。仮に5％のハッシュレートを持って分岐したとして、そのチェーンは通常の速度の5％でしかブロックを生成できず、1ブロックあたり平均10分ではなく、200分かかることになる。

さらに、彼らは「51％攻撃」にもさらされる。51％攻撃とは、ネットワークのハッシュレートの過半数が不誠実または悪意を持っている場合に、ブロックチェーンが攻撃されることだ。UASF支持者が5％のハッシュレートを新チェーンに移した場合、残りの95％はBTCに留まる。つまり、6％のマイナーがUASFチェーンに移動するだけでそのチェーンを攻撃できるということだ。全体のハッシュレートの89％がBTC側に残り、11％がUASF側に移る、その11％のうち半数以上が敵対的であれば、チェーンは大きな混乱に陥る可能性が高い。最終的に、サトシの設計では、マイナーがブロックチェーンが機能するかどうかを決定する力を持っている。

UASFのコンセプトには欠陥があったものの、重要な問いを投げかけた。それは、「マイナーがフルノードのネットワークに接続するのか、それと

もフルノードがマイナーのネットワークに接続するのか」という問いだ。幸いなことに、答えは「両方」である。マイナーはビットコインの技術的な基盤を形成しているが、広大な経済ネットワークから独立して運営しているわけではない。マイナーは利益追求型であり、他の関係者の意向を無視することはできない。無理やり変更を押し通すと、自分たちがマイニングするコインの信頼性（およびその価格）を損なうことになる。

しかし、少数派の意見に過度に配慮すると、特にそれがブロックチェーンのスケーリングを妨げる場合、長期的には逆効果となりかねない。

UASFは当初ほとんど支持を得られなかったが、超過激スモールブロック派、例えばBlockstreamのCSOであるサムソン・モウやBlockstreamの委託業者であるルーク・ダッシュジュニアがこの運動を支持したことで、徐々に注目を集めた。モウは、優れたUASFの提案のために資金調達活動を組織し[4]、特にソーシャルメディアを中心に数か月の間にUASFへの支持が広がった。しかし、その支持が本物なのか、または捏造されたものなのかは不明だった。

例えば、Twitterでは数百のアカウントがビットコインに関する公開討論に群がり、UASFのアイデアを積極的に推進していた。これらの多くは新規アカウントで、プロフィール画像がアニメのキャラクターで、フォロワーはほとんどおらず、毎日何時間も、数か月にわたってビットコインについて激しく意見を主張していた。それらのアカウントは、そのためだけに使われていたようだった。一方で、現実のミートアップや会議では、オンラインでの活発な活動とは対照的に、UASF支持者はどのミートアップグループにもせいぜい多くて2人程度だった。彼らはすぐに、カンファレンス会場で最も敵対的で混乱を引き起こすビットコイナーとして悪評を買った。彼ら

はBlockstreamが作った「UASF」と刺繍の入った迷彩帽子を皆で着用しており、簡単に見分けることが出来た。

　最終的に、BitFuryやSamurai　Walletのような数社がUASFを支持したが、この運動が臨界点に達することはなかったし、そうなる必要もなかった。マイナーたちは、NYAの一環としてSegWitの採用を早めるだけだった。SegWitは2017年8月末に有効化される予定となり、ブロックサイズ2倍の増加は同年11月に予定されていた。

　SegWitやUASFをめぐる騒動には、別の側面もあった。それは、一部のマイナーたちがついにバックアッププランを作成するきっかけとなったということだ。もしSegWitに問題があったり、その普及がチェーン分岐を引き起こしたり、あるいはブロックサイズ2倍の増加が実現しなかった場合に備えて、プランBが必要だった。そこで、SegWitを採用せず、ブロックサイズ制限を即座に8MBに引き上げた別の実装が作られた。この実装は「Bitcoin　ABC」と呼ばれた。「ABC」は「調整可能なブロックサイズ上限（Adjustable　Blocksize　Cap）」の略で、マイナーが開発者の承認を必要とせずに独自のブロックサイズ上限を設定できるものだった。Bitcoin　ABCは新しいネットワーク、つまり新しいコイン「ビットコインキャッシュ（BCH）」を生み出した。BCHは、当初からBTCに取って代わることを目指したわけではなく、むしろBTCの改善が実現しなかった場合に備えて、マイナーたちが用意した保険的な選択肢として誕生した。結果として、この戦略は賢明だったと言える。

「ビットコインの敵」

　SegWitが有効化されるとすぐに、UASFに代わる新たな活動が展開さ

れた。ソーシャルメディア工作員や情報操作者、そしてBlockstreamの有名な社員たちが「NO2X」を推進し始め、SegWit2xの「2x」部分を拒絶し、ブロックサイズ上限を1MBに維持しようとした。彼らには多くの課題があった。というのも、大半の主要企業は依然として2xアップグレードを計画しており、マイナーによる賛成の意思表示も90％以上に達していたからだ。業界全体のほぼ一貫した支持は、「企業による乗っ取り」として非難されたが、NYA自体がBlockstreamのコア開発者への企業的影響力を打破するために必要とされたものだったので、皮肉だ。アダム・バックによれば、

「ビットコインを企業によって乗っ取ろうとする人々は、ビットコインの理念に反しており、反ビットコイン的だ。彼らはビットコインの敵である」[5]。

コア開発者のbtcdrakも同じ意見を表明し、SegWit2xはビットコインの開発をさらに中央集権化させるだろうと主張した。

「この提案には、技術的にも倫理的にも、そして採用されたプロセスそのものにも呆然としている……『代替実装』がいかに重要かという話はたくさんされているが、この軽率で性急な行動が、どうやって複数の実装が共存するエコシステムを促進するのか？急速なアップグレードを促すことで、実際にはエコシステムをさらに中央集権化させてしまっている」[6]。

攻撃的なスモールブロック派の戦術をよく知る多くのベテランたちは、2xアップグレードを阻止しようとする動きと、その結果としてコアとは別の道筋を取る事態を事前に予測していた。このテーマは検閲のないフォーラムで議論されており、ハードフォークが決して起こらないと期待することは陰謀論に似ていると主張する人もいた。ユーザーjessquitはこの考えに対して次のように返答した。

「悪者たちがこの業界で何年も約束を破ってきたことをすっかり忘れさせる、その薬をどこで手に入れたんだい？君はここでの全ての歴史を完全に無視して、ただ想像力に身を任せているようにしか見えない……」

「SegWit2xが予定通り進み、80％以上の支持を得て有効化され、その後ハードフォークが順調に進む可能性はあるか？確かに可能だ。ただし、それには驚くべきほどの現実逃避が必要だ」[7]。

別のユーザーも賛同してこう述べた。

「Blockstreamとコアが誠実であるとは思えない。香港合意で既にそれを証明していないか？彼らは明らかに合意を破棄したよな？まるで『一度騙されれば相手のせい、二度騙されれば自分のせい』って感じだよ」。

特に不誠実な戦術の1つは、SegWitのアップグレードをブロックサイズの増加と主張し、コアが香港合意での約束をすでに履行したかのように見せかけることだった。サムソン・モウがこの話をTwitterで短い対話形式で始めた。

「SegWitの有効化は、ビットコインの『内戦』と見なされていた状況や、ネットワーク分岐のハードフォークの脅威に決定的な終止符を打つことになるだろう」[8]。

エドマンド・エドガーは懐疑的にこう返答した。

「彼らが言っているのは、SegWitを手に入れたら、ブロックサイズの増加は二度と行われないということだ」[9]。

それに対してモウは

「SegWitはブロックサイズの増加だ。違うというなら証明してみろ」[10]と主張した。

この主張は、アダム・バック[11]、ピーター・トッド[12]、グレッグ・マクスウェル[13]、エリック・ロンブローゾ[14]などの例の顔ぶれ、さらにはSegWit.orgのウェブサイト上でも繰り返された[15]。彼らがこの主張をできた理由は、Seg-Witがトランザクションの構造を再編成する方法にあった。技術的な詳細は重要ではないが、彼らは「ブロックサイズ」の指標を「ブロックウェイト（重量）」に変更し、トランザクションの異なる部分を異なる重みで計算することでこれを実現した。この新しい計算法によって、ブロックの実際のサイズは1MBをわずかに超えることができるようになり、現在の平均は1.3MBとなっているが、トランザクション処理能力の大幅な増加にはつながらなかった。

SegWitが2MBのブロックサイズ増加に相当するという主張は欺瞞だ。SegWit2xの支持者たちがただ単にブロックに含まれるデータ量の増加を求めているだけで、そのデータが1ブロックあたりのトランザクション処理能力を高めるかどうかには無関心であったかのようだ。「ブロックウェイト」の指標を用いた場合、SegWit2xは8MBのブロックウェイト制限をもたらしただろうが、処理能力は2MBのブロックサイズ制限とほぼ同じだった。SegWit単独では、香港とニューヨーク合意後に業界が期待していた容量の50％しか提供できなかった。もしSegWitが通常の定義でブロックサイズ増加に該当するのであれば、SegWit2xの論争はそもそも存在しなかっただろう。

全員有罪

TheymosとCobraは再び、要となるウェブサイトに対する自分たちの支配力を利用して、ビットコインコアだけを正当化する主張を押し進めた。Bitcoin.orgでは、SegWit2xを支持する企業をリストから除外するための動きが再度行われた。Cobraは下記のように言った。

「とりあえず、CoinbaseとBitPay（および関連する製品）に関する言及をすべて削除し、CoinbaseとBitPayに注意するようにユーザーに警告を出そう。彼らは我々がビットコインとは認めないものに切り替えようとしているからだ。警告には、これらのサービスからBTCを移す方法と、本物のビットコインを使用することを約束している代わりのサービスを推奨する内容を含める」[16]。

数日後、Cobraは「SegWit2x安全警告」を追加する計画を共有し、「これらの陰険な企業が何を企んでいるのかを警告し、彼らが静かにそれを進めるのを防ぐために」と述べた[17]。これらの陰険な企業とは、業界の中で最も大きく、古く、成功した、そして尊敬される参加者のほとんどであり、Blockstream/コアのバブルの外にいるほぼすべての企業を指していた。しかし、わずか1週間後、Bitcoin.orgはビットコインに関わるほとんどの企業をブラックリストに載せる意向を発表した[18]。

「Bitcoin.orgは、サイトのすべてのページにバナーを掲載し、いわゆるSegWit2x（S2X）という敵対的ハードフォークを使用するサービスのリスクについてユーザーに警告する計画を立てている。S2Xに賛成する企業は名前を挙げて批判される……　デフォルトでは、私たちは次のリストにある、S2Xを支持することで知られる企業を警告に使用する」。

1Hash（中国）

Abra（米国）

ANX（香港）

Bitangel.com / Chandler Guo（中国）

BitClub Network（香港）

Bitcoin.com（セントクリストファー・ネーヴィス）

Bitex（アルゼンチン）

bitFlyer（日本）

Bitfury（米国）

Bitmain（中国）

BitPay（米国）

BitPesa（ケニア）

BitOasis（アラブ首長国連邦）

Bitso（メキシコ）

Bixin.com（中国）

Blockchain（英国）

Bloq（米国）

BTC.com（中国）

BTCC（中国）

BTC.TOP（中国）

BTER.com（中国）

Circle（米国）

Civic（米国）

Coinbase（米国）

Coins.ph（フィリピン）

CryptoFacilities（英国）

Decentral（カナダ）

Digital Currency Group（米国）

Filament（米国）

Genesis Global Trading（米国）

Genesis Mining（香港）

GoCoin（マン島）

Grayscale Investments（米国）

Jaxx（カナダ）

Korbit（韓国）

Luno（シンガポール）

MONI（フィンランド）

Netki（米国）

OB1（米国）

Purse（米国）

Ripio（アルゼンチン）

Safello（スウェーデン）

SFOX（米国）

ShapeShift（スイス）

SurBTC（チリ）

Unocoin（インド）

Veem（米国）

ViaBTC（中国）

Xapo（米国）

Yours（米国）

　2017年、このリストはビットコインコミュニティ内でのコンセンサスに最も近いものであり、業界のほぼ全体を網羅していた。しかし、Bitcoin.orgの所有者によれば、これは単なる「卑怯な企業」のリストであり、コンセンサスから離れ、ビットコインを自分たちのものにしようとし、不適切にソフトウェアを変更して2MBのブロックを許可しようとしている企業たちだった。この状況の馬鹿げた様子は、trustnodes.comのニュース記事のタイトルでうまく表現されている。

　「Bitcoin.org、ほぼ全てのビットコイン企業とマイナーを『糾弾』する計画を立案中」[19]。

どんな手段を使ってでも

　フォークを避けるどころか、ビットコインは2017年末までに3つの異なるチェーンに分裂していくように見えた。SegWit1xチェーン（S1X）、Seg-Wit2xチェーン（S2X）、そしてビットコインキャッシュ（BCH）だ。S1XとS2Xの間の争いは、重要な疑問を生んだ。「どのチェーンが「ビットコイン」という名前とティッカーシンボル「BTC」を保持するのか?」もし「ビットコイン」がビットコインコアソフトウェアによって構築されたネットワークと同一であるなら、明らかにS1Xがビットコインになる。しかし、ビットコインがマイナーやより広範な業界によって構築されたネットワークであり、特定のソフトウェア実装と同義でないなら、S2Xが明らかにビットコインとなる。

　業界の大半は、しばしば中立的とみなされる同じ方針を採用した。「ビットコイン」という名前は、S1XであろうとS2Xであろうと、最も多くのハッシュレートを集めたチェーンに付与されることになった。この方針はサトシの設計と一致するだけでなく、顧客に最大限の安定性を提供するとい

う点でも理にかなっていた。少数派のハッシュレートのチェーンは単に信頼性がないだけでなく、資金の損失を招く可能性もある。この方針は合理的であったが、Blockstreamやコア開発者にとっては脅威であった。

2017年9月までに、約95％のハッシュレートがS2Xにシグナルを送っており[20]、実質的にビットコインの名前、ティッカーシンボル、そしてネットワーク効果が2MBのチェーンに付随することが保証されていた。コア開発者たちがビットコインキャッシュが分岐した際に講じられたような追加の保護策を講じなければ、彼らのチェーンが完全に消滅する危険があった。しかし、その保護策を講じることは、彼らがマイナーなフォークであり、戦いに敗れたことを認めることになる。そこで、彼らはさらに攻撃的になり、敗北を認める代わりに政府の介入を求めようとした。

コア開発者のエリック・ロンブローゾはS2Xを「深刻なサイバー攻撃」と呼び、訴訟の可能性も示唆しながらこう断言した。

「コミュニティの大部分はレガシーチェーンを維持したいと考えている……　それを破壊しようとする試みは、これらの人々の財産に対する攻撃と見なされるだろう。深刻なサイバー攻撃に該当するため、技術面と法律面で最終手段を用意している」[21]。

Blockstreamの共同創設者マット・コラロは、SECに直接手紙を書き、フォークからの「消費者保護」を求めて介入するよう要請した。

「私はマット・コラロだ。長年ビットコインの開発に携わってきた者であり、ビットコインの運用に関する専門家、ビットコインの熱心な支持者、そしてビットコインの上場投資商品（ETP）を強く支持している。現在の提出書類におけるビットコインの預金管理に関する提案されたルールや、ビ

ットコインネットワークのルール変更が発生した場合の消費者保護の欠如について、非常に重大な懸念を抱いている。

『ビットコイン投資信託』(BIT)のS-1申請書に記載されているように、ビットコインの『永久フォーク』は、システムを定義するルール『コンセンサスルール』について2つのユーザーグループが意見を異にしたときに発生する可能性がある。より具体的には、あるユーザーグループがビットコインのコンセンサスルールを変更したいと考える一方で、別のグループがそれに反対する場合、そのような『永久フォーク』が発生する可能性が高い。

永久フォークが発生した場合、投資家や企業、ユーザーがどの暗号通貨を『ビットコイン』と呼ぶかを決定する際に、著しい市場の混乱が生じる可能性があることは重要な点だ。このようなシナリオでは、BITは消費者に対して大きな長期的市場の混乱を引き起こし、現在提案されているルールや申請書に従いながらも、実質的には自らを誤って表現することになるだろう」[22]。

サムソン・モウはTwitterに投稿し、Coinbaseがニューヨークの「ビットライセンス」の法律に違反していると示唆した。Coinbaseとニューヨーク州金融サービス局をタグ付けし、こう書いた。

「@coinbaseは#BitLicenseの条件を破っているのか？2xフォークを支持することは確かに安全性に関する懸念を引き起こす。@NYDFS」[23]

その後、彼はこう続けた。

「@NYDFSの監督官は、Coinbaseが#NYAに署名することへの承認を、事前に書面により与えたのか？」[24]

　訴訟の脅威に加え、ビットコインコアのソフトウェアを「ビットコイン」の基準としない企業に対しては、より直接的な攻撃方法も用いられた。たとえば、ウォレットプロバイダーは、自社が「本物の」ビットコインをサポートしないために、アプリに「資金が失われる可能性」や「マルウェア」の警告を含む偽の1つ星レビューの波に直面することがあった。Bitcoin.comは、悪意のあるメールボム攻撃のリストに載せられ、当社の@bitcoin.comのメールアドレスには毎日何千ものスパムメールが送信されることになった。ニューヨーク合意支持者に対するDDoS攻撃の新たな波も始まった。執拗な中傷、人格攻撃、オンラインハラスメントは、敵とされた者との交流がある人々にも波及した。Bitcoin.orgがBTC.comウォレットをウェブサイトから削除することを議論しているとき、Cobraはこう応じた。

　「彼らはあの怪物ジハン・ウーと関わっているから、これを理由に削除されても構わない。彼らはひどい人間だ。間違いなく一線を越えていると思う」[25]。

　ジハン・ウーは、ビットコインマイナー用の最大のチップメーカーであるBitmainの共同創設者だ。また、彼はホワイトペーパーを初めて中国語に翻訳した人物でもある。2011年からビットコインに関わり、世界で最も成功したビットコイン企業の1つを築いたにもかかわらず、ウーはビットコインコアへ従順でないために「怪物」として悪評を受けた。実際、ほぼすべてのマイナーがコアではなくS2Xを支持していたため、物語は急速にマイナー全般に対する敵意に変わった。まるでSegWit2xがビットコインの「マイナーによる乗っ取り」であるかのように。マイナーの本来の役割は、ネットワークを保護し、安全にし、スケーリングすることではなく、コアの開発者たちが提供するソフトウェアを黙々と実行するだけの存在に成り下がってしまったのだ。

愚民の勝利

　再び、圧力が効き始めた。企業は、彼らに対する組織的な活動によって深刻な被害を受けていた。ビッグブロック派に対する検閲がオンラインフォーラムに残る一方で、S2Xを支持する企業への攻撃的な投稿は、これらの企業がビットコイン経済においてどれほど重要であっても、推奨されていた。OB1のブライアン・ホフマンは、S2Xを支持していたわけではなく、彼の会社に対する攻撃に疲れ果てたため、S2Xの支持を公然と撤回した最初の1人だった。「SegWit2X、やればやったで地獄、やらなければやらないで地獄」というタイトルの記事の中で、彼はこう書いている。

　「私がSegWit2xを支持したもう1つの理由は、SegWitを現実のものとすることで、バラバラになったビットコインコミュニティを必要なときに団結させられるのではないかと期待していたからだ。私は間違っていた。今ではそれが現実ではないと感じている。ビットコインコミュニティは、早期参入者や裕福な投資家が富を守ること以外には、団結に関心がない」。

　彼はその後、ビットコインコミュニティ内で起こった大きな文化の変化について書いた。コミュニティは大規模な普及と利用を祝うのではなく、ビットコインを使うこと自体に対して否定的になっていた。

　「OpenBazaar（オープンバザール）でビットコインを使うようユーザーを促すと、ビットコインに害を与えている、と人々からメッセージを受ける。実際に、私たちの『Crypto is Currency Day（暗号通貨は通貨の日）』の取り組みが悪意のある試みとしてフラグ付けされたことがあった。彼らはビットコインを支払い手段として使うことを信じていなかったからだ。人々がこんなにもちっぽけだとは失望だが、これが現実だ……だから、結論として私は公式に#Whatever2Xに参加する。私は、コミュニティ

内のトロールやバカな奴らと戦うのではなく、世界にポジティブな変化をもたらすことにもっと関心がある」[26]。

　論争と混乱の中、NYAに署名しなかった暗号通貨取引所BitFinex（ビットフィネックス）は、SegWit2xを実行するコストを引き上げる方法を見つけた。業界の大半とは異なり、彼らはティッカーシンボルBTCをハッシュレートに基づいて割り当てないことを決定した。代わりに、それは「既存の実装」に付与されることになった。彼らは次のように発表した。

　「提案されたコンセンサスプロトコルであるSegWit2xプロジェクトが有効化される可能性が高いと見られるため、現時点ではSegWit2xフォークをB2Xと指定することに決めた。既存のビットコインのコンセンサスプロトコルに基づく既存の実装は、B2Xチェーンがより多くのハッシュパワーを持っていても、BTCとして取引され続ける……　現時点では、BTCは『ビットコイン』としてラベル付けされ、B2Xは『B2X』としてラベル付けされる。この状況は、市場の力によって一方または両方のチェーンに対して、より適切な名称や識別方法が生み出されるまで続く」[27]。

　幾つかの小規模な取引所も同様の方針に追随することになった。ユーザーはBitFinexでは「BTC」をある価格で取引し、Coinbaseでは全く異なる価格で取引し、BitPayのような決済処理業者はそのコインをまったく認識しないかもしれない。これは一般のユーザーにとって本質的に悪夢のようなシナリオだ。BitPayのような取引処理業者が、この状況をビジネスや、なぜ自分のBTC支払いが通らなかったのかを尋ねる顧客に説明しようとしたら、対応に窮することになるだろう。こうした理由から、2017年11月8日、計画されていたフォークの約1週間前に、BitPayはSegWit2xのキャンセルを求める手紙を書いた[28]。その後、リード開発者

のジェフ・ガルジクを含むSegWit2x開発陣による共同発表が行われた。

「我々の目標は常に、ビットコインのスムーズなアップグレードを実現することだ。我々は、より大きなブロックサイズの必要性を強く信じているが、さらに重要だと考えていることがある。それは、コミュニティを1つに保つことだ。残念ながら、現時点ではクリーンなブロックサイズのアップグレードに対する十分なコンセンサスを築けていないことは明らかだ。このままの道を進み続けることは、コミュニティを分断し、ビットコインの成長を後退させる可能性がある。これはSegWit2xの目標ではない。

手数料がブロックチェーン上で上昇するにつれて、オンチェーンの容量増加が必要であることが明らかになると私たちは信じている。その時、コミュニティが1つになり、ブロックサイズの増加を伴う解決策を見出すことを望んでいる。それまでの間、私たちは今後の2MBアップグレードの計画を一時停止する」[29]。

これによってニューヨーク合意は失敗した。香港合意が失敗したのと同様に、ビットコインアンリミテッド、クラシック、XTもその前に失敗していた。混乱のリスクは非常に大きく、特に2MBの制限だけのためにそのリスクを負うには値しなかった。なぜなら、2MBの制限は大規模な普及に必要なスループット容量のほんの一部しか提供できないからだ。S2Xの失敗は、ビットコインコアが完全にBTCを支配し、その設計を永久に書き換える分岐点となった。デジタルキャッシュとしてのビットコインの当初の理念に忠実な人々は、異なるプロジェクトに移ることを余儀なくされる。幸運にも、ビットコインキャッシュがすぐに代替案となった。これは、Blockstreamやコア開発陣の制約を受けない、ビッグブロックのビットコインとして登場した。SegWit2xのキャンセルから3日後、ギャビン・アンドレセン

はBCHを元々のビットコインプロジェクトの継続として位置づけた。

「ビットコインキャッシュは、私が2010年に取り組み始めたものであり、価値の貯蔵手段であり、さらに交換手段でもある」[30]。

ビットコインの最も暗い時期は内戦時代であり、この時期に元々のプロジェクトは巧妙にハイジャックされた。しかし、幸いなことに、物語はここで終わらない。マキシマリストたちは、ビットコインの戦いは終わり、コア開発者が最終的な権威となり、そしてBTCの価格上昇がスモールブロック哲学を正当化したと主張するだろう。だが、これらはすべて真実ではない。ビットコインの技術はまだ新しく、ビッグブロックを採用することで、世界中のどんなキャッシュシステムとも競争できる。コア開発者がBTCを支配しているかもしれないが、BCHに対しては何のコントロールも持っていない。各コインの価格は、経済内の情報の質に依存している。もし誤情報が現在広まっているなら、より良い情報が知られるようになるにつれて価格は調整される運命にある。ビットコインの元々の野心的な目標は、中央集権的な権威を信頼することなく、インターネットのための迅速で安価で信頼性のある決済システムとなることだった。そのプロジェクトは今も力強く生きている。単に数年遅れただけだ。

第3部

ビットコインの奪還

20

王座への挑戦者

　いかに有望な技術であろうと、暗号通貨プロジェクトは腐敗から免れない。すべての暗号通貨はソフトウェアに依存しているため、人間に依存することになるからだ。人は常に堕落する可能性があり、ソフトウェアは常に書き換え可能である。ビットコインコアが掌握された事実が、この厳しい現実を如実に示している。暗号通貨が未来の通貨になる可能性は高いが、世界に自由をもたらすかどうかはまだ定かではない。今のままでは、この技術は本来の目的から完全に逸脱してしまうかもしれない。人々に力を与え、経済的自由のために使われるのではなく、逆の目的、つまり政府が人々を追跡し、監視し、管理する力を強化するために使われるかもしれない。この望ましくない結果は、人々がブロックチェーンに直接アクセスできず、代わりにセカンドレイヤーに頼らざるを得ない場合、より現実味を帯びてくる。ピアツーピアのキャッシュシステムは個人の自由を拡大する強力な手段だ。一方で許可制ブロックチェーンは個人の自由を抑制する効果的な道具となり得る。ビットコインがピアツーピアのキャッシュシステムになるか、それとも悪夢のような監視社会の道具と化すかは、これからの我々の決断次第だ。

本当のビットコイン

　2017年末までに、ビットコインは内戦時代から現在のメインストリームの時代への移行を始めた。SegWit2xの失敗は、サトシの設計がビットコインコアのネットワークで実装されることは二度とないという明確なメッセージとなった。スモールブロックがBTCの本質的な特徴となったため、ビッグブロックでビットコインをスケールさせたい人は誰でも、BTCからBCH（ビットコインキャッシュ）に切り替えざるを得なくなった。そのため、私はすぐにBCHの推進に全力を注ぐことにした。BCHが、私が過去7年間取り組んできたプロジェクトを継続させるものだったからだ。BitPayやCoinbaseのような大手企業がBCHを自社のサービスに統合し、人々がBTCの代わりにBCHで購入や支払いができるようになるまでに、それほど時間はかからなかった。

　すぐに、ビットコインキャッシュとビットコインコアの間で競争が始まった。それはユーザーを獲得するだけの競争ではなかった。ビットコインキャッシュに「本当のビットコイン」を名乗る正当な理由があったため、ビットコインキャッシュの存在そのものが、ビットコインコアに根源的な挑戦を突きつけた。ビットコインキャッシュが誕生して最初の1年間、BTCとBCHは「ビットコイン」という称号をめぐって戦っていた。今日では、BTCを「ビットコイン」と呼ぶのが常識だが、それが定着するまでには時間を要した。技術とその歴史を理解すると、その理由が明確になる。「ビットコイン」の名を巡る戦いは、当時も今も極めて重要で、どのグループもそれを独占することは許されない。ヴィタリック・ブテリンは2017年当時、BCHを「ビットコイン」と呼ぶのは早急だと思いつつも、この心情を理解し、Twitterで次のように述べている。

「BCHはビットコインの名を冠するに相応しい存在だと考えている。ビットコインが手数料を適正に保つためのブロックサイズ引き上げに失敗したことは、『当初の計画』からの大きな（コンセンサスを得ていない）変更であり、道義的にはハードフォークに匹敵する変更である。とはいえ、今『BCH＝ビットコイン』と主張しようとするのはよくない。『より大きなビットコインコミュニティ』の中ではまだ少数派の意見だからだ」[1]。

3つの重要な質問

BCHのフォークは、すべてのビットコイナーが答えなければならない3つの重要な質問を提起した。

1) ビットコインは、コア開発者の作るものと同義なのか？

狂信的なビットコインコア支持者でさえ、コア開発者が作るものは何でもビットコインだと単純に定義できないことは認めざるを得ない。そのようなプロジェクトがどのように腐敗し得るかを想像するのは難しくない。例えば、ビットコインコアのGithubアカウントがハッキングされ、すべてのトランザクションで知らないアドレスに手数料を支払う様にコードが変更されたとする。明らかに、これはビットコインコアが乗っ取られたことを意味するので「本当のビットコイン」は別のソフトウェア実装で継続せざるを得なくなるだろう。ハイジャックの脅威は常に存在するため、ネットワークの完全性を守るには、ビットコインとビットコインコアの実装は別のものでなければならない。しかし、これは次の質問を提起する。

2) ビットコインコアからのフォークはいつ必要になるのか？

ビットコインのエコシステムは、必要に応じていつでもソフトウェア実装を切り替える準備ができていなければならない。そうでなければ、開発者の堕落に対して無防備だ。そのため、フォークが必要な時期を判断する基準が必要だ。突然すべてのトランザクションで謎の存在に手数料を支払うことが要求されるなら、それはフォークの時期を示す明らかな兆候だが、すべての状況がこのように明確という訳ではない。例えば、ビットコインの基本設計が変更され、人々のブロックチェーンへのアクセスが制限されるなら、それも兆候かもしれない。あるいは、影響力のある開発者たちが会社を設立し、ビットコインからのトラフィックを彼らの独自のサイドチェーンに誘導するなら、それも兆候となる。開発の中央集権化は常に懸念事項であり、皮肉なことに、リード開発者のファン・デル・ラーンでさえ2021年にそれを認め、ブログ記事でプロジェクトの主導を望まなくなったことを発表した。

「自分自身がある程度中央集権化のボトルネックになっていることに気づいた。ビットコインは非常に興味深いプロジェクトだと思うし、今最も重要なことの1つだと信じているが、私には他にも多くの関心事がある。その上とてもストレスが高く、このプロジェクトやそれを巡るソーシャルメディア上の口論で自分のアイデンティティが形作られるのは御免だ」[2]。

リード開発者自身が中央集権化のボトルネックになったことを認めた時も、フォークの時期を示す兆候かもしれない。特定の状況下でフォークが正当化され、必要とされるという事実は、次の重要な質問を提起する。

3) フォークプロジェクトが「本当のビットコイン」という称号を獲得するのはどう言う場合か？

　ソフトウェアをフォークする能力だけでは、開発の支配を防ぐことはできない。それだけではなく、フォークには、既存のネットワーク効果を奪う脅威も伴っていなければならない。フォークする側は「本当のビットコイン」という称号と「BTC」のティッカーシンボルを巡って競争しなければならない。システム全体の正統性はこれにかかっている。

　ほとんどの人は、BTC、BCH、ETH、XMRなどのティッカーシンボルが、実際のブロックチェーンとは別のものだと気づいていない。事実、ビットコインキャッシュが誕生して最初の数日間は、「BCH」という表記が定着する前に、一部の取引所で「BCC」として取り扱われていた。ティッカーシンボルは、あらゆるコインのネットワーク効果の大きな要素となっている。実際、取引所で「BTC」のティッカーで取引されているものが、人々が「ビットコイン」と呼ぶものだ。だからこそ、新しく分岐したコインも「BTC」というティッカーシンボルを争える事が極めて重要なのだ。ビットコインコアが常にこれらのネットワーク効果を引き継ぐなら、新しい競合は全てを1から構築せざるを得ず、ビットコインコアにとって圧倒的に優位となり、ビットコインの完全な支配への大きな足がかりとなる。既存のインフラが常にをデフォルトとする場合は、真剣な競争はすべて失われ、コア開発者を本当の意味で解雇したり交代させたりすることは決してできなくなる。

　これらの3つの質問は、その重要性にもかかわらず、ほとんど問われることがない。公の場でこれらを問うとビットコインのナラティブの支配権を必死に守ろうとするソーシャルメディアの怒りを買う。開発者による支配が暗号通貨プロジェクトにとって存在そのものを脅かす脅威だと一般大衆が認識すれば、ビットコインコアがすでにビットコインを支配していること、そしてビットコインキャッシュがそれを取り戻す試みであることに気づくかもしれない。

逆にして考えてみよう

　SegWit2xの失敗直後、ビットコインキャッシュがBTCに取って代わり、本当のビットコインになる可能性があった。実際、そう考えたのは私だけではなかった。1か月以内にBCHの価格は約650ドルから日中高値で4,000ドル以上に達した。一瞬、ビットコインがついにコアから永遠に解放されるように見えた。しかし、その勢いは続かず、息がつまる程の情報統制に直面し、BCHの価格は過去数年間、BTCに対して下落し続けてきた。ビットコインコア支持者たちは、2つのコインの大きな価格差を理由に勝利を宣言しているが、時期尚早だ。

　私見では、BTCの高価格は、ほぼ完全にネットワーク効果の継承によるものであり、人々がスモールブロックに熱狂したからではない。何年も経った今でも、ビッグブロックとスモールブロックの違いを理解している人はほとんどいないのだから。フォーラムユーザーの「MortuusBestia」は、BTCがBCHのフォークであった場合を想像する思考実験で、この点を説明している。

　「逆にして考えてみよう。優勢な地位を誇るビットコインが32MBのブロックを持ち、詳細なスケーリング計画があり、GBを超えるブロックのテストに成功し、ほぼ全ての暗号通貨ビジネス、プロジェクト、サービスからのサポートがあり、 1セント未満の手数料が保証され、全世界中に参加者を増やす成長戦略があると想像してみよう。今度は、新規参加の開発者たちがそれをフォークして、ブロックサイズを1MBに減らし、取引能力を大幅に制限し手数料市場を作り出し、 長期的に100ドル以上の手数料を生み出すことを目的とし、ユーザーを「ハブ」と呼ばれる政府が規制する金融仲介業者による手数料徴収型のセカンドレイヤーシステムに追

いやったと想像してみよう。この新しい手数料の高いコインは、果たして少しでも人気を得るだろうか？　現在のBTCの価格はビットコインコアの実力ではなく、既得権の結果であることを理解する必要がある。市場は、Blockstream/コアによるビットコインの再設計が間違いだったという認識に決して至らないだろうという考えは、純粋なカルト的イデオロギーにすぎない」[3]。

　これはもっともな指摘だ。スモールブロックで手数料の高いチェーンに本当の勢いがあったと考えるのは難しい。それは事実上新しいアイデアなので、実験やサイドチェーンとしては良いだろう。そのような実験を私は全面的に支持する。しかし、BTCのネットワーク効果を受け継ぐべきではなかった。彼らの実験は技術的な観点からはほぼ失敗であり、その代償として業界全体が何年もの長きにわたって身動きが取れない状態に追い込まれているのだ。

「Bcashと呼ばなかったな」

　ビットコインマキシマリストの最大の武器は、常にナラティブの支配だった。彼らはすぐに、人々を中傷し、オンライン上の情報の流れを操作するという古い戦術を用い始めた。私の「ビットコイン・ジーザス」というニックネームは「ビットコイン・ユダ」（キリストを裏切った使徒の名）と皮肉に置き換えられた。2011年以来、私の考えは一貫して変わらないにも関わらず、まるで私がビットコインの裏切り者であるかのような名前だ。ビットコインキャッシュを「bcash（ビーキャッシュ）」としか呼ばせない運動が開始され、BCHをビットコインブランドから切り離し、信用を落とそうとした。BCHコミュニティ内で誰もビットコインキャッシュを「bcash」と呼ぶ者はいなかったが、関係なかった。彼らは「r/bcash」という偽のRedditペ

ージまで作った。これはスモールブロック派が管理し、人々を誤解させる
ためにr/Bitcoinページからそこに誘導した⁴。ビットコインキャッシュに関
する真面目な議論は再び厳しく抑圧され、しばしば露骨に検閲された。

　スモールブロック派の戦術を以前から見てきた多くのビッグブロック派
は、bcash作戦の背後にはいつものグループがいると考え、リークされた
会話がその疑惑をさらに強めた。アダム・バックとBitcoin.orgドメインの
共同所有者であるCobraとのSlackでの会話で、バックはCobraにドメイ
ンを他の誰かに譲渡するよう説得しようとした。彼はCobraがビッグブロ
ック哲学に秘かに共感的だと非難したのだ。バックは自分の主張を裏付
けるため、Cobraが「bcashには利点があると言っただけで、bcashと呼
ばなかった」と指摘した。まるでbcashという言葉を使わないこと自体が
疑わしい行動であるかのようだ⁵。マキシマリストたちの極めて緊密な言
葉の使い方は、ビットコインキャッシュが真剣に取り扱うべきプロジェクト
ではないというナラティブを強化する上で効果的であった。

　BCH開発者のジョナルド・フュークボールは、「bcash」運動の背後にあ
る動機についての考えをまとめた記事を書いた。彼はこう説明している。

　「単純な話だ。彼らはビットコインキャッシュをビットコインから切り
離したいのだ。ビットコインキャッシュにビットコインのブランド名を使わ
せたくないのだ。コアグループが、ビットコインプロジェクトを自分たちの
利益のために横取りするために、あらゆる卑劣な手段（検閲、企業主義、
嘘、引き延ばし）を使ってきたという事実を考えると、全くの欺瞞だ……

　彼らは新規ユーザーに、ビットコインの別バージョンが存在することす
ら気づかれたくないのだ。それらのユーザーに、コアが押し進めているよ
うな最終取引確定の決済レイヤーではなく、ビットコインが元々ピアツー

ピアの電子キャッシュだったことに気づかれたくないのだ。

そして最終的に、彼らはビットコインが方針を変更したこと、そして本来のルールを守り続けたビットコインのバージョンが存在することを、人々に気づかれたくないのだ」[6]。

ジョナルドの考えは私自身の考えと一致しており、私は多くの人が本当はこれに同意していることを知っている。

21

誤った反論

　ビットコインマキシマリストの常套手段は、今となってはお分かりだろう。執拗にナラティブを押し付け、それに疑問を呈する者を攻撃する。必要なら議論を検閲し、歴史を書き換える。ソーシャルメディアを利用して、人々を嫌がらせ、恥をかかせ、いじめて従わせる。これらの戦術は今のところ効果を上げており、またビットコインコアのナラティブが非常に脆いため、今後も続けられるだろう。少し深く調べようとする人なら誰でも、すぐに彼らの話に矛盾があることに気づくだろう。途方もない欺瞞の例は無限にあるが、ビットコインキャッシュへの批判がすべて悪意からきているわけではない。数年間、情報はオンラインで厳しく管理されてきたため、ほとんどの人は話の一方しか聞いていない。BCHに対するよくある批判は簡単に反論できるが、それでも触れておく価値がある。

「深刻な技術的問題」

　『ビットコイン・スタンダード』には根本的な誤りがいくつか書かれており、混乱の最大の要因の1つとなっている。アモウズのスケーリングに関する主張についてはすでに取り上げたが、彼はBCHについても疑わしい

主張をしている。BTCとBCHの大きな価格差に言及した後、彼はこう書いている。

「[ビットコインキャッシュ]は経済的価値を持たないだけでなく、ほとんど使い物にならないような深刻な技術的問題に悩まされている」[1]。

これは、ビットコインキャッシュがフォーク後に一時的に使用した緊急難易度調整（EDA）への誇張された言及のようだ。2017年のフォーク発生前、BCHチェーンがどれだけのハッシュレートを確保するか不明だった為、たとえ少数のマイナーでもブロックチェーンを機能させ続けるためにEDAが作られた。欠点は、EDAがハッシュレートの変動を引き起こす可能性があり、極端に速いまたは遅いブロック生成が交互に発生する事だった。これらの変動は「深刻な技術的問題」ではなかった。事前に予想されていたが、その規模が過小評価されていただけだ。しかし、確かに混乱を引き起こすようになり、数か月後、計画通りEDAは取り除かれ、より良いアルゴリズムに置き換えられた。

「ロジャー・バーのコインだ」

私がビットコインキャッシュを推進したために、（私が）ビットコインキャッシュの「創設者」と何度呼ばれたかわからない。しかし、この主張は完全に間違いだ。私はビットコインキャッシュの創設には一切関与していない。実際、私は業界が2つに分裂することを望まなかったため、SegWit2xを支持していた。私の第1の選択肢はBTCの一体性を保つことだった。SegWit2xが失敗した後にようやく、ビットコインキャッシュを全面的に支持することを決めたのだ。さらに根本的なことだが、私は特定のコインに忠誠を誓うことは無い。私は常に、ユーザーが多くの選択肢から選べるマルチコインの未来を支持してきた。競争は健全なものだ。もしBCH

が他のコインとの競争に負け、そのプロジェクトが世界の経済的自由の総量を増やすなら、私は全面的にそれを支持する。ビットコインキャッシュは基盤となる技術的能力のために有望に見えるが、他のコインがより良い基本性能を持っているなら、私はそれを利用し、普及も支持する。

さらに、私は個人的にBTCの乗っ取りと堕落を目撃したため、それがBCHや他のどのプロジェクトにも起こり得ると痛感している。完璧な技術やコミュニティは存在せず、成功は決して保証されない。だから私の焦点は、世界を改善するための暗号通貨そのものの有用性であり、特定のコインそのものではない。私はビットコインキャッシュの創設者ではないが、その最大の支持者の1人ではある。

「ほんの一握りのマイナーだけ」

もう一つのよくある反論は、ビットコインキャッシュを管理しているのはほんの一握りのマイナーだけだというものだ。マイニングの中央集権化に対する懸念は、51%攻撃が常に可能なプルーフ・オブ・ワークのブロックチェーンでは妥当なものだ。しかし、この批判は常に正しい訳では無い。サトシの設計により、大規模なマイニングプールが相当な割合のハッシュレートを管理しているのは事実だ。しかし、これはBTC、BCH、BSV、そしてSHA-256アルゴリズムを使用する他のすべてのプルーフ・オブ・ワークチェーンにも当てはまる。実際、マイナーたちは、マイニングの収益性の変動に応じてこれらのチェーンを切り替えている。以下のチャートは、2023年3月時点でのBTCのマイニングの中央集権化を示している[2]。

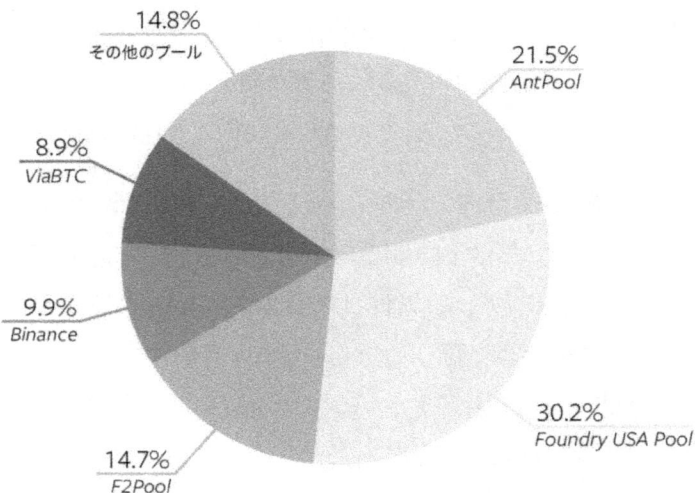

14.8%
その他のプール

21.5%
AntPool

8.9%
ViaBTC

9.9%
Binance

14.7%
F2Pool

30.2%
Foundry USA Pool

(Other Pools　その他のプール)　図8：マイニングプール別の最新BTCブロック（1週間）

　この図によると、3つのマイニングプールが全ハッシュレートの65%以上を占めていることがわかる。次に大きな2つのプールを含めると、合計で85%以上になる。ビットコインのマイニングはそれほど分散化されていない。マイニングの中央集権化は妥当な懸念だが、実際のリスクを過大評価すべきではない。マイニングプールは、プールに参加している個々のマイナーを直接制御しているわけではない。個々のマイナー（そして彼らが制御するマシン）は、いつでも別のプールに切り替えることができる。そのため、プール運営者が51%攻撃をしたいと思っても、個々のマイナーにそれに従わせる事は出来ない。ビットコインキャッシュのマイニングの中央集権化に対する批判は、すべてのSHA-256チェーンに一貫して適用される必要がある。

ここで、2011年にサトシがマイク・ハーンに送ったメッセージを紹介しておきたい。

「フルノードを実行する必要のある人の数は、当初私が想像していたよりも少なくなっている。処理負荷が重くなっても、少数のノードでネットワークは問題なく機能するだろう」[3]。

サトシは、ある程度の中央集権化は避けられないことを理解していたし、この傾向は他の産業でもよく見られる。問題は中央集権化そのものではなく、51％攻撃のリスクだ。マイニング業界が成長するにつれ、最大手の参加者たちが、何億ドルもの投資をしているネットワークに対して悪意のある攻撃するというのは、ますます現実味が無くなっていく。

「開発者の質が悪い」

ビットコインコア支持者は、コアはどの暗号通貨プロジェクトよりも優れた開発者を抱えていると主張することで有名だ。特にビットコインキャッシュの開発者よりも優れているという。ビットコインキャッシュのフォーク後の最初の1年間、これはBCHに対する最も一般的な中傷の1つだった。しかし、2018年後半に起きた出来事以降、これは目立って少なくなった。その出来事とは、AwemanyというBCHの開発者がビットコインコアのソフトウェアに壊滅的なバグを発見したことだ。事の顛末を説明するMedium（ミディアム）の記事で、Awemanyはこう書いている。

「600マイクロ秒。これは、マット・コラロが2016年にビットコインコアにプルリクエストを出した際に、ブロック検証から削ろうとした時間だ…… この600マイクロ秒の最適化がCVE-2018-17144の原因だ。確実にビットコイン史上最も壊滅的なバグの1つだ。このバグは当初、インフ

レーションを引き起こす可能性があると疑われ、確実にクラッシュを引き起こすと報告された。そして詳細な分析により……実際にインフレーションを可能にしていることが確認された」。

インフレーションバグはビットコインで起こり得るすべてのバグの中で、最悪のものの1つだ。もし悪用されれば、誰かが密かに新しいコインを無から作り出すことが可能であった。Awemanyはこのバグの深刻さと、ファン・デル・ラーンやグレッグ・マックスウェルによるピアレビューを通過したという事実に非常にショックを受け、これが意図的なものだったのではないかと疑った。

「今回の件で私の中に避けられない疑念が生まれた……これは私の主張でも考えでもないと断っておきたいが、可能性として確実に頭をよぎる……銀行家の中の誰かが、取り返しのつかない混乱を引き起こす目的でビットコイン開発に潜入し、この様な事をするのではないかと常に恐れていた。こっそりとインフレーションバグを注入する。ビットコインが持つ核心的な優位性の1つを破壊することになるからだ……繰り返すが、私はPR9049が確実にそうだと言っているわけではない。実際には、若く横柄なコア開発者、新たな『宇宙の支配者』が純粋な傲慢さと驕りによって混乱を引き起こしたという可能性が高いと思う」。[4]

Awemanyはこのバグを2018年9月に発見した。長年にわたってコア開発者たちの敵意を向けられてきたにもかかわらず、彼はこのバグを公表せず彼らに直接開示し、金銭的利益のために悪用することもしなかった。彼はビットコインコアの評判とBTCの信頼性に深刻なダメージを与えることができたのだが、そうしなかった。しかし、彼の善意は報われなかった。感謝の代わりに、彼の開示はさらなる批判に遭い、関係者たちはこの

壊滅的なバグに対する責任を取ることを拒否した。彼はこう書いている。

「問題の開発者から、あるいはその他の著名なコア開発者から、自分たちが完璧ではないことを認めるような発言を私はまだ見たことがない」。

この出来事の後も、マキシマリストたちはAwemanyに彼が受けるべき敬意を払うことを拒否し続けた。しかし、ビットコインコアが有能な開発者をすべて独占しているという主張は静まった。

22

自由なイノベーション

ビットコインコアからフォークしたため、ビットコインキャッシュの開発者たちはブロックサイズ制限以外にも改善を行うことができた。サトシが元の設計に組み込んだ他の機能も復活し、新たなイノベーションによりBCHのスマートコントラクト作成能力、シームレスなトークン発行、トランザクションのプライバシーの向上などが実現した。起業家や開発者たちは、これらの新機能を活用してビットコイン上で直接、製品を構築できるようになり、スモールブロックの極端な制限によって自社の製品が機能しなくなる心配をする必要もなくなった。

復元と改良

ビットコインキャッシュの開発者たちは、ビットコインに課されていた不要な制限をすぐに取り除いた。ビットコインソフトウェアは、オペレーションコード（「オペコード」）を使用してトランザクションを構築、処理する。これらのオペコードの1つ、「OP_RETURN」については14章で既に触れた。OP_RETURNは簡単でスケーラブルな方法でデータをブロックチェーンに追加することを可能にする。BCHではOP_RETURNのサイズが3

倍に増やされ、はるかに容易に利用できるようになった。様々な企業がすでにこの機能を利用して、分散型ソーシャルメディアプラットフォームのような次世代インターネットサービスを構築している。

ビットコインの歴史の初期、サトシが当初実装していたオペコードの一部が予防措置として無効化されたが、コア開発者たちはそれらを再検討や再有効化する労を取らなかった。ビットコインキャッシュの開発者たちは2018年5月に、いくつかのオペコードの再有効化に成功し、機能をさらに拡張した。また、OP_CHECKDATASIGと呼ばれる全く新しいオペコードを追加した。これによりソフトウェアはブロックチェーン外のデータをスマートコントラクト内で使用できるようになった[1]。それ以来、さらに多くのオペコードが追加された。これには一連の新しい「ネイティブイントロスペクションオペコード」が含まれ、これらが組み合わさってBCHのスマートコントラクトシステムを大幅に洗練させ、コードをよりシンプルに、小さく、効率的に、そしてより強力にするのに役立っている。

ビットコインコアのロードマップから解放され、BCHの開発者たちはついにビットコインの本来の目的、つまり電子キャッシュ決済システムに立ち返ることができた。物議を醸した、0承認トランザクションの簡単な取り消しを可能にしていた手数料による置換(RBF)が削除され、即時取引がビジネスオーナーや決済処理業者にとってはるかに信頼性の高いものとなった。

ビットコインは複雑で、複雑さが増すほどウォレットや他のツールの構築が困難になる。RBFは不要な複雑さを加えたが、SegWitによって導入された変更に比べれば些細なものだった。SegWitは新しいアドレス形式を使用し、これをサポートしないウォレットとの取引を困難にした。多くの

ビッグブロック派はSegWitが不必要に複雑でスケーリングの解決策にはならないと考えていたので、ビットコインキャッシュの分裂が起こった際はSegWitが有効化される前にフォークし、コードベースから削除する手間を省いた。この決定は賢明だったことが証明された。ビットコインキャッシュの開発者、事業者、ユーザーはSegWitの複雑さとは無縁となっている。

セキュリティとプライバシー

マイニングに必要なコンピューター処理能力はシステムのセキュリティに不可欠だ。マイニングが容易すぎると、悪意のある者がネットワークを混乱させやすくなる。難しすぎると、ブロック生成に時間がかかり、承認時間と処理速度が遅くなる。この難易度は定期的に調整されシステムの自己調整を保つが、時折一貫性を欠くことがあった。そのため、より安定性を高めるために難易度調整アルゴリズム（DAA）が追加され、2020年のアップグレードで実装された。新アルゴリズム導入以来、難易度調整はさらに安定するようになった。

ブロックチェーンの全てのトランザクションは公開されているため、プライバシーはブロックチェーンにとって常に課題だ。しかし時折、ユーザーのトランザクションにさらなるプライバシーをもたらす新しい革新が起こる。シュノア（Schnorr）署名はビットコインで使用される暗号技術を進化させるイノベーションだ。この技術は旧来の署名方法に比べ、トランザクション展性という長年の問題を解決するなど、いくつかの利点をもたらした。プライバシー強化に関して最も重要な利点は、複数の参加者が1つの署名だけを使って共同トランザクションを作成できることだ。これは、ブロックチェーンを見る外部の観察者には単一のトランザクションとして

見え、複数の参加者がいることを容易に認識できず、全参加者により高い
レベルのプライバシーを提供する。

シュノア署名の実装はCashFusion（キャッシュフュージョン）の誕生に
つながった。これは上述のとおりに機能するプライバシープロトコルで、
他のプライバシー強化技術も組み込まれている。2020年、Kudelski Se-
curity（クデルスキーセキュリティー）がCashFusionのセキュリティ監査
を行い、以下のように結論づけた。

「総合的に、CashFusionはビットコインキャッシュの匿名化されたト
ランザクションの管理における既存の問題に、合理的なセキュリティのト
レードオフで対処している……CashFusionは分断化された匿名トラン
ザクションをサーバーが資金を盗んだりユーザーの匿名性を損なったり
することなく、安全な方法で再結合する実用的な手段を提供している」[2]。

執筆時点で、CashFusionはネットワーク上で1,700万BCH以上、合
計19万件以上の取引に使用されている[3]。

本格的なスケーリング

ビットコインキャッシュは、進化が止まったビットコインコアのブロック
チェーンを大きく上回るトランザクション処理能力を既に実現している
が、グローバルなデジタルキャッシュというビジョンの実現に向けて、さら
なる開発が進められている。コミュニティの支持を得ているいくつかの提
案があるが、どれがコードに組み込まれるかはまだ確定していない。一部
はシステムのセキュリティを向上させる小さな変更だが、CashTokens（
キャッシュトークン）という提案は、BCHのスマートコントラクト機能をさ
らに強化する取り組みとなっている。CashTokensが期待通りの性能を

発揮すれば、イーサリアムと同様の分散型アプリケーションをBCH上で実現でき、さらにビッグブロックによる高いスケーラビリティも確保できる。

　研究者たちは長らくオンチェーンスケーリングの限界に挑戦することに興味を持っていた。ビットコインキャッシュのブロックサイズ制限はすでに32MBあるが、これではグローバルな普及には不十分だ。2017年にさかのぼると、ピーター・ライズン博士はBCHのメインチェーンに影響を与えずにテストするためのサンドボックス「テストネット」を使用し、1GBのブロックのマイニングに成功した[4]。コンピューター技術の発展のペースを考えると、サトシの「スケールの上限に実際には達することはない」という発言は正しいように思える。実際、ある研究者は、非常に小型で安価なシングルボードコンピューターであるRaspberry Pi 4が10分以内に256MBのブロックを検証できるかどうか実験したところ、結果は2分もかからなかった[5]。

　ビットコインコア支持者の主張とは裏腹に、本来の設計のビットコインには極めて高いスケーリング能力があり、それがついにビットコインキャッシュネットワークで実現されつつある。現在、マイナーは自らブロックサイズ制限を引き上げることができる。ハッシュレートの過半数が制限を3倍にしたいと思えば、中央集権的な開発者グループの許可なしにBCHソフトウェア内の設定を変更するだけでいい。数年前にマイク・ハーンとギャビン・アンドレセンの両者が検討したように、ブロックサイズ制限を完全に撤廃できるかどうかについて現在議論が行われている。2009年に設計された技術にもかかわらず、ビッグブロックのビットコインは世界で最もスケーラブルな暗号通貨の1つであり続けている。

　どの暗号通貨コミュニティにも、様々な理由を挙げて自分たちのコイン
が一番優れていると主張する支持者たちがいるものだ。私が抽象的な議
論や営業トークをする代わりに、読者には実際にビットコインキャッシュ
を試してみることを強く推奨する。トランザクション手数料が極めて低い
ため、お金はほとんどかけずに色々試すことができる。App　Storeでダウ
ンロードできるBitcoin.comウォレットは、私たちが開発に全力を注いで
きたウォレットで、サトシが構想した、1セント未満の手数料と即時取引が
可能なビットコインを体験できる。実際に使えば他のプロジェクトと比べ
ても優れていることがわかるだろう。

23

フォークは続く

　ビットコインキャッシュは完璧な暗号通貨ではなく、そのコミュニティも完璧ではない。まだ問題は存在し、中には、根本的な解決は望めず、上手く対処していくしかない問題もある。技術は素晴らしいが、多くの人々がプロジェクトに取り組む際に生じる難しい社会的問題を解決したわけではないし、適切なガバナンスに関する疑問も消えていない。さらにビットコインコアから離れることで避けようとした問題が、程度は軽いものの、ビットコインキャッシュでも再浮上し、結果2017年のBTCとの分裂以来、さらに2回のフォークが起きた。どちらのフォークも主に技術的な争いによるものではなく、パーソナリティの衝突が引き金だった。ビットコインキャッシュの最も残念な点は、これらの分裂が起こりビッグブロック派のコミュニティがさらに分断した事だ。こうしたマイナス面はあるが、一連のフォークを通じて、ビットコインキャッシュコミュニティがビットコインコアで起こったようなプロトコルの乗っ取りを容認しないことを証明した。

　フォークは必ずしも悪いものではない。振り返れば、ビットコインはもっと早くコアからフォークしていた方が良かったかもしれない。コミュニティ内で解消不可能な意見の相違が生じた場合、フォークは各陣営が独自

にプロジェクトを発展させる方法だ。これは進化のプロセスに似ており、異なるグループが枝分かれして独自の形を見出す。肯定的な変更を加えれば、プロジェクトの成功の可能性は高まる。否定的な変更をすれば、自然に消滅する。ただし、これらのフォークには代償が伴う。必然的にネットワーク効果を小さく分断するからだ。ネットワーク効果は暗号通貨の成功の大きな鍵だ。フォークはまた、プロジェクト内の人材とエネルギーを減らし、陣営間で敵意と競争が生まれるのは避けられない。これも生産的なエネルギーの喪失だ。事業者も、フォークによって害を被ることがある。混乱の中でどちらの側に立つべきか、中立を保つべきかを判断しなければならないからだ。フォークは必要な場合には極めて価値があるが、そうでない場合は非常に有害となる。では、その重要性を考えると、ビッグブロック派のコミュニティ内でさらに2回のフォークを引き起こすほど深刻だった意見の相違は何か？それはBTCで起こったことと似ている。自称リーダーの数人がソフトウェア開発の完全な支配権を握ろうとしたのだ。両方の試みは失敗したが、残念ながらネットワークをさらに分断することになった。

「Satoshi's Vision」

　ビッグブロック派は2017年のBTCからの分裂後、ついにビットコインキャッシュの下で団結した。私たちは皆元の設計の素晴らしさ認識しており、ビットコインコアから脱却して直ちにこの技術をスケールさせたいと考えていた。しかし、残念ながらスケーリングに関する議論は終わることはなかった。ブロックサイズ制限をどれほど速く、どのレベルまで引き上げるべきかなど、議論は尽きなかった。最初のフォークは、異なるビットコインキャッシュの実装の間で起こった。最も人気のある実装は、2017年のBCHフォークの主要プログラマーであるアモーリー・セシェが率い

るビットコインABCだった。しかし、ビットコインABCのロードマップが保守的すぎて、スケーリングの規模が十分でないと考える人々もいた。そこで、「ビットコインSV」と呼ばれる別の開発チームが結成された。「SV」はSatoshi's Vision（サトシのビジョン）の略で、ビットコインの創設者のビジョンを実装していると主張した。これ自体は称賛に値する目標だったかもしれない。しかし、自身がサトシ本人だと主張するクレイグ・S・ライト（CSW）がリーダーとなったことで、状況は複雑化していった。

CSWは特異な人物で、ほとんどの人が彼がサトシだという主張に極めて懐疑的だ。しかし、しばらくの間、私は彼が実際にサトシかもしれないと考えていた。ギャビン・アンドレセンを非常に尊敬しているが、ギャビンはかつて、確信は持てないものの、クレイグがサトシだと思うと主張した。ビットコイン界の他の識者も同じことを発言しており、さらにクレイグが筋金入りのビッグブロック派でビットコインは大規模にスケールする可能性があることを知っていたのもあり、私は彼らの判断を信じた。しかし、彼がサトシだという主張をめぐる膨大な論争において、彼が提供した証拠は非常に怪しいものだった。彼の主張が真実かどうかにかかわらず、彼は周囲に人々を結集させ、コミュニティを作ることに成功した。有名なビットコインSV支持者の1人は、オンラインギャンブル業界の実業家、カルヴィン・エアーだった。彼は最終的にビットコインSVソフトウェアを開発するための資金を提供した。

不幸にも、ビットコインSVとビットコインABCの技術的な詳細部分で互換性がなく、どちらの側も妥協する気配はなかった。そこで2018年8月、さらなるフォークを回避するため、マイナーと起業家のグループがタイで会合を持った。当時、私はビットコインABCの実装がより有望だと考えていたが、両者の間で何らかの妥協点を見出せるはずだと楽観的に

考えていた。私は会議に出席し、会議の前夜にアイルと夕食を共にして合理的な議論を交わした。しかし翌朝、アイルのメディア機関が、会議に出席したマイナー全員がSVの実装に従うことに同意したと主張する記事を発表したことを知り、ひどく動揺した。議論はまだ始まってさえいなかったのだ。そして数時間後、CSWが会議から怒って立ち去り、それ以上の議論や妥協点を探る機会を潰してしまった。こうした不誠実な振る舞いに、私の不信感は一層強まった。

その後2か月間で、陣営間の確執がさらに深まった。敵対的ハードフォークがもう1度起こりそうな状態だったが、今回はどう解決されるか不明だった。ビットコインSVとビットコインABCは、どちらかが根本的なソフトウェアの変更を加えない限りは互換性を保っていた。ただし、たとえ2つの実装に互換性がなくなったとしても、必ずしも2つの別々のブロックチェーンが生まれるわけではない。もう1つの可能性は、十分なハッシュレートがあれば、一方が他方を完全に打ち負かし、少数派のチェーンが完全に破壊されることだった。これはより破壊的な結果に聞こえるが、勝者総取りのシナリオでは、勝者が既存のネットワーク効果をすべて保持するため、むしろ好ましいかもしれない。2つの別々の存続可能なブロックチェーンが出現すれば、既存のネットワーク効果がそれらの間で分割され、対立から2つの別々のコインが生まれる。この種の競争は「ハッシュ戦争（hash war）」と呼ばれてきた。対立は誰が最も多くのマイナーの支持を得られるかに関するものだからだ。

ビットコインABCとビットコインSVはハッシュ戦争への道を突き進んでいるように見えた。私の焦点は常にビットコインを決済に使うことにあった。決済手段として見た場合、ネットワークが大きな混乱に見舞われれば、ビットコインキャッシュの信頼性が損なわれることを懸念していた。そ

こで、私は100万ドル以上を費やしてマイニング機器をレンタルし、ABC
がSVより多くのハッシュレートを確保できるようにした。さらなる予防措
置として、アモーリー・セシェはABCチェーンの10ブロック以上の再編成
を防ぐコードを追加した。しかし、このコードは実際には発動されなかっ
た。ABCチェーンがSVチェーンより多くのハッシュレートを蓄積し、両者
は別々のネットワークとして存続することになったからだ。ビットコインSV
は新しいコインを作り出し、「BSV」というティッカーシンボルを獲得した。
私の応援した側が戦いに勝ち、大騒動の発端となったクレイグ・ライトを
追放できたことは嬉しかったが、その勝利はネットワークの規模をさらに
縮小するという代償を伴った。BSVの分裂後、ビッグブロックのビットコイ
ナーたちはもはや1つのプロジェクトの下で団結していなかった。

　2018年11月の分裂以来、BSVは価格とハッシュレートの面でBCHに
さらに引き離されている。その結果、彼らの戦略は特許トロールと訴訟に
頼る方向にシフトしたように見える。私は何度もクレイグから訴えられてお
り、暗号通貨業界の多くの人々も同じ目に遭っている。彼らの戦術は広く
非難されており、その結果、BSVはすべての暗号通貨の中で最も評判が
悪いものの1つとなっている。ほとんどの取引所がBSVのコインをプラット
フォームで取扱い停止し、BSVの普及をさらに難しくしている。私はプロ
ジェクト間の競争を完全に支持し奨励するが、BSVのリーダーシップが
司法制度を武器に、私を含む人々に嫌がらせし、害を与えている事実を
見過ごすことはできない。2023年2月、ギャビン・アンドレセンは個人ブロ
グを更新し、読者向けの注釈を追加した。クレイグがサトシだと考えた理
由を説明した2016年の有名な記事の冒頭に、彼は以下を追加した。

　「歴史の書き換えには反対なので、この投稿はそのままにしておく。し
かし、これを書いてから7年の間に多くのことが起こり、クレイグ・ライトを

私が信じた程度まで信頼したのは間違いだったと今では分かっている。『誰がサトシなのか（あるいは誰がサトシでないのか）』というゲームに巻き込まれたことを後悔しており、もうそのゲームはしない」[1]。

ABCは、もう1つのビットコインコア？

ビッグブロック派はビットコインコア開発者の資金調達モデルが破綻していたことを認識していた。Blockstreamにより利益相反を抱えた複数の主要プログラマーが腐敗した。しかし、ビットコインコアの問題点を認識できているからといって、ビットコインキャッシュに完璧な解決策があるわけではない。開発資金調達メカニズムには未解決の問題がまだあり、最良の方法についてはわかっていない。資金調達の問題は2017年以降も時折浮上し、2020年にはさらなる分裂を引き起こすことになった。

アモーリー・セシェは、2020年までBCHの主要なソフトウェア実装だったビットコインABCの主任開発者だった。セシェは技術的に有能な人物と評判だったが、彼のリーダーとしての素質は長年疑問視されていた。暗号通貨業界は人間とコンピューターの複雑な混合体だ。優れたリーダーには、ソフトスキルとハードスキルの両方が必要だ。この業界には不思議なことに、対人能力に優れた人材か技術力に秀でた人材か、いずれかの極端な傾向を持つ人々が集まる傾向にあり、その両方を併せ持つ人材は極めて稀だ。セシェは一緒に仕事をするのが難しい人物として知られており、さらにABCが受け取る資金の額について度々不満を漏らしていた。

2019年、BCH開発者への資金調達問題が持ち上がった際、コミュニティは様々なチームに総額800BCH以上を寄付する募金活動で応えた。私個人も、ビットコインABCへの約50万ドルの寄付を含め、長年にわ

たって複数のチームに数百万ドルを寄付してきたが、2020年初頭、この問題が再び浮上した。

これに対し、ハッシュレートの過半数を持つマイナーのグループが「インフラ資金計画」（IFP）を提案した。これは6か月間、ブロック報酬の12.5％を開発用の基金に割り当てるというものだった。基金は香港の独立した法人が管理し、当初の推定ではIFPは約600万ドルを調達すると見込まれた。マイナーたちは記事で彼らの提案を次のように説明した。

　a)　「マスターノード」による投票やその他の投票はない。これは開発に直接資金を提供するマイナーの意志だ。

　b)　この取り組みは6か月間続く（2020年5月15日〜2020年11月15日）

　c)　この取り組みはマイナーの指示と管理下にあり、マイナーはいつでも継続しないことを選択できる。

　d)　これはプロトコルの変更ではない。その代わりブロック報酬をどのように使用するか、どのブロックを構築すべきかについてのマイナーの決定である[2]。

この計画は、マイナー自身が組織し、一時的なものであるため、私には良い計画に思えた。しかし、ビットコインキャッシュコミュニティの反応は様々だった。12.5％は高すぎるという人もいれば、資金配分の方法が明確で無いと指摘するマイナーもいた。

検討の末、ビットコインABCはIFPのコードを自身のソフトウェアに追加したが、妥協案を設けた。報酬は5％に削減され、変更が有効になる前に一定数のマイナーが同意する必要があった。マイナーが投票しなけれ

ば、この提案は無効となる仕組みであった。

　結局、IPFのアイデアは不評となり、IFPをサポートしないビットコインキャッシュノード（BCHN）という競合するソフトウェア実装が誕生することになった。BCHNチームは、周囲の人々を攻撃し疎外し続けた結果、リーダーとしての影響力を失っていたアマウリー・セシェに代わる新たな存在となった。BCHNへのマイナーの支持が増加し、ABCとセシェへの支持が減少し、IFPは失敗した。

　これに対し、セシェは2020年8月、ビットコインABCが2020年11月に新バージョンのIFPを実装すると発表した。新バージョンでは重要な変数がいくつか変更された。開発に向けられるブロック報酬の割合が5%から8%に引き上げられ、恒久的となり、有効化にマイナーの閾値を必要とせず、そして最も驚くべきことに、資金はセシェ自身か彼と密接に関係する誰かが管理する単一のアドレスに送られるということだった。つまり、アモーリー・セシェは、彼のビットコインABC実装が無期限にBCHのブロック報酬から彼に直接資金提供するべきだと決めたのだ。ビットコインコアでさえ、これほど厚かましくはなかった。

　新計画を発表する記事で、セシェは誰が反対しようと気にしないことを明確にした。計画は議論なしに進められることになった。

　「ビットコインABCがこの改善を実装しないことを望む人もいるかもしれないが、この発表は議論の呼びかけではない。決定は下されており、11月のアップグレードで有効化される」[3]。

　ビットコインキャッシュコミュニティは大激怒した。ビットコインABCは自らをBlockstream／ビットコインコア2.0として位置づけ、将来にわた

って無期限にブロック報酬の8%という莫大な額を確保しようとしていた。BCHネットワークがそれを許せば、絶好の金儲けの機会となるはずだった。研究者のピーター・ライズン博士は単刀直入に述べた。「アモーリー・セシェは文字通り、自分と仲間にコインを発行するためにBCHプロトコルを改変している」[4]。

ジョナサン・トゥーミンのようなBCHの開発者仲間からもさらなる不満の声が上がった。

「3年間、アモーリー・セシェはBCHフルノード空間で最も生産的な開発者だった。なぜなら、ビットコインABCのメンテナーとして、他の誰かが多くのことを成し遂げるのを妨げることができたからだ」[5]。

激しい批判にもかかわらず新しいコードは2020年11月に稼働予定のビットコインABCに組み込まれた。こうして、ビットコインコアから分裂してBCHがマイノリティチェーンとなりネットワーク効果を1から構築しなければならなくなってから3年後に、似たような状況が再び起こったのだ。

セシェがビットコインキャッシュを事実上乗っ取ることに成功していたら、私はビッグブロックのビットコインが実現する可能性について極めて悲観的になっていただろう。それは技術的な理由からではなく、開発者による支配に対するシステム的な弱点を露呈することになっただろうから。

しかし、私が嬉しいのは、ビットコインキャッシュコミュニティもマイナーも、セシェによる乗っ取りを受け入れなかった事だ。より多くのハッシュレートがBCHNに移り、11月にビットコインABCは十分な支持を得られず、メインネットワークから分岐した。アモーリー・セシェはBCH開発から外

され、彼のプロジェクトは別のブロックチェーン上で「eCash」という新しい名前となった。

　一方で、これらのフォークはビットコインキャッシュの存続と成長に損害を与えてきた。敵対的フォークが生じるたびに、ネットワークは縮小し、人々は憤り、ユーザー体験は低下し、有能な人材が混乱を嫌って去っていくことになる。

　しかし他方で、ビットコインキャッシュは自身の利益のためにプロトコルを乗っ取ろうとした開発チームを無事に排除した。これは素晴らしい兆候だ。ビットコインキャッシュはBlockstream、クレイグ・ライト、そしてアモーリー・セシェから解放された。開発者による支配にこれ以上抵抗力のあるブロックチェーンを見つけることは難しいだろう。

24

結論

　私たちは金融革命の始まりにいる。歴史的な観点から見ると、ブロックチェーンはまだまだ新しい発明だ。他の革新的な新技術と同様に、世界をはるかに良い方向にも悪い方向にも変えることができる。注意を怠れば、前例のないレベルで人々を監視し支配するために悪用されるかもしれない。しかし、その良い可能性を引き出せば、健全なお金と、個人の自由、繁栄の新時代をもたらすだろう。健全なデジタル通貨の利点は、不健全なデジタル通貨のリスクと同じく非常に大きい。私が過去10年間で何か学んだことがあるとすれば、この力は見過ごされていないということだ。政治と金融の世界の既存勢力たちは、現状に対する脅威であるビットコインや他の暗号通貨に注意を払っている。

　ピアツーピアでない取引は、第三者による仲介を必要とする。従来の金融システムは主に第三者機関で構成されている。銀行、決済プロセッサー、クレジットカード会社、規制機関、そして通貨供給を操作する中央銀行だ。仲介者はあらゆる所にいて、彼らが関与するすべての取引から何らかの形で利益を得ている。サトシの作ったバージョンのビットコインは、日常の商取引に使用され、ビッグブロックで、誰でもブロックチェーン

にアクセスでき、仲介者も必要としない。ビットコインコアの作ったバージョンはそうではない。実際、BTCは一般の人が使うためには従来のシステムに依存せざるを得ない。ライトニングネットワークでさえ、信頼された第三者に依存している。ほぼすべての人がカストディアルウォレットを使用しなければならず、それは単に企業が保有する口座残高にすぎない為、全く革命的でない。2021年末、Cointelegraphがこのことを良く表す記事を書いた。

　「韓国の暗号通貨取引所Coinone（コインワン）は、1月から未確認の外部ウォレットへのトークンの引き出しを許可しないと発表した……Coinoneによると、ユーザーは12月30日から1月23日までの間に取引所で外部ウォレットを登録する必要があり、その後は引き出し制限をするという。暗号通貨ユーザーは自分自身のウォレットのみを登録できる。確認プロセスは『時間がかかる可能性がある』とし、将来変更される可能性にも言及した。Coinoneによると、暗号通貨取引が『マネーロンダリングなどの違法行為に使用されていない』ことを確認するため、ユーザーの名前と韓国のすべての居住者に発行される住民登録番号を確認する計画だという」[1]。

　世界はこの方向に向かっている。企業は顧客のプライバシーを完全に奪う規制に従うことを強いられている。この傾向と戦う方法は、トランザクションをピアツーピアに保ち、カストディアルウォレットを使用しないことだ。しかし、暗号通貨が十分にスケールせず、誰もがブロックチェーンにアクセスできない状況では、これは実現不可能だ。ビットコインコアがサトシの設計を全面的に変更した真の動機を、私たちは知ることはできないかもしれない。善意で起こったのかもしれないし、ビットコインコアが乗っ取られたために起こったのかもしれない。いずれにせよ、結果は同じだ。

既存の体制をそれほど脅かすことのないスモールブロック版のビットコインの利害関係者が、ビットコインを直接的に本来の姿から逸脱させたわけではないとしても、そうなることで確実に利益を得ている。この話題を取り巻くオンラインの広範な検閲、情報統制、ソーシャルメディア操作についても同じことが言える。仮に反対派が仕掛けたのではないとしても、彼らはその恩恵を確実に受けている。

バランスを見出す

　私のような第一世代のビットコイナーは、ビットコインをピアツーピアのデジタルキャッシュシステムとして広く普及させたいと願っていたが、いまのところその目標は達成できていない。しかし、私たちの間違いから学ぶことはできる。高速で安価、信頼性が高く、インフレに強いデジタルキャッシュのビジョンはまだ生きている。だが、それを実現するには人々のネットワークが必要だ。ソフトウェアだけでは世界を改善できない。人間という存在がまだ必要なのだ。

　次世代の人たちは、初期の私たちよりも洗練された哲学を持つ必要がある。そのような哲学を構築するには、システム内に存在する様々な緊張関係を分析することから始めるべきだ。すべての暗号通貨プロジェクトは無数の問題に直面しており、これらの問題には完璧な解決策はない。代わりに、互いにトレードオフでバランスを取る必要がある。これらのトレードオフを分析することは、全体的な理解を深める上で重要だ。

　最初のトレードオフは、私たちの取り組みを1つの暗号通貨プロジェクトに集中させるか、複数のプロジェクトに分散させるかだ。大局的に見れば、複数のプロジェクト間の競争は素晴らしいことだ。特定のコインに忠誠を誓うべきではない。しかし、私たちの時間、注意力、リソースは限られ

ている。どの暗号通貨が既存の金融システムと競争するにしても、協調する必要がある。同じプロジェクト内での協力が多ければ多いほど、時間とともにそれは強くなる。それぞれが別々のネットワークを構築すれば、どのネットワークも成功しないだろう。だからこそ、私は現在、主にビットコインキャッシュに焦点を当てている。基盤技術がスケール可能で、実世界ですでに実証されているからだ。BCHより優れた選択肢が実際に存在するという明確な証拠が出ない限りは（単なる理論上の可能性ではなく）、私はBCHをデジタルキャッシュの実現に向けて最も期待できる暗号資産として推進し続けるつもりだ。

　複数のソフトウェア実装の必要性と、強力で有能なリーダーシップの必要性の間にも同様の緊張関係がある。ビットコインコアで起こったハイジャックと、ビットコインキャッシュへのハイジャックの試みは、単一の開発チームを永続的に信頼できないことを明らかにした。ビットコインは、常に特定の実装とは別のものでなければならない。しかし、これは開発者一人一人が独自の実装を作る必要があるという意味ではない。マイク・ハーンが提案したように、有能なリーダーの周りには専門的な階層を尊重するチームがあるべきだ。システムが実力主義である限り、リード実装があるのは良いことだ。そうでなければ、また別の開発乗っ取りの例となり下がってしまうだろう。

　敵対的ハードフォークについても同じことが言える。フォークする能力はビットコインのガバナンスの重要な部分である一方で、フォークは非常に破壊的で、ネットワーク効果にダメージを与える。フォークは最後の手段でなければならず、さもなければコミュニティはバラバラになってしまう。マイク・ハーンは2018年のQ&Aでこれらの考えについて興味深いコメントをしている。ビットコインキャッシュのコミュニティと開発構造につい

て尋ねられた彼は、こう答えた。

「私の見方では、ビットコインキャッシュは2014年のビットコインコミュニティに良く似ている。これは良いことではない。その実験はすでに試みられ、失敗した。多くの人はこれを一度限りの偶発的な出来事として片付けようとするが、私は違うと考えている。当時のコミュニティの構造と心理を考えれば、それは避けられないことだったと思う。だから私が見るところ、単に『元に戻す』ことを試みるのは、全く抜本的ではない。この場で1つのメッセージを伝えよう。『大胆になろう。起こったことが単なる不運ではなかったと受け入れる覚悟を持て』」[2]。

再び歴史はハーンの正しさを証明した。彼がこのコメントを書いて以来、BCHはさらに2回分裂している。これ以上の分裂は壊滅的な結果をもたらす可能性がある。根本的な構造上の問題を修正する必要がある。1つの方法は、開発者が制御する重要なパラメータの数を減らすことだ。例えば、ブロックサイズの制限を完全に取り除き、マイナーに生成するブロックのサイズを決定させることで、ブロックサイズの制限を巡るすべての騒動を避けることができる。プロトコル開発者ではなく、マイナーや企業の決定権が多ければ多いほど、良い結果につながるだろう。

根本的には、プロジェクトを成功させるには時間をかけて安定性を示す必要がある。新機能の追加は特にコンピュータプログラマーにとって魅力的に見えるかもしれないが、それは安定性を犠牲にする。企業は不安定なプラットフォームでは何も構築することができない。使用している決済技術が数か月ごとに変更されるなら、それは利益よりも厄介を生むものになってしまう。

グローバルなデジタルキャッシュシステムは、揺るぎないものでなけれ

ばならない。中心となる機能が設定されたら、絶対に必要な場合を除いて変更すべきではない。イーサリアムのようなスマートコントラクトや他の複雑な機能を提供する汎用プラットフォームを目指す暗号通貨は他にもたくさんある。しかし、すべてのコインがイーサリアムのようである必要はない。グローバルな規模に到達できる、シンプルで安心なキャッシュトランザクションにフォーカスを当てるプロジェクトが必要だ。

ビットコインに特有のもう1つの特徴にも触れる価値がある。BTCとBCHの両方で、時間とともにブロック報酬が減少するため、マイナーは最終的には収入をブロック報酬ではなく、取引手数料から得ることになる。これはスモールブロックのBTCにとって深刻な課題となる。セキュリティを維持するために高い手数料が必要になるからだ。

しかし、BCHのマイナーはサトシの本来の設計により、明瞭な収益メカニズムを持つことができる。単にユーザーベースをスケールアップし、より多くのトランザクションを処理することで、十分な利益を得られる。例えば、5億人が1日2回ビットコインキャッシュで取引すると、それは1日10億件のトランザクションになる。1トランザクションあたり0.01ドルの手数料で、それは1日約1,000万ドルの収入、つまり年間35億ドル以上がマイナー間で分配されることになる。これは、ネットワークを無期限にスケールアップし続ける大きなインセンティブとなる。

自由の追求

暗号通貨業界は、競合するプロジェクトを絶対的な敵とみなし、分断と対立が根深いことで有名だ。しかし、結局のところ私たちの目指すものは同じだ。私たちはより多くの自由と、生活に対する中央集権的な管理の減少を望んでいる。世界はピアツーピアのデジタルキャッシュの準備ができ

ている。ビットコインコアのナラティブは、多くの事実誤認を含むにもかかわらず、通貨と国家の分離を切望する何百万人もの人々に支持されてきた。デジタルゴールドの概念は多くの人を惹きつけている。人々が同じネットワーク上で、同じ通貨で、デジタルゴールドとデジタルキャッシュを同時に持てることに気づくのは、時間の問題だ。

　ほとんどの人々は単にビットコインコアのナラティブを知らない。ブロックチェーンが問題なくスケールできることや、ビットコインネットワークが意図的に高い手数料になるよう再設計されたことを知らない。Block-streamが独自のブロックチェーンにトラフィックを誘導することで利益を得ていることを知らない。ライトニングネットワークの失敗や、カストディアルウォレットの増加について知らない。彼らがオンラインで接する情報が、ただひとつのナラティブを促進するために何年もの間厳しく管理され、検閲されてきたことを知らない。しかし、中央集権的な権威によって管理されない健全なデジタルマネーという考えに完全に賛同している。これは美しいビジョンだが、残念ながらBTCネットワーク上では実現できない。ある意味では、多くの誤情報が広まっているにもかかわらず、最も難しいハードルはすでにクリアされている。暗号通貨の概念を理解してもらうことに比べれば、あるブロックチェーンから別のブロックチェーンに切り替えることは簡単だ。

　過去10年間は私個人にとって目まぐるしいものだった。画期的な技術の誕生とその後の転落を目の当たりにした。新興産業の種を植えるのを手伝い、それが成長するのを見て、その過程で生涯の友人を作った。ビットコインを宣伝する熱意から「ビットコイン・ジーザス」というニックネームをもらったが、数年後に全く同じメッセージを説いているにもかかわらず「ビットコイン・ユダ」として不当に中傷された。私の資産価値が何百万

パーセントも上下するのを見てきた。本当に目まぐるしい展開の連続だった。30年後には、この分野に注いだ多額の投資、絶え間ない努力と情熱が、世界を劇的に良くしたと確信できるようになっていることを願う。ビットコインと暗号通貨の成功は、コインがどれだけ高値になったか、あるいは投資家がどれだけ金持ちになったかで測るのではない。それより、この素晴らしい新技術を利用することで、世界がどれだけ自由になったかで測るべきある。

出典一覧

革新的な設計
1. ビジョンの変化

1 "How Digital Currency Will Change The World", Coinbase, August 31, 2016, https://blog. coinbase.com/how-digital-currency-will-change-the-world-310663fe4332

2 DishPash,"Peter Wuille. Deer caught in the headlights.", Reddit, December 8, 2015, https://www.reddit.com/r/bitcoinxt/comments/3vxv92/ peter_wuille_deer_caught_in_the_ headlights/cxxfqsj/

3 Chakra_Scientist,"What Happened At The Satoshi Roundtable", Reddit, March 4, 2016, https://www.reddit.com/r/Bitcoin/ comments/48zhos/what_happened_at_the_satoshi_ roundtable/d0o5w13/

4 Gregory Maxwell,"Total fees have almost crossed the block reward", Bitcoin-dev mailing list, December 21, 2017, https://lists.linuxfoundation. org/pipermail/bitcoin-dev/2017- December/015455.html

5 CoinMarketSwot,"Hey, do you realize the blocks are full? Since when is this?", Reddit, February 14, 2017, https://www.reddit.com/r/btc/ comments/5tzq45/hey_do_you_realize_the_ blocks_are_full_since_when/ ddtb8dl/

2. ビットコインの基本

1 "Bitmain Chooses Rockdale, Texas, for Newest Blockchain Data Center", Business Wire, August 6, 2018, https://www.businesswire.com/ news/home/20180806005156/en/Bitmain- Chooses-Rockdale-Texas- Newest-Blockchain-Data

2 Satoshi,"Re: Scalability and transaction rate", Bitcoin Forum, July 29, 2010, https:// bitcointalk.org/index.php?topic=532.msg6306#msg6306

3 BITCOIN,"Bitcoin: Elon Musk, Jack Dorsey & Cathie Wood Talk Bitcoin at The B Word Conference", Youtube, July 21, 2021, https://youtu. be/TowDxSH-SClw?t=8168

3. 決済のためのデジタルキャッシュ

1   Saifedean Ammous, The Bitcoin Standard, New Jersey: Wiley, 2018. Description inside back flap.

2   Dan Held (@danheld), Twitter, January 14, 2019, https://twitter.com/ danheld/ status/1084848063947071488

3   Satoshi Nakamoto, "Bitcoin: A Peer-to-Peer Electronic Cash System", 2008, https://www. bitcoin.com/bitcoin.pdf

4   Samuel Patterson, "Breakdown of all Satoshi's Writings Proves Bitcoin not Built Primarily as Store of Value", SamPatt, June 6, 2019, https:// sampatt. com/blog/2019/06/06/breakdown- of-all-satoshi-writings-proves- bitcoin-not-built-primarily-as-store-of-value

5   Satoshi, "Re: Flood attack 0.00000001 BC", Bitcoin Forum, August 4, 2010, https:// bitcointalk.org/index.php?topic=287.msg7524#msg7524

6   Gavin Andresen, "Re: How a floating blocksize limit inevitably leads towards centralization", Bitcoin Forum, February 19, 2013, https:// bitcointalk. org/index. php?topic=144895.msg1539692#msg1539692

7   Satoshi, "Re: Flood attack 0.00000001 BC", Bitcoin Forum, August 5, 2010, https://bitcointalk.org/index.php?topic=287.msg7687#msg7687

8   Satoshi Nakamoto, "Bitcoin v0.1 released", Metzdowd, January 16, 2009, https://www.metzdowd.com/pipermail/cryptography/2009- January/015014.html

9   Peter Todd, "How a floating blocksize limit inevitably leads towards centralization", Bitcoin Forum, February 18, 2023, https://bitcointalk.org/ index. php?topic=144895.0

10   Satoshi, "Re: Bitcoin minting is thermodynamically perverse", Bitcoin Forum, August 7, 2010, https://bitcointalk.org/index.php?topic=721. msg8114#msg8114

11   Ilama, "Re: Bitcoin snack machine (fast transaction problem)", Bitcoin Forum, July 18, 2010, https://bitcointalk.org/index.php?topic=423. msg3836#msg3836

12   Molybdenum, "CLI bitcoin generation", Bitcoin Forum, May 22,2010, https://bitcointalk. org/index.php?topic=145.msg1194#msg1194

13   Satoshi, "Re: The case for removing IP transactions", Bitcoin Forum, September 19, 2010, https://bitcointalk.org/index.php?topic=1048. msg13219#msg13219

14   Satoshi,"Re: URI-scheme for bitcoin", Bitcoin Forum, February 24, 2010, https:// bitcointalk.org/index.php?topic=55.msg481#msg481

15   Satoshi,"Re: Porn", Bitcoin Forum, September 23, 2010, https:// bitcoin-talk.org/index. php?topic=671.msg13844#msg13844

16   Satoshi,"Re: Bitcoin mobile", Bitcoin Forum, June 26, 2010, https:// bitcointalk.org/index. php?topic=177.msg1814#msg1814

17   Stephen Pair, Consensus 2017, https://s3.amazonaws.com/media. coin-desk.com/live- stream/Day1_Salons34.html

18   This Week in Startups,"E779: Brian Armstrong Coinbase & Tim Draper: crypto matures, ICO v VC, fiat end, bitcoin resiliency", Youtube, November 17, 2017, https://youtu.be/ AlC62BkY4Co?t=2168

19   "Bitcoin P2P Cryptocurrency", Bitcoin, January 31, 2009, https:// web. archive.org/ web/20100722094110/http://www.bitcoin.org:80/

20   "Bitcoin is an innovative payment network and a new kind of money.", Bitcoin, March 23, 2013, https://web.archive.org/web/20150701074039/ https:// bitcoin.org/en/

4. 価値の貯蔵手段 VS 交換手段

1   Ammous, The Bitcoin Standard, p.212

2   Ammous, The Bitcoin Standard, p. 206

3   Saifedean Ammous (@saifedean), Twitter, https://twitter.com/saifedean/ status/9392176589978542

4   Tuur Demeester (@TuurDemeester), Twitter, May 29, 2019, https:// twitter.com/TuurDemeester/status/1133735055115866112

5   Ludwig von Mises, The Theory of Money and Credit, Germany: Duncker & Humblot, 1912

6   Murray N. Rothbard, What Has Government Done to Our Money?,Ala-bama: Mises Institute, 2010

7   Satoshi,"Re: Bitcoin does NOT violate Mises'Regression Theorem", Bitcoin Forum, August 27, 2010, https://bitcointalk.org/index. php?topic=583. msg11405#msg11405

8   Tone Vays,"On The Record w/ Willy Woo & Kim Dotcom - Can't All'Bit-coiner's'Just Get Along?", Youtube, January 16, 2020, https://www. youtube. com/watch?v=mvcZNSwQlRU

5. ブロックサイズ制限

1   Stephen Pair, Bitcoin.com podcast", Reddit, April 5, 2017, https:// www. reddit.com/r/btc/ comments/63m2cp/if_you_told_me_in_2011_that_we_would_ be_sitting/

2   "Bitcoin transactions", Blockchair, August 18, 2023, https://blockchair. com/bitcoin/ transactions?s=fee_usd(desc)&q=fee_usd(900..1100)#

3   Gavin Andresen, GAVIN ANDRESEN, August 18, 2023, http:// gavinandresen.ninja/

4   Gavin Andresen, GavinTech, August 18, 2023, https://gavintech. blogspot.com/

5   Gavin Andresen, "One-dollar lulz", GAVIN ANDRESEN, March 3, 2016, http:// gavinandresen.ninja/One-Dollar-Lulz

6   Gavin Andresen, "Re: Please do not change MAX_BLOCK_ SIZE", Bitcoin Forum, June 03, 2013, https://bitcointalk.org/index. php?topic=221111. msg2359724#msg2359724

7   Cryddit, "Re: Permanently keeping the 1MB (anti-spam) restriction is a great idea ...", Bitcoin Forum, February 07, 2015, https://bitcointalk.org/ index. php?topic=946236. msg10388435#msg10388435

8   Jorge Timón, "Răspuns: Personal opinion on the fee market from a worried local trader", Bitcoin-dev Mailing List, July 31, 2015, https://lists. linuxfoundation.org/pipermail/bitcoin- dev/2015-July/009804.html

9   User <gmaxwell>, bitcoin-wizards chat log, January 16, 2016, http:// gnusha.org/bitcoin- wizards/2016-01-16.log

10   Bitcoincash, "Satoshi Reply to Mike Hearn", Nakamoto Studies Institute, April 12, 2009, https://nakamotostudies.org/emails/satoshi- reply-to-mike-hearn/

11   "Scalability", Bitcoin, September 11, 2011, https://web.archive.org/ web/20130814044948/ https://en.bitcoin.it/wiki/Scalability

12   Gavin Andresen, "Re: Bitcoin 20MB Fork", Bitcoin Forum, January 31, 2015, https:// bitcointalk.org/index.php?topic=941331. msg10315826#msg10315826

13   Satoshi, "Re: Flood attack 0.00000001 BC", Bitcoin Forum, August 11, 2010, https:// bitcointalk.org/index.php?topic=287.msg8810#msg8810

14   jtimon, Reddit, December 13, 2016, https://www.reddit.com/r/ Bitcoin/ comments/5i3d87/ til_4_years_ago_matt_carollo_tried_to_solve/ db5d96z/

15   Pieter Wuille,"Bitcoin Core and hard forks", Bitcoin-dev mailing list, July 22, 2015, https://lists.linuxfoundation.org/pipermail/bitcoin- dev/2015-July/009515.html

16   User <gmaxwell>,"bitcoin-wizards"chat log, Gnusha, January 16, 2016, http://gnusha. org/bitcoin-wizards/2016-01-16.log

17   Gregory Maxwell,"Total fees have almost crossed the block reward", Bitcoin-dev mailing list, December 21, 2017, https://lists.linuxfoundation. org/pipermail/bitcoin-dev/2017- December/015455.html

18   Satoshi,"Re: What's with this odd generation?", Bitcoin Forum, February 14, 2010, https://bitcointalk.org/index.php?topic=48. msg329#msg329

19   Vitalik Buterin (@VitalikButerin), Twitter, November 14, 2017, https:// twitter.com/ VitalikButerin/status/930276246671450112

20   "Steam is no longer supporting Bitcoin", Steam, December 6, 2017, https:// steamcommunity.com/games/593110/announcements/ detail/1464096684955433613

21   Elon Musk (@elonmusk) Twitter, July 10, 2021, https://twitter.com/ elonmusk/ status/1413649482449883136

6. 悪名高いノード

1   Wladimir J. van der Laan,"Block Size Increase", Bitcoin-development mailing list, May 7, 2015, https://lists.linuxfoundation.org/pipermail/ bitcoin-dev/2015-May/007890.html

2   BitcoinTalk,"Re: Scalability and transaction rate", Satoshi Nakamoto Institute, July 29, 2010, https://satoshi.nakamotoinstitute.org/posts/ bitcointalk/287/

3   Cryptography Mailing List,"Bitcoin P2P e-cash paper, Satoshi Nakamoto Institute, November 3, 2008, https://satoshi.nakamotoinstitute. org/emails/cryptography/2/

4   Alan Reiner,"Block Size Increase", Bitcoin-development mailing list, May 8, 2015, https:// lists.linuxfoundation.org/pipermail/bitcoin- dev/2015-May/008004.html

5   Theymos,"Re: The MAX_BLOCK_SIZE fork", Bitcoin Forum, January 31, 2013, https:// bitcointalk.org/index.php?topic=140233. msg1492629#msg1492629

6   Satoshi Nakamoto, Bitcoin: A Peer-to-Peer Electronic Cash System, 2008, https://www. bitcoin.com/bitcoin.pdf

7   "Full node", Bitcoin Wiki, April 8, 2022, https://en.bitcoin.it/w/index.
php?title=Full_node

8   Mike Hearn, "Re: Reminder: zero-conf is not safe; $500USD reward post-
ed for replace-by- fee patch", Bitcoin Forum, April 19, 2013, https:// bitcointalk.
org/index.php?topic=179612. msg1886471#msg1886471

9   BitcoinTalk, "Re: Scalability", Satoshi Nakamoto Institute, July 14, 2010,
https://satoshi. nakamotoinstitute.org/posts/bitcointalk/188/

7. ビッグブロックの真のコスト

1   Gavin Andresen, "Re: Bitcoin 20MB Fork", Bitcoin Forum,
March 17, 2015, https:// bitcointalk.org/index.php?topic=941331.
msg10803460#msg10803460

2   Ammous, The Bitcoin Standard, p. 233

3   Ibid.

4   "Seagate BarraCuda NE-ST8000DM004", NewEgg, September
2023, https://www.newegg.com/seagate-barracuda-st8000dm004-8tb/p/
N82E16822183793

5   "QNAP TS-653D-4G 6 Bay NAS", Amazon, September 2023, https://
www.amazon.com/ QNAP-TS-653D-4G-Professionals-Celeron-2- 5GbE/dp/
B089728G34/

6   John McCallum, "Historical cost of computer memory and storage", Our
World in Data, 2022 https://ourworldindata.org/grapher/historical- cost-of-com-
puter-memory-and-storage

7   "Disk Drive Prices 1955+", Jcmit, September, 2023, https://jcmit.net/
diskprice.htm

8   Ammous, The Bitcoin Standard, p. 233-234

9   Satoshi Nakamoto, "Bitcoin P2P e-cash paper", Bitcoin.com, November
3, 2008, https:// www.bitcoin.com/satoshi-archive/emails/ cryptography/2/#selec-
tion-29.1597-29.2053

10   "The Shrinking Cost of a Megabit", ncta, March 28, 2019, https:// www.
ncta.com/whats- new/the-shrinking-cost-of-a-megabit

11   Michael Ken, "AT&T Starts Offering 2-Gigabit and 5-Gigabit Home Inter-
net Amid Cost Hike", PC Mag, January 24, 2022, https:// www.pcmag.com/news/
att-starts-offering-2- gigabit-and-5-gigabit-home- internet-amid-cost-hike

12   Nick Perry, "How much data does Netflix use?", digitaltrends, June 19,

2021, https://www. digitaltrends.com/movies/how-much-data-does-netflix- use/

13   Blair Levin and Larry Downes,"Why Google Fiber Is High-Speed In-
ternet's Most Successful Failure", Harvard Business Review, September 7,2018,
https://hbr.org/2018/09/ why-google-fiber-is-high-speed- internets-most-success-
ful-failure

14   Kristin Houser,"Japan breaks world record for fastest internet speed",
Big Think, November 13, 2021, https://bigthink.com/the-present/japan- inter-
net-speed/

15   Alex Kerai,"State of the Internet in 2023: As Internet Speeds Rise, Peo
ple Are More Online", HighSpeedInternet.com, January 30, 2023, https://www.
highspeedinternet.com/ resources/state-of-the-internet

16   Gavin Andresen,"A Scalability Roadmap", Bitcoin Foundation, October
6, 2014, https:// web.archive.org/web/20141027182035/https:// bitcoinfounda-
tion.org/2014/10/a-scalability- roadmap/

8. 正しいインセンティブ

1   Gavin Andresen,"R e: Microsoft Researchers Suggest Method to Improve
Bitcoin Transaction Propagation", Bitcoin Forum, November 15, 2011, https://
bitcointalk.org/index. php?topic=51712. msg619395#msg619395

2   F. A. Hayek, The Fatal Conceit : The Errors of Socialism, edited by W.
W. Bartley III, Chicago: University of Chicago Press, (1988), p. 76

3   Ibid.

4   Gavin Andresen,"Re: Please do not change MAX_BLOCK_ SIZE",
Bitcoin Forum, June 03, 2013, https://bitcointalk.org/index. php?topic=221111.
msg2359724#msg2359724

5   Wladimir J. van der Laan,"Block Size Increase", Bitcoin-development
mailing list, May 7, 2015, https://lists.linuxfoundation.org/pipermail/ bitcoin-
dev/2015-May/007890.html

9. ライトニングネットワーク

1   Paul Sztorc,"Lightning Network -- Fundamental Limitations", Truthcoin.
info, April 4, 2022, https://www.truthcoin.info/blog/lightning- limitations/

2   Joseph Poon and Thaddeus Dryja,"The Bitcoin Lightning Network: Scal-
able Off-Chain Instant Payments", January 14, 2016, https://lightning. network/
lightning-network-paper.pdf

3   Tone Vays,"Bitcoin Brief w/ Jimmy Song - Bitmain, BTC Apartments in
Dubai & $10k Price Talk", Youtube, February 15, 2018, https://www. youtube.

com/watch?v=9_ WCaqcGnZ8&t=2404s

4   We Are All Satoshi,"Rick Reacts to the Lightning Network", Youtube, February 18, 2018, https://www.youtube.com/watch?v=DFZOrtlQXWc

5   Jian-Hong Lin, Kevin Primicerio, Tiziano Squartini, Christian Decker and Claudio J. Tessone, "Lightning Network: a second path towards centralisation of the Bitcoin economy", June 30, 2020, https://arxiv.org/pdf/2002.02819.pdf

ハイジャックされたビットコイン
10. コードの鍵

1   Ammous, The Bitcoin Standard, p. 200

2   "Bitcoin development", BitcoinCore, August 18, 2023, https://bitcoin.org/en/development

3   Level39 (@level39), Twitter, December 15, 2022, https://twitter.com/level39/ status/1603214594012598273

4   Epicenter Podcast,"EB94 – Gavin Andresen: On The Blocksize And Bitcoin's Governance", Youtube, August 31, 2015, https://www.youtube. com/watch?v=B8l11q9hsJM

5   Gavin Andresen,"Development process straw-man", Bitcoin Forum, December 19, 2010, [https://bitcointalk.org/index.php?topic=2367. msg31651#msg31651

6   Epicenter Podcast,"EB94 – Gavin Andresen: On The Blocksize And Bitcoin's Governance", Youtube, August 31, 2015, https://www.youtube. com/watch?v=B8l11q9hsJM

7   Epicenter Podcast,"EB82 – Mike Hearn - Blocksize Debate At The Breaking Point", Youtube, June 8, 2015, https://youtu. be/8JmvkyQyD8w?t=3699

8   Mike Hearn,"The resolution of the Bitcoin experiment", Medium, January 14, 2016, https://blog.plan99.net/the-resolution-of-the-bitcoin- experi-ment-dabb30201f7

9   Lannwj,"Rebrand client to'Bitcoin Core'#3203", Github, November 5, 2013, https:// github.com/bitcoin/bitcoin/issues/3203

10   Epicenter Podcast,"EB94 – Gavin Andresen: On The Blocksize And Bitcoin's Governance", Youtube, August 31, 2015,https://www.youtube. com/watch?v=B8l11q9hsJM

11   Ibid

12   Epicenter Podcast,"EB82 – Mike Hearn - Blocksize Debate At The Breaking Point", Youtube, June 8, 2015, https://youtu. be/8JmvkyQyD8w?t=3845

11. 4つの時代

1   Gavin Andresen,"Is Store of Value enough?", GAVINTHINK, July 11, 2012, https:// gavinthink.blogspot.com/2012/07/is-store-of-value-enough. html

2   "What Happened At The Satoshi Roundtable", Coinbase, March 4,2016, https://blog. coinbase.com/what-happened-at-the-satoshi- roundtable-6c11a10d-8cdf

3   Samson Mow (@Excellion), Twitter, October 6, 2016, https://twitter. com/Excellion/ status/783994642463326208

12. 警告サイン

1   Keep Bitcoin Free!,"Why the blocksize limit keeps Bitcoin free and decentralized", Youtube, May 17, 2013, https://www.youtube.com/ watch?v=cZ-p7UGgBR0I

2   Gmaxwell,"Re: New video: Why the blocksize limit keeps Bitcoin free and decentralized", Bitcoin Forum, May 17, 2013, https://bitcointalk.org/ index. php?topic=208200. msg2182597#msg2182597

3   Peter Todd,"Reminder: zero-conf is not safe; $1000USD reward posted for replace-by-fee patch", Bitcoin Forum, April 18, 2013, https:// bitcointalk.org/ index.php?topic=179612.0

4   Peter Todd,"Reminder: zero-conf is not safe; $1000USD reward posted for replace-by-fee patch", Bitcoin Forum, April 18, 2013, https:// bitcointalk.org/ index.php?topic=179612.0

5   Bram Cohen,"The inevitable demise of unconfirmed Bitcoin transactions", Medium, July

6   2015, https://bramcohen.medium.com/the- inevitable-demise-of-unconfirmed-bitcoin- transactions-8b5f66a44a35

7   Etotheipi,"Re: Reminder: zero-conf is not safe; $1000USD reward posted for replace-by- fee patch", Bitcoin Forum, May 09, 2013, https:// bitcointalk. org/index.php?topic=179612.80

8   Mike Hearn,"Replace by fee: A counter argument", Medium, March 28, 2015, https:// blog.plan99.net/replace-by-fee-43edd9a1dd6d

9   Ibid.

10   Ibid.

11   Ibid.

12   "Opt-in RBF FAQ", BitcoinCore, August 18, 2023, https:// bitcoincore. org/en/faq/optin_rbf/

13   Mike Hearn, "Replace by fee: A counter argument", Medium, March 28, 2015, https://blog.plan99.net/replace-by-fee-43edd9a1dd6d

14   Peter Todd, "Bitcoin Blocksize Problem Video", Bitcoin Forum, April 28, 2013, https:// bitcointalk.org/index.php?topic=189792.msg1968200

15   Benjamindees, "Re: New video: Why the blocksize limit keeps Bitcoin free and decentralized", Bitcoin Forum, May 18, 2013, https://bitcointalk. org/ index. php?topic=208200.20

16   User <gavinandresen>, IRC chat log, August 30, 2013, http://azure. erisian.com.au/~aj/ tmp/irc/log-2013-08-30.html

17   "Untitled", Pastebin, November 16, 2013, https://web.archive.org/ web/20131120061753/ http://pastebin.com/4BcycXUu

13. ブロッキング・ザ・ストリーム

1   Maria Bustillos, "The Bitcoin Boom", The New Yorker, April 1, 2013, https://www. newyorker.com/tech/annals-of-technology/the-bitcoin-boom

2   Gavin Andresen, "Bitcoin Core Maintainer: Wladimir van der Laan", Bitcoin Foundation, April 7, 2014, https://web.archive.org/ web/20140915022516/ https://bitcoinfoundation. org/2014/04/bitcoin- core-maintainer-wladimir-van-der-laan/

3   Oliver Janssens, "The Truth about the Bitcoin Foundation", Bitcoin Foundation, April 4, 2015, https://web.archive.org/web/20150510211342/ https://bitcoinfoundation.org/forum/ index.php?/topic/1284-the-truth-about-the-bitcoin-foundation/

4   Gavin Andresen, "Joining the MIT Media Lab Digital Currency Initiative", GavinTech, April 22, 2015, https://gavintech.blogspot. com/2015/04/joining-mit-media-lab-digital- currency.html

5   "The philosophical origins of Bitcoin's civil war (Mike Hearn, written 2016 but released 2020)", Reddit, December 13, 2020, https://www.reddit. com/r/btc/comments/kc2k3h/the_ philosophical_origins_of_bitcoins_civil_ war/ gforyhb/?context=3

6   Adam3us, "We are bitcoin sidechain paper authors Adam Back, Greg Maxwell and others", Reddit, October 23, 2014, https://www.reddit.com/r/ IAmA/comments/2k3u97/ we_are_bitcoin_sidechain_paper_authors_ adam_back/

clhoo7d/

7   Daniel Cawrey,"Gregory Maxwell: How I Went From Bitcoin Skeptic to Core Developer", CoinDesk, December 29, 2014, https://www.coindesk. com/ markets/2014/12/29/gregory- maxwell-how-i-went-from-bitcoin- sketic-to-core-developer/

8   Laura Shin,"Will This Battle For The Soul Of Bitcoin DestroyIt?",Forbes, October 23, 2017, https://www.forbes.com/sites/ laurashin/2017/10/23/will-this-battle-for-the-soul-of-bitcoin-destroy-it

9   Adam Back, Matt Corallo, Luke Dashjr, Mark Friedenbach, Gregory Maxwell, Andrew Miller, Andrew Poelstra, Jorge Timón, and Pieter Wuille,"Enabling Blockchain Innovations with Pegged Sidechains", October 22, 2014, https:// blockstream.com/sidechains.pdf

10   "What is the Liquid Federation?", Blockstream, August 18, 2023, https://help.blockstream. com/hc/en-us/articles/900003013143-What-is- the-Liquid-Feder

11   "How do transaction fees on Liquid work?", Blockstream, August 18, 2023, https://help. blockstream.com/hc/en-us/ articles/900001386846-How-do-transaction-fees-on-Liquid-work

12   Adam Back (@adam3us), Twitter, May 23, 2020, https://twitter.com/ adam3us/ status/1264279001419431936

13   Avanti, January 27, 2022, https://web.archive.org/ web/20220127022722/https://avantibank. com/

14   Nate DiCamillo,"Unpacking the Avit, Avanti Bank's New Digital Asset Being Built With Blockstream", CoinDesk, August 12, 2020, https:// www.coindesk.com/business/2020/08/12/ unpacking-the-avit-avanti- banks-new-digital-asset-being-built-with-blockstream/

15   Blockstream Team,"El Salvador to Issue $1B in Tokenized Bonds on the Liquid Network", Blockstream, November 21, 2021, https://blog.blockstream. com/el-salvador-to-issue-1b-in- tokenized-bonds-on-the-liquid-network/

16   Paul Vigna,"Bitcoin Startup Blockstream Raises $55 Million in Funding Round", The Wall Street Journal, February 3, 2016, https:// www.wsj.com/articles/bitcoin-startup-blockstream- raises-55-million-in- funding-round-1454518655

17   "Global 500", Fortune, August 18, 2023, https://fortune.com/ global500/2021/ search/?sector=Financials

18   Graham Ruddick,"Axa boss Henri de Castries on coal:'Do you really want to be the last investor?'", The Guardian, August 7, 2015, https://www. theguardian.com/business/2015/ aug/07/axa-boss-henri-de-castries-on- coal-do-

you-really-want-to-be-the-last-investor

19   "List of Bilderberg participants", Wikipedia, August 18, 2023, https://
en.wikipedia.org/ wiki/List_of_Bilderberg_participants

20   Fitz Tepper, "Barry Silbert Launches Digital Currency Group With
Funding From MasterCard, Others", TechCrunch, October 28, 2015, https://tech-
crunch.com/2015/10/27/ barry-silbert-launches-digital- currency-group-with-fund-
ing-from-mastercard-others/

21   "Blockstream Raise $210 Million Series B With $3.2 Billion Valuation",
FinTechs.fi, August 18, 2023, https://fintechs.fi/2021/08/24/ blockstream-raise-
210-million-with-3-2-billion- valuation/

22   Crypto Me!, "Stefan Molyneux predicts Blockstream takeover of Bitcoin",
Youtube, May 7, 2018, https://www.youtube.com/watch?v=q- sMbf2OzOY

14. 中央集権化する管理

1   Michael J. Casey, "Linked-In, Sun Microsystems Founders Lead Big
Bet On Bitcoin Innovation", The Wall Street Journal, November 17, 2014,
https://web.archive.org/ web/20141201173917/https://blogs.wsj.com/ money-
beat/2014/11/17/linked-in-sun- microsystems-founders-lead-big- bet-on-bitcoin-in-
novation/

2   Jeff Garzik, "Block size: It's economics & user preparation & moral haz-
ard", Bitcoin- dev mailing list, December 16, 2015, https://lists. linuxfoundation.
org/pipermail/bitcoin- dev/2015-December/011973.html

3   Tim Swanson, "Bitcoin Hurdles: the Public Goods Costs of Securing a
Decentralized Seigniorage Network which Incentivizes Alternatives and Central-
ization", April 2014, http:// www.ofnumbers.com/wp-content/ uploads/2014/04/
Bitcoins-Public-Goods-hurdles.pdf

4   "Make Master Protocol harder to censor", Github, September 2014,
https://github.com/ OmniLayer/spec/issues/248

5   "Vitalik Buterin tried to develop Ethereum on top of Bitcoin, but was
stalled because the developers made it hard to build on top of Bitcoin" Reddit,
February 1, 2018, https:// np.reddit.com/r/btc/comments/7umljb/ vitalik_buter-
in_tried_to_develop_ethereum_on_top/ dtli9fg/

6   Joseph Young, "Vitalik Buterin Never Attempted to Launch Ethereum on
Top of Bitcoin", CoinJournal, May 22, 2020, https://coinjournal.net/ news/vita-
lik-buterin-never-attempted- launch-ethereum-top-bitcoin/

7   "Vitalik Buterin tried to develop Ethereum on top of Bitcoin, but was
stalled because the developers made it hard to build on top of Bitcoin" Reddit,
February 1, 2018, https:// np.reddit.com/r/btc/comments/7umljb/ vitalik_buter-

in_tried_to_develop_ethereum_on_top/ dtli9fg/

8   Ibid.

9   Erik Voorhees (@ErikVoorhees), Twitter, January 5, 2021, https:// twitter.com/ erikvoorhees/status/1346522578748370952

10   Laanwj,"Change the default maximum OP_RETURN size to 80 bytes #5286", Github, February 3, 2015, https://github.com/bitcoin/ bitcoin/pull/5286

11   Gavin Andresen,"Re: Gavin Andresen Proposes Bitcoin Hard Fork to Address Network Scalability", Bitcoin Forum, October 19, 2014, https:// bitcointalk.org/index. php?topic=816298.msg9254725#msg9254725q

12   Crypto Me!, "The Internet of Money should not cost 5 cents per transaction." -Vitalik Buterin", Youtube, December 19, 2017, https://www.youtube.com/ watch?v=unMnAVAGIp0

13   Stephen Pair,"Bitcoin as a Settlement System", Medium, January 5,2016, https://medium. com/@spair/bitcoin-as-a-settlement-system-13f86c5622e3

14   Pieter Wuille,"Re: How a floating blocksize limit inevitably leads towards centralization", Bitcoin Forum, February 18, 2013, https://bitcointalk.org/ index.php?topic=144895. msg1537737#msg1537737

15   Mike Hearn,"Why Satoshi's temporary anti-spam measure isn't temporary", Bitcoin-dev mailing list, July 29, 2015, https://lists. linuxfoundation.org/ pipermail/bitcoin-dev/2015- July/009726.html

16   Aantonop,"Re: Roger Ver and Jon Matonis pushed aside now that Bitcoin is becoming mainstream", Bitcoin Forum, April 29, 2013, https:// bitcointalk.org/index. php?topic=181168.msg1977971#msg1977971

17   Gavin Andresen,"A Scalability Roadmap", Bitcoin Foundation, October 6, 2014, https:// web.archive.org/web/20150130122517/https:// blog.bitcoinfoundation.org/a-scalability- roadmap/

15. 反擊

1   Matt Corallo,"Block Size Increase", Bitcoin-development mailing list, May 6, 2015, https://lists.linuxfoundation.org/pipermail/bitcoin-dev/2015-May/007869.html

2   Satoshi Nakamoto,"Bitcoin: A Peer-to-Peer Electronic Cash System", 2008, https://www. bitcoin.com/bitcoin.pdf

3   Maria Bustillos, Inside the Fight Over Bitcoin's Future, The New Yorker, August 25, 2015, https://www.newyorker.com/business/currency/ inside-the-fight-

over-bitcoins-future

4   Mike Hearn, "The resolution of the Bitcoin experiment", Medium, January 14, 2016, https://blog.plan99.net/the-resolution-of-the-bitcoin- experiment-dabb30201f7

5   Pieter Wuille, "Bitcoin Core and hard forks", Bitcoin-dev mailing list, July 22, 2015, https://lists.linuxfoundation.org/pipermail/bitcoin- dev/2015-July/009515.html

6   Stephen Pair, Peter Smith, Jeremy Allaire, Sean Neville, Sam Cole, Charles, Cascarilla, John McDonnell, Wences Casares and Mike Belshe, "Our community stands at a crossroads.", August 24, 2015, https://web. archive. org/web/20150905190229/https://blog. blockchain.com/wp- content/uploads/2015/08/Industry-Block-Sizae-letter-All-Signed.pdf

7   Joseph Young, "7 Leading Bitcoin Companies Pledge Support for BIP101 and Bigger Blocks", Bitcoin Magazine, August 24, 2015, https:// bitcoinmagazine. com/technical/7- leading-bitcoin-companies-pledge- support-bip101-bigger-blocks-1440450931

8   F2Pool, Mining Pool Technical Meeting – Blocksize Increases, June 12,2015, https://imgur. com/a/LlDRr

9   Mike Hearn, "Why is Bitcoin forking?", Medium, August 15, 2015, https://medium.com/ faith-and-future/why-is-bitcoin-forking- d647312d22c1

16. 出口をブロック

1   Bitcoin.org Hard Fork Policy", Bitcoin, June 16, 2015, https://cloud. githubusercontent. com/assets/61096/8162837/d2c9b502-134d-11e5- 9a8b-27c65c0e0356.png

2   Harding, "Blog: Bitcoin.org Position On Hard Forks #894", Github, June 16, 2015, https:// github.com/bitcoin-dot-org/bitcoin.org/ pull/894#issuecomment-112121007 - double check

3   Harding, "Blog: Bitcoin.org Position On Hard Forks #894", Github, June 16, 2015, https://github.com/bitcoin-dot-org/bitcoin.org/ pull/894#issuecomment-112123722

4   Tiraspol, "These Mods need to be changed. Up-Vote if you agree", Reddit, August 16, 2015, https://archive.ph/rum9c

5   Theymos, "It's time for a break: About the recent mess & temporary new rules", Reddit, August 17, 2015, https://www.reddit.com/r/Bitcoin/ comments/3h-9cq4/its_time_for_a_break_ about_the_recent_mess/

6   "Theymos: "I know how moderation affects people." (Bitcoin censor-

ship)", Reddit, September 16, 2015, https://www.reddit.com/r/ bitcoin_uncensored/comments/3l6oni/ theymos_i_know_how_ moderation_affects_people/

7   John Ratcliff,"Confessions of an r/Bitcoin Moderator", Let's Talk Bitcoin, August 19, 2015, https://archive.ph/6loqD

8   "So long, and thanks for all the fish.", Reddit, August 30, 2015, https://www.reddit. com/r/bitcoin_uncensored/comments/3iwzmk/ so_long_and_thanks_for_all_the_fish/ cuonqqu/?utm_source=share&utm_ medium=web2x

9   Tom Simonite,"Allegations of Dirty Tricks as Effort to"Rescue"Bitcoin Falters", MIT Technology Review, September 8, 2015, https:// www.technology-review. com/2015/09/08/166310/allegations-of-dirty- tricks-as-effort-to-rescue-bitcoin-falters/

10   Celean,"UDP flood DDoS attacks against XT nodes", Reddit, August 29, 2015, https://www. reddit.com/r/bitcoinxt/comments/3iumsr/ udp_flood_ddos_attacks_against_xt_nodes/

11   1Sqrt7744,"PSA: If you're running an XT node in stealth mode, now would be a great time disable that feature, DDOS attacks on nodes (other than Coinbase) seem to have stopped, it's a great time to show support publicly.", Reddit, December 27, 2015, https://www.reddit. com/r/bitcoinxt/ comments/3yewit/ psa_if_youre_running_an_xt_node_in_stealth_mode/

12   Jasonswan,"The DDoSes are still real", Reddit, September 3, 2015, https://www. reddit.com/r/bitcoinxt/comments/3jg2rt/the_ddoses_are_ still_real/ cupb74s/?utm_ source=share&utm_medium=web2x

13   Oddvisions,"I support BIP101", Reddit, September 3, 2015, https://www.reddit. com/r/Bitcoin/comments/3jgtjl/comment/cupg2wr/?utm_ source=share&utm_ medium=web2x&context=3

14   Aaron van Wirdum,"Coinbase CEO Brian Armstrong: BIP 101 is the Best Proposal We've Seen So Far", Bitcoin Magazine, November 3, 2015, https:// bitcoinmagazine.com/technical/ coinbase-ceo-brian- armstrong-bip-is-the-best-proposal-we-ve-seen-so-far-1446584055

15   Desantis,"Coinbase CEO Brian Armstrong: BIP 101 is the Best Proposal We've Seen So Far", Reddit, November 3, 2015, https://www. reddit.com/r/ Bitcoin/comments/3rejl9/ coinbase_ceo_brian_armstrong_ bip_101_is_the_best/ cwpglh6/

16   Brian Armstrong (@brian_armstrong), Twitter, December 26, 2015, https://archive.ph/ PYwTA

17   Cobra-Bitcoin,"Remove Coinbase from the"Choose your Wallet"page #1178", Github, December 27, 2015, https://github.com/bitcoin-dot- org/bitcoin.org/pull/1178

18   Ibid.

19   Oliver Janssens (@oliverjanss), Twitter, December 27, 2015, https://twitter.com/olivierjanss/status/681178084846993408?s=20

20   Cobra-Bitcoin,"Remove Coinbase from the'Choose your Wallet'page #1178", Github,
December 27, 2015, https://github.com/bitcoin-dot- org/bitcoin.org/pull/1178

21   CrimBit,"Hackers DDoS Coinbase, website down", Bitcoin Forum, December 28, 2015,https://bitcointalk.org/index.php?topic=1306974.0

17. 大口決済システムへの改造

1   Cobra-Bitcoin,"Remove Coinbase from the"Choose your Wallet"page #1178", Github, December 27, 2015, https://github.com/bitcoin-dot-org/ bitcoin.org/pull/1178#issuecomme nt-167389049

2   Satoshi,"Re: [PATCH] increase block size limit", Bitcoin Forum, October 04, 2010, https:// bitcointalk.org/index.php?topic=1347. msg15366#msg15366

3   Cade Metz,"The Bitcoin Schism Shows the Genius of Open Source", Wired, August 19, 2015, https://www.wired.com/2015/08/bitcoin-schism- shows-genius-open-source/

4   Cobra-Bitcoin,"Remove Coinbase from the"Choose your Wallet"page #1178", Github, December 27, 2015, https://github.com/bitcoin-dot-org/ bitcoin.org/pull/1178#issuecomme nt-167389049

5   Aaron van Wirdum,"Chinese Mining Pools Call for Consensus; Refuse Switch to Bitcoin XT", Cointelegraph, June 24, 2015, https:// cointelegraph.com/news/chinese-mining-pools- call-for-consensus-refuse- switch-to-bitcoin-xt

6   Ibid.

7   Adam Back (@adam3us), Twitter, August 26, 2015, https://twitter.com/adam3us/ status/636410827969421312

8   Adam Back (@adam3us), Twitter, December 30, 2015, https://twitter.com/adam3us/ status/682335248504365056

9   Mike Hearn,"AMA: Ask Mike Anything", Reddit, April 5, 2018, https://www.reddit.com/r/ btc/comments/89z483/comment/dwup253/

10   Mike Hearn,"The resolution of the Bitcoin experiment", Medium, January 14, 2016, https://blog.plan99.net/the-resolution-of-the-bitcoin- experiment-dabb30201f7

11   Jeff Garzik,"Bitcoin is Being Hot-Wired for Settlement", Medium,

December 29, 2015, https://medium.com/@jgarzik/bitcoin-is-being-hot-wired-for-settlement- a5beb1df223a#.850eazy81

12   "BitPay's Bitcoin Payments Volume Grows by 328%, On Pace for $1 Billion Yearly", BitPay, October 2, 2017, https://web.archive.org/web/20200517164537/https://bitpay.com/blog/ bitpay-growth-2017/

13   Stephen Pair,"Bitcoin as a Settlement System", Medium, January 5, 2016, https://medium. com/@spair/bitcoin-as-a-settlement-system-13f86c5622e3#.59s53nck6

14   Stephen Pair,"Miners Control Bitcoin: ...and that's a good thing", Medium, January 4, 2016, https://medium.com/@spair/miners-control- bitcoin-eea7a8479c9c

15   "Bitcoin is not ruled by miners", Bitcoin Wiki, August 18, 2023, https://en.bitcoin.it/wiki/ Bitcoin_is_not_ruled_by_miners

16   "Bitcoin is not ruled by miners", Bitcoin Wiki, August 18, 2023, https://en.bitcoin.it/wiki/ Bitcoin_is_not_ruled_by_miners

18. 香港からニューヨークへ

1   "What Happened At The Satoshi Roundtable", Coinbase, March 4, 2016, https://blog. coinbase.com/what-happened-at-the-satoshi- roundtable-6c11a10d8cdf

2   "Consensus census", Google Docs, https://docs.google.com/ spreadsheets/d/1Cg9Qo9Vl5P dJYD4EiHnIGMV3G48pWmcWI3NFoK KfIzU/edit#gid=0

3   "49% of Bitcoin mining pools support Bitcoin Classic already (as of January 15, 2016)", Reddit, January 15, 2016, https://www.reddit.com/r/ btc/comments/414qxh/49_of_bitcoin_ mining_pools_support_bitcoin/

4   Paul Vigna,"Is Bitcoin Breaking Up?", The Wall Street Journal, January 17, 2016 https://archive.ph/lK24o#selection-4511.0-4511.263

5   "49% of Bitcoin mining pools support Bitcoin Classic already (as of January 15, 2016)", Reddit, January 15, 2016, https://www.reddit.com/r/ btc/comments/414qxh/comment/ cz063na/?utm_source=share&utm_ medium=web2x&context=3

6   "49% of Bitcoin mining pools support Bitcoin Classic already (as of January 15, 2016)", Reddit, January 15, 2016, https://www.reddit.com/r/ btc/comments/414qxh/comment/ cz0hwzz/?utm_source=share&utm_ medium=web2x&context=3

7   Bitcoin Roundtable,"Bitcoin Roundtable Consensus", Medium, February 20, 2016, https:// medium.com/@bitcoinroundtable/bitcoin- roundtable-consen-

sus-266d475a61ff#.8vbwu3ft7

8   The Future of Bitcoin,"Dr. Peter Rizun - SegWit Coins are not Bitcoins - Arnhem 2017", Youtube, July 7, 2017, https://www.youtube. com/watch?v=VoF-b3mcxluY

9   "What Happened At The Satoshi Roundtable", Coinbase, March 4, 2016, https://blog. coinbase.com/what-happened-at-the-satoshi- roundtable-6c11a10d8cdf

10   "Bitcoin Classic Nodes Under Heavy DDoS Attack", Blocky, February 28, 2016, https://web. archive.org/web/20160302070655/http:// www.blockcy. com/bitcoin-classic-nodes-under- ddos-attack

11   Drew Cordell,"Bitcoin Classic Targeted by DDoS Attacks", Bitcoin. com, March 1, 2016, https://news.bitcoin.com/bitcoin-classic-targeted-by- ddos-attacks/

12   Joseph Young, "F2Pool Suffers from Series of DDoS Attacks", Cointelegraph, March 2, 2016, https://cointelegraph.com/news/f2pool- suffers-from-series-of-ddos-attacks

13   Coin Dance, "Bitcoin Classic Node Summary" https://coin.dance/ nodes/classic, August, 2023

14   Cobra-Bitcoin,"Amendments to the Bitcoin paper #1325", Github, July 2, 2016, https:// github.com/bitcoin-dot-org/bitcoin.org/issues/1325

15   Ibid.

16   Theymos,"Policy to fight against"miners control Bitcoin"narrative #1904", Github, November 8, 2017, https://github.com/bitcoin-dot-org/ bitcoin. org/issues/1904

17   Ibid.

18   Charlie Shrem (@CharlieShrem), Twitter, January 19, 2017, https:// twitter.com/ CharlieShrem/status/822189031954022401

19   Andrew Quentson,"Bitcoin Core Supporter Threatens Zero Day Exploit if Bitcoin Unlimited Hardforks", CCN, March 4, 2021, https:// www.ccn.com/bitcoin-core-supporter- threatens-zero-day-exploit-bitcoin- unlimited-hardforks/

20   Yuji Nakamura,"Divisive'Bitcoin Unlimited'Solution Crashes After Bug Discovered", Bloomberg Technology, March 15, 2017, https://web. archive.org/ web/20170315070841/ https://www.bloomberg.com/news/ articles/2017-03-15/ divisive-bitcoin-unlimited-solution- crashes-after- bug-exploit

21   Digital Currency Group,"Bitcoin Scaling Agreement at Consensus

2017", Medium, May 23, 2017, https://dcgco.medium.com/bitcoin- scaling-agreement-at-consensus-2017- 133521fe9a77

22   ViaBTC,"Why we don't support SegWit", Medium, April 19, 2017, https://viabtc.medium. com/why-we-dont-support-segwit-91d44475cc18

23   Gmaxwell,"Re: ToominCoin aka"Bitcoin_Classic"#R3KT", Bitcoin Forum, May 13, 2016, https://bitcointalk.org/index.php?topic=1330553. msg14835202#msg14835202

24   Mike Hearn, Hacker News, Y Combinator, March 28, 2016, https:// news.ycombinator. com/item?id=11373362

19. いかれ帽子屋

1   Shaolinfry,"Moving towards user activated soft fork activation", Bitcoin-dev mailing list, February 25, 2017, https://lists.linuxfoundation. org/pipermail/bitcoin-dev/2017- February/013643.html

2   Jordan Tuwiner,"UASF / User Activated Soft Fork: What is It?", Buy Bitcoin Worldwide, January 3, 2023, https://www.buybitcoinworldwide. com/uasf/

3   Washington Sanchez (@drwasho), Twitter, May 17, 2017, https:// twitter. com/drwasho/ status/864651283050897408

4   Samson Mow (@Excellion), Twitter, March 22, 2017, https://twitter. com/excellion/ status/844349077638676480

5   Adam Back (@adam3us), Twitter, October 3, 2017, https://twitter.com/ adam3us/ status/915232292825698305?s=20

6   Btc Drak,"A Segwit2x BIP", Bitcoin-dev mailing list, July 8, 2017, https://lists. linuxfoundation.org/pipermail/bitcoin-dev/2017-July/014716. html

7   AlexHM,"BTCC just started signalling NYA. They went offline briefly. That's over 80%. Good job, everyone.", Reddit, June 20, 2017, https://www. reddit.com/r/btc/ comments/6ice15/btcc_just_started_signalling_nya_ they_went/ dj5dsuy/

8   Samson Mow (@Excellion), Twitter, March 29, 2017, https://twitter. com/Excellion/ status/847159680556187648

9   Edmund Edgar (@edmundedgar), Twitter, March 30, 2017, https://twitter.com/ edmundedgar/status/847213867503460352

10   Samson Mow (@Excellion), Twitter, March 30, 2017, https://twitter. com/excellion/ status/847273464461352960

11   3Adam Back (@adam3us), Twitter, April 1, 2017, https://archive.ph/

WJdZj

12   Peter Todd (@peterktodd), Twitter, July 19, 2017, https://twitter.com/ peterktodd/status/887656660801605633

13   Nullc,"Segwit is a 2MB block size increase, full stop.", Reddit, August 13, 2017, https://archive.ph/8d6Jm

14   Eric Lombrozo (@eric_lombrozo), Twitter, April 20, 2017, https:// archive.ph/9xTbZ

15   "Is SegWit a block size increase?", Segwit.org, August 29, 2017, https:// archive.ph/lEpFf

16   "Delist NYA participants from bitcoin.org #1753", Github, August 18, 2017, https://github. com/bitcoin-dot-org/bitcoin.org/ issues/1753#issuecomment-332300306

17   Cobra-Bitcoin,"Add Segwit2x Safety Alert #1824", Github, October 11, 2017, https:// github.com/bitcoin-dot-org/bitcoin.org/pull/1824

18   "Bitcoin.org to denounce"Segwit2x", Bitcoin.org, October 5, 2017, https://web.archive. org/web/20171028193101/https://bitcoin.org/en/ posts/denounce-segwit2x

19   "Bitcoin.org Plans to"Denounce"Almost All Bitcoin Businesses and Miners", Trustnodes, October 6, 2017, https://www.trustnodes. com/2017/10/06/ bitcoin-org-plans-denounce- almost-bitcoin-businesses- miners

20   "SegWit2x Blocks (historical) Summary", Coin Dance, August 18, 2023, https://web. archive.org/web/20171006030014/https://coin.dance/ blocks/segwit2xhistorical

21   Eric Lombrozo,"Bitcoin Cash's mandatory replay protection - an example for B2X", Bitcoin-segwit2x mailing list, August 22, 2017, https://lists.linux-foundation.org/pipermail/ bitcoin-segwit2x/2017- August/000259.html

22   Matt Corallo,"Subject: File No. SR-NYSEArca-2017-06", September 11, 2017, https://www. sec.gov/comments/sr-nysearca-2017-06/ nysearca201706-161046.htm

23   Samson Mow (@Excellion), Twitter, October 7, 2017, https://twitter. com/Excellion/ status/916491407270879232

24   Samson Mow (@Excellion), Twitter, October 7, 2017, https://twitter. com/Excellion/ status/916492211700690945

25   Microbit,"Removal of BTC.com wallet? #1660", Github, July 3, 2017, https://github.com/ bitcoin-dot-org/bitcoin.org/ issues/1660#issuecom-

ment-312738631

26   Kokou Adzo,"Best Programming Homework Help Websites for You to Choose", Startup. info, June 8, 2023, https://techburst.io/segwit2x-youre- fucked-if-you-do-you-re-fucked-if- you-don-t-6655a853d8e7

27   "Statement Regarding Upcoming Segwit2x Hard Fork", Bitfinex, October 6, 2017, https:// www.bitfinex.com/posts/223

28   Stephen Pair,"Segwit2x Should Be Canceled", Medium, November 8, 2017, https:// medium.com/@spair/segwit2x-should-be-canceled- b7399c767d34

29   Mike Belshe,"Final Steps", Bitcoin-segwit2x mailing list, November 8, 2017, https://lists. linuxfoundation.org/pipermail/bitcoin-segwit2x/2017- November/000685.html

30   Gavin Andresen (@gavinandresen), Twitter, November 11, 2017, https:// twitter.com/ gavinandresen/status/929377620000681984

ビットコインの奪還
20. 王座への挑戦者

1   Vitalik.eth (@VitalikButerin), Twitter, November 14, 2017, https:// mobile.twitter.com/ vitalikbuterin/status/930276246671450112

2   Van der Laan,"The widening gyre", Laanwj's blog, January 21 2021, https://laanwj.github. io/2021/01/21/decentralize.html

3   MortuusBestia,"BTC--->BCH has been the most popular trade on ShapeShift.io for some time", Reddit, https://www.reddit.com/r/ CryptoCurrency/comments/8e3eon/comment/ dxs2puh/

4   BitcoinIsTehFuture,"It's called"Bitcoin Cash". The term"Bcash"is a social attack run by r/bitcoin."Reddit, August 2, 2017, https://www.reddit. com/r/ btc/comments/6r4no6/ its_called_bitcoin_cash_the_term_bcash_ is_a/

5   "bashco at least we got a warning right? Cobra I got a concrete head ups, I warned users to check signatures, it's that simple", https://imgur. com/a/ wwVSXZW

6   Jonald Fyookball,"Why Some People Call Bitcoin Cash'bcash'. This Will Be Shocking to New Readers.", Medium, September 18, 2017, https:// medium. com/@jonaldfyookball/why-some-people-call-bitcoin- cash-bcash-this-will-be-shocking-to- new-readers-956558da12fb

21. 誤った反論

1   Ammous, The Bitcoin Standard, p. 229

2   "Latest Bitcoin Blocks by Mining Pool (last 7 days) Summary", Coin Dance, August 18, 2023, https://coin.dance/blocks/thisweek

3   Mike Hearn, "Re: More BitCoin questions", Bitcoin.com, January 10, 2011, https://www. bitcoin.com/satoshi-archive/emails/mike-hearn/12/

4   Awemany, "600 Microseconds: A perspective from the Bitcoin Cash and Bitcoin Unlimited developer who discovered CVE-2018–17144", Bitcoin Unlimited, September 22, 2018, https:// medium.com/@ awemany/600-microseconds-b70f87b0b2a6

22. 自由なイノベーション

1   Mengerian, "The Story of OP_CHECKDATASIG", Medium, December 15, 2018, https:// mengerian.medium.com/the-story-of-op- checkdatasig-c2b-1b38e801a

2   Kudelski Security, "CashFusion Security Audit", CashFusion, July 29, 2020, https:// electroncash.org/fusionaudit.pdf

3   "191457 Fusions since 28/11/2019", Bitcoin Privacy Stats, August 18, 2023, https://stats. sploit.cash/#/fusion

4   Jamie Redman, "Gigablock Testnet Researchers Mine the World's First 1GB Block", Bitcoin.com, October 16, 2017, https://news.bitcoin.com/ gigablock-testnet-researchers- mine-the-worlds-first-1gb-block/

5   I have previously stated that the latest RPi4 can process Scalenet's 256MB blocks in just under ten minutes. I was wrong.", Reddit, July 8, 2022, https://np.reddit.com/r/btc/ comments/vuiqwm/im_terribly_sorry_ as_the_noob_that_i_am_i_have/

23. フォークは続く

1   Gavin Andresen, "Satoshi", Gavin Andresen, May 2, 2016, http:// gavinandresen.ninja/ satoshi

2   Jiang Zhuoer, "Infrastructure Funding Plan for Bitcoin Cash", Medium, January 22, 2020, https://medium.com/@jiangzhuoer/infrastructure- funding-plan-for-bitcoin-cash- 131fdcd2412e

3   Amaury Sechet, "Bitcoin ABC's plan for the November 2020 upgrade", Medium, August 6, 2020, https://amaurysechet.medium.com/bitcoin-abcs- plan-for-the-november-2020- upgrade-65fb84c4348f

4   Peter R. Rizun (@PeterRizun), Twitter, February 15, 2020, https:// twitter.com/PeterRizun/ status/1228787028734574592

5   MemoryDealers,"Even if Amaury and ABC are the best developers in the world, that doesn't mean they deserve 8% of the block reward.", Reddit, October 18,2020, https://www.reddit.com/r/btc/comments/jdft5s/ comment/ g98y9l3/

24. 結論

1   Turner Wright,"Coinone will stop withdrawals to unverified external wallets", Cointelegraph, December 29, 2021, https://cointelegraph.com/ news/ coinone-will-stop- withdrawals-to-unverified-external-wallets

2   Mike_Hearn, "AMA: Ask Mike Anything", Reddit, April 5, 2018, https:// www.reddit.com/r/btc/comments/89z483/ama_ask_mike_anything/

索引

アンドレセン、ギャビン　32, 69-73, 93,
　　99-106, 135-140, 149-150, 165-
　　167, 170-176, 202-207, 213
アモウズ、サイファディーン　54-56, 94-97,
　　295　『ビットコイン・スタンダード』も
　　参照
アルトコイン　182, 198, 201, 216, 222-
　　223, 230-231
インセンティブ構造（システム）　102, 108,
　　245
運用コスト
帯域幅　48, 80, 93-94, 97-99, 211
ストレージ　48, 55, 93-97, 115, 119,
エアー、カルヴィン　310
オーストリア学派（経済学）　58, 60, 105
価値の貯蔵手段とは異なる交換手段　40,
　　43, 49, 59-65, 202
開発
開発者　17, 27-30, 37-39, 64-68, 71-
　　84, 132-140, 164-167, 174-182,
　　193-199, 202-207, 213-216,
　　251-263, 299-304, 316-317
　　ビットコインのガバナンスも参照
開発者のコンセンサス　215
開発資金調達　109, 153, 173-174,
　　179, 185, 188, 208, 313
ソフトウェアのアップグレード手順　208
ガバナンス　28, 109, 135, 137, 140,
　　247, 248, 255, 308, 321　開発者
　　のコンセンサスも参照
基本事項　13, 37, 40, 70,　元の（本来

の）ビジョンも参照
（急進的な）ハードフォークポリシー　218
共謀　89, 161
グレートファイアウォール（中国）　211-
　　212, 239-240
ケース、4つの時代　143
検閲　122, 141, 153, 179, 185, 218-
　　226, 252-256, 262, 293, 295,
コラロ、マット　177, 205, 276, 279
サトシ・ナカモト　37-40, 44-49, 62-64,
　　69-72, 83-85, 96-98, 125-126,
　　133-139, 185, 233-235
シビル攻撃　266
承認待ちトランザクション　139, 160-165
セシェ、アマウリー　308, 312, 313,
　　315-317
（セントラル）プランナー　69
ゼロ承認トランザクション　160-165
全（フル）ノード　33-37, 82-95, 99, 103-
　　104, 157, 218, 246-247, 268,
　　299, 316 軽量ノードも参照

ソフトウェアアップグレード手順　207,
　　208, 233, 253,
ダブルスペンド　161-163, 165, 166
ティモン、ホルヘ　72, 75
デジタルキャッシュ　本来のビジョン参照
デジタルゴールド　7, 16, 27, 43, 49, 55,
　　108, 132, 248, 324,
トッド、ピーター　49, 155-157, 162,
　　163, 165, 169-172

ナカモト、サトシ　サトシ・ナカモトを参照
二重支払い　ダブルスペンドを参照
ハーン、マイク　33, 69-70, 137-141,
　　164-168, 176, 200-208, 212-215,
　　228-230, 238-241, 321-322
バー、ロジャー　1-3, 14, 296
バック、アダム　167, 177, 180, 183,
　　236, 254, 270, 272, 293
ビットコインABC　269, 310-317
ビットコインキャッシュ（BCH）　29, 32,
　　39, 77, 103, 126, 269, 275, 286-
　　292, 295-299, 302-308, 312-316,
　　321-323
ビットコインクラシック　241, 249-251,
　　253-255
ビットコイン・コア　29-32, 37-43, 71-82,
　　104-110, 133-142, 150-152, 206-
　　216, 262-265, 273-278, 286-292,
　　299-309, 313-316, 319-321
ビットコイン財団　175-177, 203
ビットコイン改善提案（BIP）　206, 208-
　　211, 227-231, 234
ビットコインマキシマリスト　12, 16, 32,
　　37, 111, 196-197, 292-293, 301
ビットコインSV　74, 310-312
Bitcoin.org　52, 133, 155, 168, 217-
　　220, 256-258, 272-275,
『ビットコイン・スタンダード』　43, 54, 55,
　　94, 97, 129, 153, 295
ビットコインUnlimited（BU）259
ビットコインXT　206-211, 216-231,
　　233-241,
BitcoinTalk.org　155, 168, 217, 224,
ビルダーバーググループ　187
ブテリン、ヴィタリック　77, 195, 196,
　　199, 241, 287
ブロックサイズ制限　66, 70-71, 106-
　　107, 156-157, 203, 207-209, 233-
　　236, 249-251, 304-306
ブロックストリーム　150, 177
ブロックウェイト　72, 100, 272,
ブロックチェーン　33-38, 156-164, 180-
　　184, 192-200, 266-268, 288-290,
　　302-305, 317-319,
ブロック報酬　34, 75-76, 86-88, 236,
　　314
ファン・デル・ラーン、ウラジミール　82,
　　107, 136-137, 176, 222, 229
フィニー、ハル　71

フォーク　50, 77, 141, 200, 213-222,
　　229-236, 275-277, 288-291, 308-
　　311, 317, 331
ブラックリスト　273
マイナー　33-36, 74-77, 86-91, 106-
　　109, 152, 160-164, 209-212, 234-
　　247, 251-270, 296-298, 310-316,
ハッシュレート　90-91, 215, 249, 267,
　　296-298, 312-316
ハッシュ戦争　311
マイクロペイメント　47-48, 112, 115,
　　126, 169
マクスウェル、グレッグ　28, 138, 262, 272
マウ、サムソン　152, 268, 271, 277
ライトニングネットワーク　38, 80, 111-
　　125, 159, 252, 261, 318, 324,
ハブアンドスポークモデル　122, 123
ペイメントチャネル　111-120, 124-126,
　　225
ウォッチタワー　118
ホットウォレット　119
リキッドネットワーク/リキッドフェデレーショ
　　ン　182-185
リズン、ピーター　177, 199, 209
51%攻撃　125, 267, 297, 298
New York Agreement（NYA）　260-
　　270, 277, 280
NO2X　270
SPV（簡易支払検証）　35-36, 83, 91,
　　93, 103-104, 201, 247　軽量ノー
　　ドも参照
UASF（ユーザー活性化ソフトフォーク）
　　265-269
UTXO（未使用トランザクションアウトプッ
　　ト）セット　95
ウィレ、ピーター　75, 177, 199, 209